辽宁科协资助
LIAONING KEXIE ZIZHU
辽宁省优秀自然科学著作·2020年

东北地区农作物 低温耐受研究理论基础及应用

郭志富 刘 俊 编著

中国农业科学技术出版社

图书在版编目（CIP）数据

东北地区农作物低温耐受研究理论基础及应用 / 郭志富，刘俊编著. —北京：
中国农业科学技术出版社，2020.8
ISBN 978-7-5116-4988-1

Ⅰ.①东… Ⅱ.①郭… ②刘… Ⅲ.①作物—冷害—研究—东北地区 Ⅳ.①S426

中国版本图书馆 CIP 数据核字（2020）第 165205 号

责任编辑 李 华 崔改泵
责任校对 李向荣

出 版 者 中国农业科学技术出版社
　　　　　　北京市中关村南大街12号　　邮编：100081
电　　话 （010）82109708（编辑室）（010）82109702（发行部）
　　　　　　（010）82109709（读者服务部）
传　　真 （010）82106650
网　　址 http://www.castp.cn
经 销 者 各地新华书店
印 刷 者 北京建宏印刷有限公司
开　　本 787mm×1 092mm　1/16
印　　张 13.25
字　　数 264千字
版　　次 2020年8月第1版　2020年8月第1次印刷
定　　价 85.00元

《东北地区农作物低温耐受研究理论基础及应用》

编著委员会

主　编　著：郭志富　　刘　俊

副主编著：靳亚楠　　扈光辉　　赵明辉　　白丽萍

编著人员：姜树坤　　张喜娟　　尹晓红　　李建波

　　　　　张瑞富　　张开心　　程一珊　　张　野

　　　　　李佳俊　　马　克　　詹　璐

序　言

　　东北地区是我国重要的商品粮生产基地和农牧业生产基地，也是农业资源丰富、粮食增产潜力最大的地区，粮食产量占全国总产量的13％左右。随着国家东北地区老工业基地振兴战略等政策的实施，东北地区农业迎来前所未有的发展机遇。但近年来全球气候变暖，极端天气增多，尤其是东北地区处于高纬度地区，低温寒害对于植物生长发育及地理分布的限制日趋严重，对东北地区粮食生产乃至农业的健康发展造成了极其严重的影响。

　　进入21世纪，以DNA重组技术为核心的现代生物技术在农作物低温耐受研究中被广泛应用。通过基因克隆、转录组、蛋白质组和代谢组等相关技术深入研究农作物在低温下的应答机制；利用全基因组选择技术在农作物中筛选优势耐寒基因；通过基因编辑技术人为地修饰抗寒相关基因后，实现对特定目的基因片段的敲除或敲入。这些都为农作物抗寒研究提供了扎实的基础和坚实的保障，未来将会为东北地区乃至全国农作物抗寒能力的提高作出更多的贡献。

　　《东北地区农作物低温耐受研究理论基础及应用》一书以东北地区农作物抗寒相关理论研究和应用技术为主线，全面概述了低温胁迫后农作物生长发育的形态学改变、生理生化变化；对农作物低温响应的相关基因进行了全面的总结；探讨了转录组、蛋白质组及代谢组等相关技术在农作物抗寒研究中的应用；同时整理了农作物抗寒能力的鉴定方法和低温寒害的抵御措施；还就农作物低温耐受相关研究进行了展望。相信本书的出版将会为东北地区农作物低温耐受理论基础研究和抗寒技术推广提供重要参考，具有理论和应用的双重价值。

2020年6月

前　言

温度是影响植物生长最为重要的环境因素之一。近年来全球气候变暖，但极端天气增多，低温寒害频繁，严重影响着农作物的生长发育及地域分布。东北地区主要包括辽宁、吉林、黑龙江以及内蒙古东四盟市的大部分地区，此区域为高纬度地区，经常遭受倒春寒、霜冻及反常低温天气等自然灾害的侵袭，对大部分农作物的生长发育均能产生不利影响，严重限制了粮食及瓜果蔬菜等农作物产量的稳定和提高。

农作物抗寒性的获得是多种层面机制机理共同作用的结果。因此，深入了解农作物在低温下的应答机制，挖掘高效抗性基因，筛选抗寒农作物品种，优化农作物抗寒栽培措施，对改善农作物抗寒性有重要的理论和实践意义，这也是现代农业亟待解决的重要问题。

在此背景下，本书首先以宏观角度概述了低温胁迫后植物生长发育的形态学改变、生理生化变化；对植物低温响应的相关基因及其调控机制进行了全面的总结，探讨了转录组、蛋白质组及代谢组以及基因编辑等相关技术在植物耐低温研究中的应用，整理了植物低温寒害的鉴定方法，最后对植物低温相关研究进行了展望。具体而言，本书针对东北地区主栽的玉米、水稻等粮食作物，番茄、黄瓜、茄子等蔬菜作物以及苹果、葡萄、梨等果树作物，对前述各个方面进行了更为细致详尽的论述，并总结了所有农作物的抗寒措施。因此，本书既包含基因功能、表达调控等理论基础，又涉及组学技术和基因编辑技术的应用进展，同时还凝练总结了具体的抗寒栽培措施，属于应用基础类，对于东北地区农作物抗寒研究具有理论指导意义，同时又为抗寒技术的应用提供了重要参考。

本书结合东北地区气候特点，紧紧围绕低温与农作物的关系进行论述，具有显著的地域特色。同时，本著作注重跟踪学术前沿，将以CRISPR/Cas9技术为代表的基因编辑技术，以转录组、蛋白质组和代谢组为代表的组学技术在农作物抗寒研究中的应用引入论述中，充分体现了本书的新颖性和时效性。同时，与东北地区地缘结构相对应，本书参编单位分别是辽宁省、吉林省、黑龙江省和内蒙古自治区东部地区的高校和科研单位，主要参编人员均具有农学或生物学博士学位以及植物抗逆性研究的学术背景和经历，对各自区域内的农作物和低温寒害情况了解得更为全面和透彻，为本书的顺利撰写提供了基础和保障。总之，本书的出版将为东北地区农作物低温耐受相关研究的科研人员提供理论基础，同时可以为农业技术推广人员和从业人员提供应用技术参考。

编著者

2020年6月

目 录

第一章　低温与植物的生长发育

温度是影响植物生长发育最为重要的环境因素之一，适宜的温度对植物各个生长时期以及各个组织器官都有着非常重要的作用。近年来全球变暖加剧，极端天气增多，倒春寒、晚霜、反常低温等因素导致的低温寒害已成为植物生长、发育及地理分布的关键限制因素，可导致农作物的大幅减产，甚至绝产。全球农林业每年因低温寒害造成的直接经济损失高达数千亿美元。当植物遭受低温胁迫时，由于其不能自主移动，迫使其体内演化出一系列的响应机制，并产生多种保护物质以抵御低温伤害。植物应对低温的应答反应是复杂的，植物耐低温特性的获得是多种层面机制机理共同作用的结果。因此，深入了解植物在低温下的应答机制，筛选具有强耐冷性状的优异植物品种，挖掘高效抗性基因对改善植物抗逆性有重要的现实意义，这也是现代农业亟待解决的重要问题。本章概述了低温胁迫后植物生长发育的形态学改变、生理生化变化；对植物低温响应的相关基因进行了全面的总结；汇总了激素对植物抵御低温的影响；探讨了转录组、蛋白质组及代谢组相关技术在植物耐低温研究中的应用；整理了植物低温寒害的鉴定方法；最后对植物低温相关研究进行了展望。

第一节　低温对植物的影响

一、低温胁迫与植物生长发育的关系

（一）低温寒害的分类

低温所造成的冷害是影响许多植物产量和分布的主要环境因素。根据植物对低温的反应不同，可以将植物分为两类：一类是不抗寒植物，也称冷敏感植物；另一类是抗寒植物，也称冷不敏感植物。不抗寒植物原产于热带和亚热带地区，$10 \sim 12 ℃$的非

冰冻低温即可引起对植物生命活动的伤害。抗寒植物生长于温带地区，对低温都有一定的抵抗能力，但在不同植物之间又存在差异。冷害是指0℃以上低温对植物体所造成的伤害。引起冷害的温度一般为0～10℃，植物对低温敏感度与其原产地密切相关。

按照温度的临界点，可将低温造成的危害分为0℃以上的冷害和0℃以下的冻害。冷害是冰点以上温度，一般不会导致植物机体内部产生冰晶，相对较低的温度会影响细胞膜结构和功能，增强膜透性，溶质离子渗出改变细胞内外离子浓度平衡，同时对酶活性造成影响引发代谢失调。针对冷敏感植物而言，冷害会破坏细胞磷脂双层膜结构，使质膜的空间构象和物理状态发生变化，抑制了细胞膜的正常功能，影响膜结构的稳定性，解离了膜上的结合蛋白，并引起膜融合现象。根据危害程度和作用机制，可划分为延迟型冷害、障碍型冷害和混合型冷害（Hao et al，2010）。延迟型冷害表现为植物在生育期间遭受持续的低温胁迫，导致作物发育迟缓，营养生长不佳，生育期与正常年份相比显著延后，在初次霜寒临近之时未能到达成熟阶段，致使空瘪粒增多而减产，此外粮食品质显著降低，常被称作"哑巴灾"；障碍型冷害指的是作物生殖生长阶段在某些特殊的时期内，由于暂时的低温所引发的一种灾害，通常表现为空壳率增加且结实率显著降低而减产；混合型冷害指延迟型冷害和障碍型冷害都出现而导致作物减产。

冻害是在冰点以下发生，在植物机体内会产生冰晶，可引起植物原生质脱水，细胞间隙、内部结冰，冰晶刺破细胞膜及细胞壁且蛋白质变性导致植物组织坏死及细胞死亡，非常容易引起植物死亡。冻害一般会使植物体内产生胞外结冰和胞内结冰两种胁迫方式。胞外结冰是指温度下降时，细胞间隙和细胞壁附近的水分结冰。胞内结冰是指温度迅速下降时，除了胞外结冰外细胞内的水分也结冰，一般先在原生质内结冰，后来在液泡内结冰。胞外结冰引起植物受害主要原因：一是由于胞外结冰，细胞间隙内水蒸气气压降低，但细胞内水分不断被夺取，使原生质发生严重脱水，造成蛋白质或原生质不可逆的凝胶化。二是逐渐膨大的冰晶体给细胞造成机械压力，使得细胞变形，甚至可能将细胞膜和质膜挤碎，原生质暴露于细胞外而受冻害，同时细胞亚微结构遭受破坏，区域化被打破，酶活动无秩序，影响代谢的正常进行。三是若遇温度骤然回升，冰晶迅速融化，细胞壁吸水膨胀，而原生质体来不及吸水膨胀，就有可能被撕裂。胞内结冰对细胞的危害更为直接，因为原生质是有高度精细结构的组织，冰晶形成及融化时会对质膜与细胞器甚至整个细胞质产生破坏作用，胞内结冰常给植物带来致命的伤害。1962年Levitt提出硫氢基假说，他认为当组织结冰脱水时，硫氢基（-SH）减少，而二硫键（-S-S-）增加。二硫键由蛋白质分子内部失水或相邻蛋白质分子的硫氢基失水而成。当解冻再度吸水时，肽链松散，氢键断裂但二硫键还在，使得肽链的空间位置发生变化，蛋白质分子的空间构象改变，因而蛋白质结构被破坏，引起植物伤害甚至死亡。

（二）植物低温耐受性概念的剖析

植物耐受低温胁迫或抵御低温灾害的概念并没有统一标准。较多的相关说法有抗寒性、耐寒性、抗冷（冻）性、耐冷（冻）性、低温耐受性、抗低温、耐低温、冷害、冻害、寒害等。这些概念往往被研究人员随机使用，在不同植物中均用来陈述低温耐受或低温抵抗的具体情况。从整体而言，不分0℃以上温度或0℃以下温度，只考虑低温胁迫的情况，更多的人喜欢使用抗寒或耐寒这个概念，其既可以包含0℃以上温度的冷胁迫相关问题也可以包括0℃以下冰冻胁迫相关问题，是适用度比较广的概念，对应的低温灾害可以称之为寒害。从0℃上下是否结冰角度考虑，低温耐受或抵抗可以分为抗（耐）冷和抗（耐）冻，对应的低温灾害可以称为冷害和冻害（Guo et al，2011）。

在植物抗逆性研究中，研究人员一般不会将抗和耐的概念区分开。针对低温胁迫研究而言，根据个人喜好或习惯经常会使用抗寒、耐寒、抗冷（冻）性、耐冷（冻）性、抗低温、耐低温等。从广义角度，这些概念均可体现植物对低温响应或耐受相关的内容，读者也会根据具体情况理解相关论文的主要内容。这如同英文论文中不同单词的使用，比如Tolerance和Resistance经常在论文中体现抗性，而实际词义中，Tolerance更偏重体现被动的忍耐，Resistance则更多地体现主动的抵抗。如果从狭义角度理解抗和耐的区别，也可以从程度和主动被动层面去阐述。耐寒是指可以持续地抵抗或适应低温，抗寒是指可以抵抗短时间的低温。耐更侧重突出适应的过程，可以是潜移默化的，可以是被动的，并非多么明显和突出；抗则侧重突出抵御，比耐的效果更为显著。在这里要特别指出，研究人员对于抗寒和耐寒的概念使用均没有原则上的错误，均能够体现低温对植物带来的影响以及植物抵御低温胁迫的过程及能力。所以，针对低温这种非生物胁迫，抗寒性、耐寒性、抗低温和耐低温等概念均可使用，但对于抗冷和抗冻需要根据是否能够结冰区别使用（Guo et al，2011）。

（三）低温胁迫下植物的形态特征变化

在低温胁迫下，生物学特性尤其是形态特征变化是最直观的体现，轻而长期低温会使植株生长迟缓、苗弱、萎蔫、黄化、坐果率低、产量降低和品质下降（郭志富，2008；Guo et al，2008）；重而短时低温下植株叶片明显褐变，出现脱水症状，叶片叶柄软化、透明，呈水渍状，组织柔软并萎蔫皱缩，冻害斑点明显。研究发现，植物的组织结构特点与抗寒性具有密切相关性，包括植物的叶片厚度、气孔密度、鳞芽有无、根冠比大小、花器官大小以及厚度、栅栏组织/海绵组织大小等（郭志富等，2014；Guo et al，2019）。抗寒性较强的植物的叶片气孔密度较小，角质层和上下表皮比较厚，叶肉细胞排列紧密，叶片组织结构也比较紧密，根冠比较大，细胞间空隙小，枝条木质部、韧皮部和髓的褐变程度较小，有的具有冬芽结构。杨宁宁等（2014）对北方油菜抗寒性研究结果表明，抗寒性强的冬油菜苗期表现匍匐生长，栅海比小，气孔面积小，地下部干重大。田雪飞（2018）研究发现，植物遭受一定低温后引起了叶片叶缘失绿，根系受损甚至枯死，开花结实率下降，果实畸形，甚至植株死亡。许瑛等（2008）对菊花叶片解剖结构紧密度指标的分析表明，抗寒性强的菊花品种叶片和上表皮较厚，栅栏组织发达，叶肉细胞排列紧密，胞间空隙小，抗寒性差的品种则表现为叶片上表皮较薄，栅栏组织层数少、厚度薄，叶肉细胞排列疏松，细胞间隙大。何煜明等（2017）研究表明，在水稻幼苗期进行低温胁迫，因其叶片受到低温冷害，会使其半饱和光强降低，对光能利用率产生影响，同时水稻叶片对光强的耐受程度也大幅下降。姚利晓等（2012）在研究中表明，低温条件下，转基因甜橙的叶片伤害率随温度梯度在一定范围内呈"S"形变化。曹红星等（2011）解剖低温处理下椰树叶片的结构发现，随着温度的下降，细胞间隙越大，海绵组织和栅栏组织结构越发不规则。于文颖等（2013）对两个玉米品种进行了苗期的低温胁迫，发现低温胁迫抑制了玉米的生长，导致叶面积增殖率均小于正常生长，后期生长中发现叶面积逐渐接近并最终在乳熟期达到正常水平。苗永美等（2009）对不同基因型黄瓜幼苗进行低温胁迫研究发现，黄瓜叶片首先表现出萎蔫脱水的冷害症状，不同基因型黄瓜脱水程度存在差异，相对叶长、叶宽、下胚轴长和株粗均能反映萎蔫程度，说明根据植株萎蔫程度可简单直观地反映不同基因型黄瓜的耐冷差异情况。叶片是植物光合作用和蒸腾作用的主要器官，在低温胁迫下，水分代谢失去平衡，导致叶片萎缩、焦化及凋谢等。气孔是植物进行气体交换的重要门户，也是植物进行光合作用和水分蒸腾的通道。何洁等（2015）研究认为低温胁迫会发生气孔关闭，净光合速率降低。叶片总厚度、栅栏组织厚度或海绵组织厚度往往会随植物所处生态条件和生理状态的不同而发生改变。唐立红等（2016）研究发现紫斑牡丹品种的抗寒性与叶片结构紧密度呈正相关，与疏松海绵组织厚度的指数呈负相关。

（四）低温胁迫对植物光合作用影响

光合作用的正常进行，受到各种环境因子的影响，温度是其中一个较为重要的因子，细胞内可利用的液态水是植物生命活动所必需的物质，温度低于冰点，液态水固化，植物将面临生长停滞甚至死亡。因此，植物体内温度超过冰点，植物才能正常生长发育。研究表明，随着低温胁迫时间的延长，植物净光合速率（Pn）、气孔导度（Gs）、蒸腾速率（Tr）等光合参数会持续下降，低温胁迫解除，Pn、Gs、Tr有不同程度的回升。低强度胁迫时，叶片的Pn、Gs、气孔限制值（Ls）、胞间CO_2浓度（Ci）下降幅度较小，且胁迫解除后可恢复正常，随着胁迫强度增加，各测试指标变化显著，且恢复表现较差。光饱和点（LSP）和光补偿点（LCP）是植物利用光照能力强弱的重要指标，反映了植物光合作用的生理生化特征，植物的LSP较低，LCP较高，说明植物适应光的能力比较弱，光照生态幅也较窄。低温胁迫导致叶片对光辐射的利用能力下降，随着胁迫温度降低，叶片最大净光合速率、表观量子效率（AQY）及LSP快速下降，LCP、暗呼吸速率（Rd）则呈上升趋势。

　　叶绿体（Chloroplast）既是植物细胞进行光合作用的重要细胞器，还是蛋白质、DNA、RNA、脂类、四吡咯化合物、萜类和酚类等多种物质合成的场所，它在植物体乃至整个生物界的物质和能量代谢中都发挥着举足轻重的作用。叶片超微结构对胁迫的反应较为敏感，叶绿体是植物细胞进行光合作用的细胞器，正常情况下，叶绿体内类囊体平行排列，基质片层结构排列规则，结构清晰，叶绿体膜完整。低温胁迫时，叶绿体形态结构发生明显变化，如叶绿体普遍膨胀，基粒片层变薄，数目减少，被膜及质膜清晰度下降，线粒体嵴膨胀，嗜锇颗粒明显增多，核膜消失、质膜内陷，液泡膜扭曲变形，甚至解体，质体小球增多，叶肉淀粉含量下降。随着胁迫温度的降低和时间的延长，高强度的低温胁迫会导致叶绿体结构分解、淀粉粒消失、质壁分离、细胞器崩溃降解等现象。

　　叶绿素荧光信号由植物体内发出，并且具有丰富的光合作用信息，这与植物的受胁迫程度相关，因此可以利用叶绿素荧光参数研究植物在胁迫条件下的光合作用，同时可以推测出环境胁迫对植物的影响程度。低温胁迫影响叶片光能的吸收、转换与光合电子传递，致使过剩的激发能大量积累于PSⅡ反应中心，进而损伤植物叶片的PSⅡ反应中心，并导致叶片光合作用能力减弱。研究表明，随着低温胁迫的延长，叶片的PSⅡ最大光化学效率（Fv/Fm）、PSⅡ潜在活性（Fv/F0）均显著下降，电子传递速率（ETR）减慢，非光化学淬灭系数（NPQ）先上升后下降。轻度低温胁迫时，NPQ升高，说明耗散过剩的光能可以保护光合机构。

（五）植物对低温信号的感知

　　细胞膜是植物感知低温信号的主要部位。低温可以诱导细胞膜通透性、流动性及膜蛋白构象的变化，当植物细胞膜感知到这些变化后，将低温信号通过钙离子（Ca^{2+}）、脱落酸（ABA）等第二信使继续向下游传递，其中Ca^{2+}是非常重要的第二信使。植物中还存在Ca^{2+}感受器，主要的Ca^{2+}感受器有钙调蛋白（CaMs）、钙依赖性蛋白激酶（CDPKs）、类钙调磷酸酶B蛋白（CBLs）和互作蛋白激酶（CIPKs）等，

Ca^{2+}感受器包括继因子和应答因子，继因子可以结合Ca^{2+}，改变不同蛋白质构象，从而调节目标基因表达；应答因子是某些蛋白激酶或磷酸酶的功能域，可以将冷信号传递到下游目标基因，从而引起目标基因的表达变化。叶绿体中进行光合电子传递过程的各个组件在感受到低温信号后，通过能量转变和代谢消耗导致的不平衡促使细胞内进行良好的补偿，进而传递低温信号。在低温信号的传递过程中还有许多中间体的存在。在促分裂素原活化蛋白激酶（MAPK）信号传递通路中，随着细胞质内Ca^{2+}不断积累，通过MAP3K—MAP2K—MAPK依次磷酸化，将上游的低温信号逐步传递给下游的应答因子，从而调控目的基因的表达。在肌醇1，4，5-三磷酸（IP3）参与的低温信号转导通路中，Ca^{2+}的积累激活磷脂酶C（PLC），PLC可以催化IP3的合成。然而，在真核生物中存在1-肌醇多磷酸磷酸酶（FIERY1/HOS2），主要参与降解IP3，因此PLC和FIERY1/HOS2共同维持细胞内IP3的平衡。植物因低温产生的某些物质，如H_2O_2的积累，也可作为传递低温信号的中间体，激发MAPK通路中的逐级磷酸化，进而诱导碳重复结合转录因子（CBF）基因的表达，调控下游的冷耐性基因。种康课题组在水稻中的研究表明，水稻GTG蛋白OsCOLD1是一个具有9个跨膜域的G蛋白信号调控因子，它通过与G蛋白亚基RGA1互作激活Ca^{2+}通道，进而调节了水稻的低温反应，表明OsCOLD1可能是水稻的低温感受器。OsCOLD1位于质膜（Plasma membrane，PM）和内质网膜（Endoplasmic reticulum，ER），这与拟南芥AtGTGs的亚细胞位置不同（只存在于质膜上）。OsCOLD1具有GTPase活性，可与Gα亚基结合从而激活下游的Ca^{2+}通道，从而起到感知低温的作用，并赋予水稻（粳稻）耐冷性（Ma et al，2015）。与拟南芥GTG蛋白的GTPase活性相比，OsRGA1也有GTPase促进因子的功能，这是与拟南芥GTG蛋白的不同之处。与AtRGS1类似，OsCOLD1也是一个具有GTPase促进加速效应的RGS，且这种效应受低温诱导。

作为低温感受器，蓝细菌中的组氨酸激酶Hik33、Hik19和枯草芽孢杆菌中的组氨酸激酶DesK，通过调节去饱和酶基因的表达响应低温信号。在拟南芥的研究中也发现了类似的组氨酸激酶，并且它们的表达受低温诱导。类受体激酶（RLK）因为具有跨膜结构，能将胞外信号传递到胞内，也被认为是可能的低温感受器。研究发现，拟南芥类受体激酶RPK1的表达受低温诱导。另有研究也表明，低温响应蛋白激酶CRPK1可能通过接收RPK1传来的低温信号，磷酸化14-3-3蛋白并使其入核，进而调节下游关键转录因子CBF的稳定性。磷酸酯酶C和磷酸酯酶D在低温处理15s就在细胞内积累，因此膜磷脂的变化被认为起始了低温信号。磷酸酯酶D还具有将微管蛋白锚定在质膜的作用，因此磷酸酯酶D的活化还会引起细胞骨架的构象改变，进而可能还会激活Ca^{2+}通道。植物光合机构的氧化还原状态可以作为低温的感受器，通过感知光能吸收和利用的不平衡，调节冷驯化过程。植物感受到低温后，将低温信号通过

Ca^{2+}、ABA、活性氧ROS等第二信使继续向下游传递。细胞壁、内质网和液胞中Ca^{2+}浓度比细胞质中高两个数量级以上，这些细胞器称为细胞的"钙库"。低温引起细胞质内Ca^{2+}浓度升高，用Ca^{2+}螯合剂或Ca^{2+}通道阻断剂阻止Ca^{2+}内流，降低了苜蓿和拟南芥的抗寒性。作为第二信使，Ca^{2+}可以通过调节Ca^{2+}感受器（如钙调蛋白，含钙调蛋白结构域的蛋白激酶CDPK，类钙调蛋白磷酸酶B蛋白CBL以及CBL互作蛋白激酶CIPK等）和其他蛋白的磷酸化反应将低温信号向下传递，进而调节下游冷反应基因的表达。拟南芥CIPK3可以调节*RD29A*、*KIN1*、*KIN2*基因的表达在低温信号传递中发挥重要作用，CIPK3可能位于调节冷诱导基因表达的转录因子上游、Ca^{2+}信号的下游。过表达*OsCDPK7*、*OsCDPK13*基因增强了水稻的抗寒能力。细胞质的蛋白磷酸酯酶PP2A可以使MAPK、CDPK和受体蛋白激酶RPK失活。低温会诱导Ca^{2+}内流，抑制PP2A的活性，促进Ca^{2+}感受器引发一系列磷酸化反应，进而调节下游冷诱导基因的表达。DESWAL在芥菜中的研究表明，依赖PKC的磷酸化反应直接参与了早期低温信号的传递过程。环境变化承受力是植物生长和生存的关键。植物通过启动细胞内的分子机制实现对恶劣环境的抵抗，而任何机制的启动都离不开细胞信号转导。

还有一种低温信号感受方式是叶绿体因能量失衡而产生的冷响应。低温下光合作用相关酶的活性受到抑制，但是光的捕获能力不变使得植物体内光的吸收与消耗产生差值引起额外的光系统激发能，该过程会产生一定的活性氧，活性氧虽然会伤及细胞但也可作为信使调控细胞代谢。H_2O_2可作为一种上游信号分子参与逆境下的调控过程。低温下会大量产生自由基，植物体内自由基清理系统会不断地将其转化为H_2O_2并最终转化为水。因此，当植物体内H_2O_2浓度升高时，自身就是一个胁迫信号的传递。植物经过对低温信号的感应之后，会进一步将信号转导并影响细胞内的多种反应与调控进程。

低温胁迫下蛋白水平的调控冷胁迫信号在传递过程中除了信号分子外，还需要蛋白质修饰酶类（泛素化、磷酸化等）对信号分子进行修饰、装配等，以使各信号分子之间更好地发挥协同作用。基因在经过转录和翻译等过程后需进行不同类型的修饰才具备相应的活性。目前已确定泛素化连接酶作为重要的调节器能调节应激反应转录因子和其他调节蛋白。泛素/26S蛋白酶体途径既参与介导蛋白质降解，又是机体调节细胞内蛋白质水平与功能的重要机制。参与泛素化修饰的主要物质有3种，分别为泛素分子、底物和一系列酶。参与泛素化修饰的酶主要有3种，分别为E1泛素激活酶（Ubiquitin-activating enzyme，E1）、E2泛素结合酶（Ubiquitin-conjugating enzyme，E2）、E3泛素连接酶（Ubiquitin-ligase protein，E3）。泛素化修饰通过三步酶促反应将泛素多肽转移至底物。首先，泛素C-末端的甘氨酸（Gly）经E1催化，形成泛素—腺苷酸中间产物，然后激活的泛素被转移至E1的半胱氨酸（Cys）残基上；其次，被激活的泛素进一步被转移至E2，形成E2泛素巯基酯；最后，E3能特异性识别连接底物靶蛋白，进行修饰，形成泛素—蛋白质复合体，该复合体被运输至26S蛋白酶体内消化与降解。泛素蛋白酶体系最重要的酶是E3，它具有特异性识别底物并对底物进行修饰的作用。在冷环境下，泛素化对转录激活因子ICE1的调节首先是植物感受低温信号，COLD1通过调控细胞内的Ca^{2+}外流和细胞外Ca^{2+}内流过程引起磷酸化级联反应，从而激活ICE1，随后调节冷基因的表达。当该调节过程不再需要时，位于细胞核内的E3连接酶HOS1通过与磷酸化的ICE1相互作用将其泛素化降解，从而抑制转录因子CBF以及下游基因的转录表达。无论是体内还是体外研究，都证明HOS1调节ICE1的多聚泛素化。有研究将HOS1中组氨酸-63变为酪氨酸-63、半胱氨酸-77变为丝氨酸-77，发现HOS1失活，证明HOS1的完整性对于ICE1泛素化是必须的。泛素化过程对于细胞内的许多蛋白都有作用，比如细胞表面的受体、转录因子、细胞分裂时的酶等。通过调节转录调节蛋白的数量和活性，泛素化调节在植物为适应逆境所需的转录因子水平变化中起着核心作用。除了泛素化调节，磷酸化调节（Protein phosphorylation）也是一种重要的调节方式。磷酸化调节不仅存在于低温调节，在干旱、高盐等非生物胁迫中同样有着重要作用。磷酸化主要是在蛋白激酶的催化作用下将ATP的磷酸基转移至底物蛋白，丝氨酸、苏氨酸和酪氨酸羟基常作为磷酸化的位点。蛋白激酶通过对ICE1磷酸化修饰激活其转录活性，参与对冷胁迫的调节。ICE1的类泛素化和泛素化过程都伴随磷酸化过程。类泛素化调控（Small ubiquitin-related modifier，SUMO）对于ICE1的调节主要是在低温胁迫应答过程中，被激酶激活的ICE1经过类泛素化E3酶SIZ1的作用，再经类泛素化和磷酸化调节，诱导*CBF*表达。

RNA加工和核质运输在植物冷应激反应中起着至关重要的作用。普通的转录表达与低温诱导下的转录表达都需经过加工处理的过程。低温下RNA广泛地折叠成二级结构，并导致其功能发生改变。由于RNA二级结构不稳定，核酸结合冷休克蛋白（CSP）会积累且发挥抗终止或者转录加强的作用。一些CSP域蛋白质在植物受到冷应激时会增加，并可能在翻译调控时作为RNA分子伴侣。分子伴侣一方面促进正确折叠，一方面纠正错误折叠。RNA解旋酶是一种分子伴侣，参与RNA代谢全过程。拟南芥中由*LOS4*基因编码的解旋酶与植物应对低温胁迫密切相关，它是RNA从细胞核转移至细胞质的出核运输过程所必需的物质。拟南芥核孔蛋白AtNUP160/SAR1也对RNA的输出起着至关重要的作用，这对植物低温耐受性也很重要，一旦其在RNA核质运输方面有缺陷则会影响耐冷性。LOS4和AtNUP160蛋白主要集中在核的边缘。在*los4*和*atnup160*突变体中没有CBF转录因子的表达。相比于其他基因，*CBF*一般受RNA输出加工的影响更大。因此，转录后mRNA的出核运输在植物应对冷胁迫时发挥着重要作用（靳亚楠，2016）。

二、低温胁迫对植物生理生化的影响

低温寒害本质上是低温对植物体造成的生理损伤（王毅，1994）。低温作用于植物会引起植物体内一系列生理、生化水平上的变化，使植物光合作用降低，呼吸作用增强，能量产生和物质合成受阻，消耗增强，导致植物受到伤害、产量下降，严重影响植物正常生长发育，更严重时还会造成植物死亡（Minami，2005；姚立新等，2009）。

（一）低温胁迫对植物细胞膜的影响

生物膜是植物细胞和细胞器与外界环境发生联系的介质，各种逆境对细胞的影响始于质膜。早期的关于植物耐寒机理研究，主要是从冷敏感植物和耐寒植物对比设计试验，从细胞水平对植物原生质膜、细胞器和细胞壁的结构及其功能、生长调节物质、膜脂不饱和度等方面进行试验分析。结果表明，植物耐寒性提高与膜脂、脯氨酸、脱落酸的含量及质膜中脂肪酸不饱和度的关系密切，且生物膜系统结构和功能的稳定性是植物耐寒的重要基础。Lyons（1973）提出"膜脂相变"假说，假说认为在低温刺激下，生物膜的膜脂由液晶相转变为凝胶相，膜外型收缩出现孔道，导致膜的通透性增加，使得其中的可溶性物质、电解质等大量外泄，造成"生理干旱"。

低温胁迫对植物的损伤首先表现在生物膜上，当受到低温胁迫后，植物的生物膜结构发生改变，膜上的脂肪酸由无序排列变为有序排列，破坏细胞膜封闭性，膜内的电解质和小分子有机物就会通过膜上孔道或裂口向外大量渗漏，使胞内外渗透压失衡。膜的相变会使生物膜上的结合蛋白酶脱离，使膜上的酶的相关生化反应不能正常进行，致使细胞内有害物质大量积累，严重的可导致细胞受损或死亡（Hayman et al，2000）。膜的相变最直接结果是导致细胞膜失去通透性，导致细胞通过膜运输的生化反应不能进行（李俊明等1989）。通常情况下，植物体内质膜对低温胁迫最为敏感，当外界温度下降时，膜通透性因膜的变构而发生改变。通过对多种植物低温胁迫下膜结构的研究，研究者们得出结论，低温下膜的相变温度是判断植物冷敏感性重要生理指标之一（潘杰等，1992；Levitt et al，1980）。

研究发现，植物膜脂中不饱和脂肪酸的含量与植物的耐寒能力密切相关（Lyons et al，1970；王洪春等，1980）。对水稻、玉米、烟草等植物的研究也大量证明了植物膜脂的不饱和度与植物的耐寒能力的关系（Routaboul et al，2000；Kodama et al，1995；关贤交等，2004）。近几年，大量研究报道了类囊体膜上的甘油-3-磷酸酰基转移酶和单酰基甘油-3-磷酸转酰酶等影响了膜脂的不饱和程度，并进一步验证了低温下膜脂的稳定性与植物耐寒能力的关系（刘亚玲等，2001；唐月异等，2011；赵金梅等，2009）。对不同品种杜鹃的耐寒性研究时发现，磷脂酰甘油的不饱和脂肪酸含量与磷脂酰甘油在总磷脂脂肪酸的所占比例也影响着植物耐寒性（沈漫等，1997）。

低温胁迫下植物膜脂的流动性降低，膜上蛋白与膜脂的构型也会发生变化。在冷敏感植物受到低温胁迫时，线粒体膜上蛋白会因脂膜的变性和变构而发生位移和脱落，导致线粒体膜解体。1968年Siminovitch首先发现植物的冷敏感性与膜脂中磷脂含量有关（Siminovtch et al，1968），苹果、杨树、黑槐等膜脂中的磷脂含量在冬季会显著增加。低温胁迫持续期间，植物体内会合成新的蛋白结合到膜结构中，通过提高膜脂蛋白的含量增强了植物的膜稳定性（Mohapatra et al，1988）。

（二）低温胁迫对植物含水量的影响

众所周知，植物体内的水分可分为束缚水和自由水。植物体内和原生质胶体紧密结合的水分称作束缚水，它与植物的抗性有密切关系；不与原生质胶体紧密结合的水分称为自由水。研究表明植物组织中总含水量与束缚水或自由水的比值能较准确地反映植物的抗寒性。植物细胞束缚水含量越高则抗寒力越强。束缚水含量高低可以用自由水与束缚水的比值表示，可衡量植物的抗性。即比值越小，表明束缚水含量越高，抗性越强，自由水与束缚水的比值与植物的抗寒性强弱存在明显的相关性。通常植物组织含水量降低，固型物浓度相对提高，可增加泡液浓度，使结冰可能性降低，抗寒防冻能力增强。随着温度不断下降，植物的生长速度逐渐减慢，根系的吸水能力减弱，组织的含水量逐渐下降。植物含水量通过改变植物细胞液浓度和细胞壁和原生质脱水程度来影响植物的抗寒性（Anisko et al，1996）。随着抗寒锻炼的进行，细胞内亲水性胶体增加，束缚水含量相对增加，自由水含量则相对减少，因为束缚水含量相对增多，有利于植物抗寒性的加强。陈登文通过对休眠期间，3个不同低温需求量的杏品种进行研究，认为低温需求量高的品种，束缚水和自由水比值高。束缚水和自由水比值与低温需求量呈正相关关系，低温需求量高的品种束缚水与自由水比值高，这两个值较高，有利于植物在寒冷的冬季适应低温，安全越过低温、满足低温需求量而产生的体内适应性变化。

（三）低温胁迫对植物呼吸作用的影响

逆境下植物的呼吸作用的变化有3种类型：呼吸强度降低，呼吸强度先升高后降低和呼吸作用明显增强。当植物遭受冰冻、高温、盐渍和水分胁迫时，植物的呼吸作用都逐渐降低；当植物遭受零上低温和干旱胁迫时，植物的呼吸作用先升高后降低；当植物遭受病害时，植物呼吸作用显著地增强。植物在刚开始受到冷害时，呼吸速率会比正常时还高，这是一种保护作用，以维持体内代谢和能量的供给，对抵抗寒冷有利。但随着冷害时间的延长，植物的呼吸速率大大降低，比正常时还要慢些，特别是不耐冷的植物或品种，呼吸速度大幅度变化的现象特别明显。林梅馨等（1994）对橡胶的研究表明，$4℃±1℃$的低温下，呼吸强度随低温处理时间的延长而持续下降。低温胁迫能使线粒体双层膜损伤破坏，内嵴腔扩大和空泡化，严重时内嵴被破坏（杨福愉等，1981；简令成，1990）。因此低温下破坏线粒体结构，氧化磷酸化解偶联，影响有氧呼吸的强度，无氧呼吸比重增大。不过，孙爱民等（1985）认为，小麦抗寒品种的呼吸作用、光合作用及其他代谢活动的降低与抗寒性密切相关，能使物质代谢沿着适应抗寒性的方向变化。

（四）低温胁迫对植物抗氧化酶系统的影响

活性氧是植物体内一类化学性质很活泼、氧化能力很强的含氧物质的总称，它主要包括超氧化物的阴离子（O^{2-}）、过氧化氢（H_2O_2）、羟自由基（OH）和单线态氧。这种活性氧是电子传递过程中的一种正常的代谢产物，在正常条件下，植物体内的自由基的产生和清除之间处于平衡状态。高浓度的活性氧导致植物体内蛋白质、膜脂、DNA及其他细胞组分的严重损伤，对细胞有很强的毒害作用（Sattler et al，2000）。低浓度的活性氧，由于植物体内的清除系统会将其不断清除，并不表现出对机体的损伤，而且还可以充当信号分子参与植物的某些防卫反应过程（Camp et al，1998）。后来，人们研究发现在植物体内部有一套完善的抗氧化防御系统，该系统能使活性氧维持在动态稳定的低水平，它包括酶促和非酶促两类。酶促的防御系统包括超氧化物歧化酶（SOD）、过氧化氢酶（CAT）、过氧化物酶（POD）、多酚氧化酶（PPO）、谷胱甘肽还原酶（GSH-R）等；非酶促的抗氧化剂包括抗坏血酸、类胡萝卜素、谷胱甘肽等（Tao et al，1998）。在一定的低温范围内，植物体内的抗氧化酶系统活性上升，有利于保持植物体内自由基的产生和清除之间的平衡，以免发生膜质过氧化；但当温度继续下降或低温持续时间过长时，活性氧、自由基就会明显增加，而清除剂的含量下降，导致自由基积累过多，造成膜脂过氧化。王华等（1999）研究表明，杏花SOD活性达到半致死温度前有一个上升峰，但随着温度继续降低，SOD活性急剧下降，抗寒性强的品种其SOD活性下降的速率较抗寒性弱的品种缓慢。张敬贤等（1993）将抗冷性不同的自交系玉米置于4℃低温条件下48h。经低温处理后细胞保护酶活性发生了有规律的变化，抗冷性差的品种SOD、POD、CAT活性降低，膜脂过氧化水平增高；抗冷性强的品种细胞保护酶活性增高，但膜脂过氧化水平未发生明显变化，说明保护酶活性与玉米幼苗抗冷性密切相关。SOD是植物体内重要的清除自由基的酶，主要功能是清除体内过多的超氧自由基，研究表明小麦（Wu et al，1999）、水稻（Barlaan et al，2001）等禾谷类作物在低温胁迫下SOD活性升高，这样可以减弱活性氧的毒害。CAT可以把植物体内的过氧化氢分解，使之处于一个低水平状态，防止过氧化反应产生的自由基对细胞的伤害。低温锻炼后春小麦和冬小麦CAT基因表达均得以增加（Baek et al，2003）。POD主要功能也是分解过氧化氢，氧化其底物所产生的过氧化物（陈贵，1991）。有些情况下SOD、POD、CAT协同作用来清除自由基，当细胞中H_2O_2含量较低时，主要由POD来清除自由基；当H_2O_2含量很高时主要由CAT起作用。大量试验都证明SOD、POD、CAT组成的抗氧化酶系统与植物的抗寒力有着密切的关系，这3种酶活性的高低可作为植物抗寒力强弱的指标。在低温胁迫时，同种植物中抗冷性强的品种抗氧化酶的活性比抗冷性弱的品种要高。

（五）低温胁迫对植物渗透调节物质的影响

1. 低温胁迫对可溶性糖含量的影响

可溶性糖是一类渗透调节物质，包括蔗糖、葡萄糖、果糖、半乳糖等。低温诱导使水解酶活性增强，可溶性糖含量增加，可溶性糖含量的增加对提高细胞液浓度，增强细胞液的流动性和维持细胞膜在低温下的正常功能等方面有重要作用。在低温逆境下植物体内常常积累大量的可溶性糖。可溶性糖主要来源于淀粉等碳水化合物的分解，以及光合产物如蔗糖等（邹志荣，1996）。植物在秋季积累贮藏的碳水化合物是其越冬的能量和物质来源。碳水化合物在小麦冷驯化过程中增加，作为抗冻剂，缓和细胞外结冰后引起的细胞失水，可以增强膜的稳定性（Galiba，2001）。可溶性糖作为渗透保护物质，它的含量与植物的抗寒性之间呈正相关。在多种植物中均发现低温胁迫下植株叶片中可溶性糖含量升高（Acock et al，1990；Equiza et al，1997；Mitchell et al，1992；Pritchard et al，1991）。王淑杰等（1996）在葡萄抗寒性研究中表明，可溶性糖含量随着温度的下降呈递增趋势，且抗寒性强的品种可溶性糖含量随着温度的下降增加的幅度大，抗寒性弱的品种可溶性糖含量随着温度的下降增加的幅度小。可溶性糖不仅作为渗透调节物质维持细胞液的浓度，而且能降低冰点，增强细胞的保水力。Galiba等（2001）在研究小麦抗寒性研究中发现，碳水化合物在小麦冷驯化过程中增加，作为抗冻剂，缓和细胞外结冰后引起的细胞失水，可以增强膜的稳定性。另外，可溶性糖含量的积累为越冬植物提供能量，它的代谢物质对植物具有保护性，同时对细胞的生命物质及生物膜起到保护作用。大量研究结果显示，低温胁迫下植物体内可溶性糖的含量明显增加，它的含量与植物的抗冷性呈正相关（陆新华等，2010；Acock et al，1990；Equiza et al，1997）。薛香等（2011）认为，返青期用小麦叶片可溶性糖含量的高低可以较好地评判不同品种抗寒性的强弱。

2. 低温胁迫对植物可溶性蛋白含量的影响

植物的抗寒性与可溶性蛋白的含量之间关系密切，低温胁迫会导致植物可溶性蛋白含量增加。可溶性蛋白的亲水胶体性比较强，它能明显增强细胞的持水力，可溶性蛋白含量的增加可以束缚更多的水分，同时可以减少因原生质结冰而使植物受伤害致死的概率。低温锻炼的玉米（Burbanova et al，1987）、小麦（Chun et al，1998）、拟南芥（Lin et al，1990）等植物叶片中可溶性蛋白质含量均有不同程度的升高。曾乃燕（2000）对水稻类囊体膜蛋白组分进行的分析表明，在4℃低温处理时，大多数类囊体蛋白组分的稳态水平随低温处理时间的延长逐渐降低；在11℃处理第6d，膜蛋白组分中出现了一条55kDa的新带；在4℃低温处理的第3d，也有一条32.5kDa的新多肽出现。这表明低温下可溶性蛋白含量的增加，可能是由于降解速率下降或合成的加强。对很多植物的研究表明，低温锻炼期间蛋白质会发生降解，随着植物组织内可溶性蛋白质含量的增加，植物的抗寒性也得到增加（Kacperska-Palacz et al，1977）。植物细胞在低温胁迫下可以产生逆境蛋白，对冷害造成的危害进行抗御，从而使植物细胞在低温胁迫结束后能够恢复正常的生理机能。对电导率而言，植物受低温寒害后，细胞膜透性增大，电解质外渗，胞外物质浓度增大，从而导致电导率值变大。抗寒性较强的植物在寒害较轻的情况下，细胞膜透性变化小，甚至渗透性的变化可以逆转，易恢复正常。而抗寒性弱的植物细胞膜透性明显增大，不能恢复正常以致造成伤害。植物的这种变化明显地出现在外部形态的变化之前，因此可以作为抗寒性的生理指标。Dexter等（1930）首先利用电导率法来鉴定植物的耐寒力。由于电导率鉴定法简便可靠，在不断的改进中得到了广泛的应用。胡德友等（1984）和何瑞源等（1986）的研究结果表明，橡胶树的抗寒力与细胞电解质外渗率呈负相关，而电解质外渗率与降温强度呈正相关。陈建白（1999）以橡胶树叶柄为材料分析不同品系的电导率与抗寒性的关系，结果显示，电导率小的品系比大的抗寒力要强，与实际抗寒能力相符合。

3. 低温胁迫对植物脯氨酸含量的影响

脯氨酸是植物体内最重要的渗透调节物质之一。在正常条件下，植物体内游离脯氨酸含量很低，而当植物处于逆境，如干旱、低温、高温、冰冻、盐渍、低pH值、营养不良、病害、大气污染等时都会造成植物体内脯氨酸的累积。脯氨酸的含量与植物的抗寒性存在相关性。在低温胁迫时，脯氨酸的生成量提高，并在许多植物器官内积累。在逆境下脯氨酸累积的原因主要有3个：一是脯氨酸合成加强。谷氨酸在植物失水萎蔫时能迅速转化为脯氨酸，高粱幼苗饲喂谷氨酸后在渗透胁迫下能迅速形成脯氨酸。二是脯氨酸氧化作用受抑，而且脯氨酸氧化的中间产物还会逆转为脯氨酸。三是蛋白质合成减弱，干旱抑制了蛋白质合成，也就抑制了脯氨酸掺入蛋白质的过程。

脯氨酸对植物的抗寒机理主要表现在以下3个方面：一是作为渗透调节物质，植物在低温胁迫下，体内会有大量的氨基酸积累，其中脯氨酸是水溶性最强的氨基酸，具有易于水合的趋势和较强的水合能力，当细胞失水时，机体通过提高体内脯氨酸的含量，调节细胞的渗透势，对细胞起保护作用（Delauney，1993）。二是保护蛋白质分子，脯氨酸在水溶液中可以形成亲水胶体，促进蛋白质水合作用，减少可溶性蛋白的沉淀，因此植物处于低温胁迫时，增强植物的抗寒性。三是作为活性氧的清除剂，脯氨酸是一种有效的活性氧螯合剂，植物在遭遇低温胁迫时，机体会产生活性氧，而脯氨酸可以激发体内超氧化物酶、过氧化氢酶及多酚氧化酶的活性，保护植物免受自由基的伤害。因此在低温胁迫时，脯氨酸的生成量提高，并在许多植物器官内积累是植物自身保护系统正常的防御反应。现已证实多种植物如小麦、燕麦、茄子、烟草等在低温胁迫下脯氨酸含量大幅度上升。Sagisaka等（1983）发现，多年生植物，如冬小麦、银杏、杨树等在越冬期，植株体内的脯氨酸含量大量积累。在低温胁迫下，玉米胚芽中编码HyRP（杂合脯氨酸富集蛋白）和HRGP（羟脯氨酸富集蛋白）这两种蛋白的基因大量表达，研究表明这两种蛋白均有提高玉米耐寒力的作用。还有学者认为，脯氨酸也是植物低温胁迫后恢复时期的能源物质，为机体提供氮源和碳源。脯氨酸在植物抗寒性方面的研究有待深入解析，脯氨酸在植物逆境压力下的合成和分解是目前抗寒育种研究的热点之一（王小华等，2008）。

4.低温胁迫对植物甜菜碱与海藻糖含量的影响

甜菜碱是植物体内一种重要的渗透调节物质，在低温胁迫下，植物体内甜菜碱醛脱氢酶（BADH）活性增强，*BADH*基因表达量增加，使得甜菜碱大量积累（Szabados et al，2011）。甜菜碱起到调节细胞内渗透压、稳定生物大分子结构和保护三羧酸循环的作用（梁峥等，1995）。李芸瑛等（2004）对黄瓜的研究表明，甜菜碱可减少低温胁迫对植物细胞膜的伤害，并能抑制POD、SOD的活性以及MDA的合成。郭北海等（2000）对转有*BDAH*基因的小麦研究发现，低温胁迫下转基因小麦较正常植株具有较强的耐寒性。目前在黑麦、大麦及草莓等植物中低温胁迫诱导甜菜碱的积累研究已有相关报道。海藻糖是指由两个葡萄糖分子通过 α，α-1，1糖苷键组成的非还原性二糖。海藻糖最初由Wigger（1832）从黑麦中分离得到。由于海藻糖不同于其他双糖的生物学特性，具有独特的可逆性吸水能力，能有效地保护细胞膜及蛋白质不受低温胁迫所带来的损伤。研究表明某些植物对低温表现出的耐受性与它体内的海藻糖有直接关系（袁勤生，2005）。此外海藻糖还能在低温胁迫下起到维持生物大分子稳定性的作用（Robinson，2001）。

（六）低温胁迫对植物丙二醛含量的影响

丙二醛（MDA）是生物膜系统受损伤之后产生的膜脂过氧化的产物。植物体在低温胁迫下，产生大量活性氧或自由基，使细胞内的活性氧平衡遭到破坏，对细胞膜造成损伤，使得MDA大量积累。MDA含量的变化是植物质膜受损伤程度的重要标志之一，它在一定程度上能反映植物抗寒性的强弱。MDA目前广泛用于评价膜脂过氧化反应，表示细胞膜脂过氧化程度和植物对低温条件反应的强弱。蒋安等人（2010）认为，MDA含量变化与植物的抗寒性呈负相关，如果某一品种MDA含量在低温时剧增出现的早，说明抗寒性较差，反之，抗寒性就强。裴宝弟（2000）等在研究冬小麦抗寒性与抗寒生理关系时，结果表明无论是室内还是大田麦苗在遭受低温袭击后MDA都有所升高。王玉玲等（2004）和陈龙等（2001）都研究了低温胁迫下半冬性和弱春性小麦叶片中SOD活性、MDA含量的变化，结果表明，半冬性小麦SOD活性升高和MDA含量下降的幅度均大于弱春性品种。孔广红等（2016）对澳洲坚果幼苗在低温胁迫下的生理生化特征进行了研究，结果表明，丙二醛含量在低温胁迫处理1d后达到最大值，并随处理时间延长含量急剧下降；在零下低温处理1d后，澳洲坚果幼苗叶片所积累的丙二醛含量高于零上低温处理，由此可见，丙二醛含量是衡量澳洲坚果抗寒性的一个重要指标。三叶草随着胁迫温度的降低与时间的延长，叶片和根中MDA的含量都表现出明显上升的趋势。高冬冬研究发现蝴蝶兰叶片MDA含量随胁迫程度的加深而逐渐增加，且不耐寒品种增加幅度大于耐寒品种。在杏花及早熟油桃抗寒性研究中也有类似结果。江福英等（2014）指出在低温胁迫下，MDA的大量积累，造成膜透性上升，电解质外渗，最终导致细胞膜系统严重受损。高京草等（2016）研究表明MDA含量与枣树抗寒性呈显著负相关，这与艾琳对鲜食葡萄抗寒性的研究一致。综上所述，MDA含量可作为衡量植物耐寒性的一个重要生理指标。

（七）低温胁迫对植物相对电导率的影响

相对电导率（Relative Electrical Conductivity，REC）是鉴别植物细胞膜透性变化更直接、快捷和准确的方法。大量研究表明，当植物处于低温胁迫时，主要表现为细胞质膜流动性降低、渗透性增强、结构和组分发生不同程度改变，导致电解质不同程度外渗（徐呈祥，2012），故以相对电导率作为植物抗寒性评价依据具有合理性。低温胁迫下，生物膜透性变大，电解质外渗，造成电导率增大，且膜透性的增大与电导率呈正相关（郑东虎等，1998）。此外植物在遭受冻害后，由于质膜受损，植物细胞膜离子的外渗速率会加快，因此可以通过测定电导率来判断植物的受冻害程度。目前电导率法已被众多学者认为是判断植物抗寒性强弱的最为简单有效的方法。宋述尧研究发现，低温胁迫条件下黄瓜叶片的电导率呈升高趋势，并且随着胁迫温度的降低和时间的延长，其电导率也会相应地升高。张德舜在常绿树种上的研究发现，电导率与植物的抗寒性密切相关，抗寒性弱的品种，电导率相对较高，且细胞膜透性不稳定。孙世航在猕猴桃的抗寒性研究中发现，温度的降低导致各品种猕猴桃的电导率升高，且抗寒性强的品种电导率较低，抗寒性弱的品种电导率则较高。另外，在植物抗寒性研究中，通常将相对电导率结合Logistic方程计算得到的低温半致死温度（LT_{50}）来作为评价抗寒性的重要指标，目前已经在多种植物中得到了应用（曾雯等，2016；杨克彬等，2017；魏亮等，2017），在菊花中也取得了一定进展。李娜等（2010a）研究发现，相对电导率、LT_{50}、丙二醛含量等这些指标与寒菊不同花器官、不同花期的抗寒性密切相关，可作为评价菊花抗寒性的差异指标。史春会（2013）通过测定低温胁迫下叶片和根系的膜脂生理指标并结合LT_{50}，对不同秋菊品种的抗寒力进行了综合评定。许瑛和陈发棣（2008）、陈煜（2012）综合分析秋冬季脚芽叶片的LT_{50}及其他生理生化抗寒指标，分别对菊花品种及其近缘属野生资源建立了抗寒性评价体系。

第二节　植物抗寒分子生物学研究

当植物受到低温胁迫后，低温信号首先由细胞膜感知，然后通过相应的低温信号传递途径将低温信号向下游传递，与相关转录因子结合，激活一系列转录调控过程，调控目的基因的表达，从而提高植物的耐冷与耐寒性。植物的耐寒基因可分为调控型和功能型两大类。当植物受到低温胁迫时，体内产生寒冷信号诱导耐寒调控基因表达，编码各种转录因子和蛋白激酶，通过一系列信号途径进行传导，激活或提高耐寒相关基因表达，这一类通过信号传导调控表达的基因称为耐寒调控型基因，如COR（Cold-regulated）基因、CBF（CRT/DRE binding factor）基因和ICE（Inducer of CBF expression）基因以及各类型转录因子基因等。耐寒功能型基因是指通过编码蛋白直接保护细胞免受低温损害、提高植物的耐寒性的基因，如抗冻蛋白（Antifreeze protein，AFP）基因、超氧化物歧化酶（Superoxide Dismutase，SOD）基因、过氧化氢酶（Catalase，CAT）基因、过氧化物酶（Peroxidase，POD）基因和脂肪酸去饱和酶（Fatty acid desaturase，FAD）基因等。

一、ICE-CBF-COR转录级联通路

众所周知，植物生长发育、存活和地理分布均受极端气候限制，尤其是极端低温（Alcázar et al，2010；Bai et al，2015）。改良作物的抗冷性是选育优良耐冷作物材料、拓宽作物种植范围和推进可持续发展的必要手段（Wang et al，2017）。故深入理解植物如何应对低温环境尤为重要。先前研究表明，植物在应对低温环境的过程中通过积累大量的有益物质来获得抵御低温的能力，包括生理、分子和生化等不同层面的适应机制，这种通过适应而获得抵御能力的过程即为冷驯化过程（Cold acclimation，CA）（Guy，1990；Thomashow，1999）。冷调节蛋白是植物在冷驯化过程中积累的重要的有益物质，这些蛋白的表达是多种调控通路互作的结果，其中转录因子作为植物信号转导通路中的核心成分，多种转录因子参与到了植物对低温胁迫或其他非生物胁迫的应答中（Miura et al，2007）。大家最为熟悉的便是C-重复结合因子（C-repeat/CRT-binding factor）或脱水元件结合因子（Dehydration-responsive element/DRE-binding factor），简称CBF或DREB转录因子。CBF转录因子是植物在冷驯化阶段提高耐冷性的重要分子开关，其介导了冷调节蛋白（Cold-responsive proteins，COR）的表达（Kasuga et al，1999；Franklin and Whitelam，2007）。同时CBF的表达受转录因子ICE（Inducer of CBF Expression）的调控，从而形成ICE-CBF-COR转录级联通路。该CBF介导的冷响应通路还与多个通路存在交联，尤其是激素介导的多个通路通过与CBF介导的冷响应通路影响植物的耐寒性的获得。目前，ICE-CBF-COR转录级联调控通路是研究得最为透彻的植物抗寒相关调控途径。

CBF介导的耐冷相关信号转导通路的核心之一是*CBF*基因，*CBF*基因编码的蛋白是典型的AP2/ERF（APETALA 2/ethylene response factor）型转录因子（Miura and Furumoto，2013）。拟南芥*CBF*基因家族包含4个成员，分别是*CBF1*、*CBF2*、*CBF3*和*CBF4*，其中*CBF1*、*CBF2*和*CBF3*受低温诱导，而*CBF4*不受冷诱导，故*CBF4*不是冷胁迫应答基因（Gilmour et al，1998）。3个CBF成员可与下游基因的CRT/DRE顺式作用元件结合，从而激活含此元件的下游基因的表达（Liu et al，1998；Wang et al，2005）。近年来，关于*CBF*基因的功能研究从不间断，研究人员通过用CRISPR/Cas9分别构建*cbf*的单突、双突和三突，通过观察突变体的表型发现敲除一个*cbf*成员的拟南芥植株耐冷性不变，因此说明*CBF*基因的各成员之间耐冷功能冗余（Shi et al，2017）。早期研究表明，*CBF2*可调控*CBF1*和*CBF3*的表达，并呈现负调控效应（Novillo et al，2004；Qin et al，2011）。因此，相比*CBF1*和*CBF3*，*CBF2*对拟南芥耐冷性提高更为重要（Zhao and Zhu，2016；Shi et al，2017）。此外，植物*CBF*基因家族庞大复杂，不同种属的植物中都含有大量的*CBF*基因，禾本科植物也不例外，囊

括了超过100个*CBF*基因（Dubouzet et al，2003；Badawi et al，2007）。*COR*基因是植物冷信号转导通路中的效应基因，是通路终端直接决定植物耐冷性的因子。*COR*基因的启动子含有CRT/DRE元件，故可被CBF转录因子特异性结合（Thomashow，1999）。研究人员指出，过表达*CBF*基因的转基因拟南芥通过积累COR蛋白来改善拟南芥抗冻性（Kasuga et al，1999）。近来，研究证明拟南芥中约12%的*COR*基因受*CBF*调控（Fowler and Thomashow，2002），Zhao等又通过对*cbf*突变体进行转录组分析发现414个COR蛋白的表达由*CBF*基因操纵（Zhao et al，2016）。目前已鉴定到的*COR*基因有*COR6.6/KIN2*、*COR14b*、*COR15a*、*COR47*、*COR105A*、*DHN5*、*LTI78*、*RD29A*、*WCS120*和*WCS19*。植物激素也可以调节冷应激反应，低温诱导内源胁迫激素脱落酸（ABA）的水平短暂升高，而外源施用ABA可增强植物的耐寒性（Lang et al，1994）。在葡萄中，外源施加ABA增加了*VvCBF2*、*VvCBF3*、*VvCBF4*和*VvCBF6*基因的表达，增强了植物的抗寒性及抗氧化性（Rubio et al，2019）。Hu等（2013）对拟南芥外源实施激素茉莉酸甲酯（MeJA）后发现，拟南芥中*CBF1*、*CBF2*及*CBF3*基因均呈现上调趋势，并证明外源实施茉莉酸甲酯能显著提高拟南芥的耐冻性。使用外源茉莉酸甲酯可以提高冷胁迫响应基因*MdCIbHLH1*、*MdCBF1*、*MdCBF2*和*MdCBF3*的表达水平，从而增强苹果的低温耐受性（Wang et al，2018）。在野罂粟中，外源施加赤霉素（GA）调控*PnDREB1*基因的表达，表明*PnDREB1*可能在GA信号通路中起作用（Huang et al，2016）。BR属于植物激素的一种，可以提高植物对低温的耐受性，转录因子BZR1（brassinazole-resistant 1）和BES1（BRI1-EMS-suppressor 1）可正向调节*CBF*基因，其中BZR1可以直接结合*CBF1*及*CBF2*的启动子，提高植物*CBF*基因的表达，从而提高植物对低温的耐受性（Li et al，2017）。

CBF在调控*COR*基因表达的同时，本身也受上游多个因子的调节，目前研究得最深入的是ICE转录因子。Gilmour等（1998）证明了*ICE1*基因的存在，并发现*CBF*基因启动子中存在着*ICE1*结合位点。随后一项研究也表明，植物本身体内存在着一种可以与*CBF*启动子特异性结合的转录因子，每当植物遭受冷害时，该转录因子开始表达，进一步诱导*CBF*的表达，这一转录因子被称为*CBF*的表达诱导基因（Thomashow et al，1999）。

*ICE*基因作为一种与植物耐寒性有关的信号传感器，其在ICE-CBF-COR通路中有着至关重要的作用。Chinnusamy等（2003）在拟南芥中发现了ICE家族的两个成员，分别为*ICE1*与*ICE2*。*ICE1*其C末端具有MYC的基本螺旋环（bHLH）转录因子结合位点CANNTG，在其富S区、NLS区和转膜区包含19个氨基酸保守序列KMDRASILGDAI（D/E）YLKELL，并且与其他转录因子上的bHLH与结构域高度同源（Nakamura et al，2011）。ICE1常温钝化，但在经历低温驯化后，*ICE1*通过C末端

的bHLH结构域与*CBF3*的启动子的MYC顺式作用元件结合并激活*CBF3*和*COR*基因进行表达，通过此途径来提高转基因植株的抗寒性。实时荧光定量PCR和亚细胞定位试验证明，*ICE1*在根、茎、叶、花及果实中均有表达，而且在叶中的表达较为显著，而*ICE1*在植物体内的表达还受低温及ABA的调控。亚细胞定位试验结果表明，ICE1蛋白定位于质膜或细胞核上（Chinnusamy et al，2007）。随后，Massari等（2000）认为*ice1*突变体可以阻断*CBF3*的冷诱导，而在植物中过量表达*ICE1*基因会增加植物的抗寒性，而*ice1*突变植株对冷胁迫高度敏感，且不能进行低温驯化，这表明冷胁迫是诱导植物*ICE1*基因激活下游基因所必需的（Lee et al，2005）。*ICE2*与*ICE1*具有高度同源性，这可能导致*CBF1*基因转录水平的改变。据推测，*ICE2*基因的亚功能和新功能均起源于祖先*ICE1*基因的合成。Kim等（2015）试验结果表明，*ICE2*与*ICE1*一样，同样被E3泛素连接酶渗透反应基因1（*HOS1*）的高表达所泛素化，并提出*ICE1*和*ICE2*是耐寒性功能基因，并且它们在冷冻耐受性方面是冗余的。在拟南芥中过表达*ICE2*基因后提高了转基因植株的存活率和植株正常发育的能力。另外，在植株中过量表达*ICE2*基因还有助于气孔的形成并且可以调整花期（Kurbidaeva et al，2014）。

常温下，野生型植株与过量表达*ICE1*基因的植株相比，*CBF3*的表达量并没有明显变化，然而在经历冷胁迫后，过表达植株中的*CBF3*基因的表达量明显升高，其下游基因*RD29A*及*COR15A*的表达量随之升高，增强了拟南芥的抗寒性（Kasuga et al，1999；Wisniewski et al，2014）。先前研究表明拟南芥*ice1*突变体在开始经历冷胁迫后便抑制*CBF3*基因的表达，但是却对*CBF1*和*CBF2*的影响不大，而在冷胁迫6～8h后*CBF2*的表达量反而上调，*CBF3*及*CBF1*依然呈下调状态。当在*ice1*突变体经历冷胁迫后，人为阻断*CBF2*基因的表达时，*CBF1*及*CBF3*的表达量上调，这表明了*CBF2*对*CBF1*和*CBF3*呈负调控作用，也说明了*CBF*基因家族有不同的表达方式（Guo et al，2002）。泛素连接酶HSO1通过泛素化使ICE1转录因子降解，从而抑制*CBF*及其下游*COR*基因的表达，对*ICE*基因的活性起到负调控作用，降低了植物的抗寒性。Miura等（2007）在拟南芥中发现一种SUMO类E3连接酶SIZ1，它可以通过ICE1蛋白泛素化减缓HSO1对ICE1降解，增强ICE1在拟南芥细胞中的稳定性，间接调控*CBFs*的上游基因。可见，ICE转录激活因子在低温胁迫信号通路中起着重要作用。

二、植物抗寒相关转录因子

转录调控是指一类称为转录因子（反式作用因子）的蛋白质与目标基因的启动子、增强子等顺式作用元件特异结合发挥作用，通过两者之间严格而又灵活的相互作用以保证调控的有效性和多样性，可以调节基因表达的强度，也可以通过响应外界条件的改变来调控基因的开/闭，还可以在植物生长发育过程中对基因的时空特异性表达进行调控，从而逐步形成形态与功能各异的组织和器官。转录因子在信号转导通路中激活或抑制防御基因的表达，并且在调控不同的信号通路之间起着至关重要的作用。在改良植物抗逆性的应用方面，与传统的转入单一下游防卫反应基因策略相比，转录因子在转基因方面的应用具有更高的价值。因为单个防卫反应基因的超表达只能提高植物抵抗某种逆境胁迫的能力，对植物抗性改良具有一定的局限性，而一个转录因子基因的超表达能够激活多个下游抗逆功能基因的表达，并且这些转录因子诱导的特征会出现大量的叠加，同时叠加收集不同的信号。

植物低温耐受相关转录因子在植物生长发育过程中，遗传基因受内外条件的影响在不同水平上受到严密而精确调控，包括转录和翻译两个水平的基因表达调控。其中转录水平的调控以经济、灵活、重要且复杂为主要特点。转录因子成员数量众多并且多以家族的形式存在，它们主要通过与逆境响应基因启动子上的不同顺式作用元件结合以激活或抑制下游靶基因的表达，从而达到对相关生理进程的调控作用。

由于CBF转录因子及其相关ICE-CBF-COR调控途径的相关研究最为透彻且内容较为丰富，上文中已把这个经典的途径及其相关基因单独做了详细阐述，除此之外，还有很多植物低温耐受相关转录因子可以激活下游抗寒基因的表达，如MYB转录因子、bHLH转录因子、WRKY转录因子、bZIP转录因子、ZFP转录因子、ERF转录因子等（安昕，2015；Jin et al，2018）。

（一）MYB转录因子

MYB转录因子家族是植物转录因子中数量最多、功能最多样化的一个家族。目前已发现在拟南芥中有196个成员，水稻中有185个，葡萄超过114个，杨树超过197个。它们的共同特点是含有MYB结构域，该结构域是一段约52个氨基酸的肽段，并且每隔18～19个氨基酸就存在3个保守的色氨酸残基，它们参与疏水核心三维空间结构的形成，有助于形成二级结构，提供一个有功能的MYB结构域，对于维持螺旋—转角—螺旋（HTH：helix-turn-helix）构型有重要意义。根据所含MYB结构域相邻重复数目（1、2、3和4）的不同，植物中的MYB转录因子可以分为4类（Dubos，2010）：一是只含一个MYB结构域（R1/2-MYB）的MYB相关蛋白亚类，是一类重要的端粒结合蛋白，在维持染色体结构的完整性和调控基因的转录上起重要作用（Bilaud et al，1996）；二是含有两个MYB结构域（R2R3-MYB）的R2R3亚类，它们是功能最多样的一组成员，包括参与次生代谢调节、调控细胞的形态发生分化（Higginson et al，2003）、植物生长信号转导和应答激素刺激（Kranz et al，

1998）、以及对生物和非生物胁迫的应答（Vailleau et al，2002）等；三是含3个MYB结构域（R3-MYB）的R3亚类成员，主要参与控制细胞生物周期和调节细胞分化（Ito et al，2000）；四是具有4个相邻MYB结构域（R4-MYB）的R4蛋白亚类，它们只在少数已知的MYB转录因子蛋白中被发现，目前对该类蛋白的研究并不多见。在MYB转录因子家族中均含有由MYB结构域组成的DNA结合域，根据MYB结构域的数目，可将MYB转录因子分为1R-MYB、R2R3-MYB、3R-MYB（R1R2R3-MYB）和4R-MYB等类型。有研究表明，拟南芥中的MYB15是一个R2R3型转录因子，可与CBF启动子区的反式作用元件相结合，抑制*CBF*的表达，过表达的*MYB15*导致*CBF*基因的表达量降低，对植物抗寒性进行负调控。MYB96转录因子（R2R3型）正调控植物的抗寒性，它可以促进*LTP3*（膜转移蛋白3）基因的表达，LTP3蛋白的累积可以提高植物的抗寒性。Lee等对MYB96转录因子正调控植物的抗寒性解释为，MYB96参与一个非依赖ABA的低温信号途径，它与*HHP*（跨膜螺旋结构蛋白）基因的启动子结合，诱导HHP蛋白合成，HHP蛋白反过来与*CBF*基因上游的调控因子，如ICE1、ICE2和CAMTA3（钙调蛋白结合的转录激活子3）相互作用促进了*CBF*的表达，从而激活下游低温相关基因的表达，提高植物抗寒能力。在低温处理过程中，小麦的*TaMYB3R1*基因起初表现出一个低水平的表达，随后表达量逐渐增加，一直持续到72h后。Su等从大豆中分离出一个新型的MYB转录因子，即MYBJ1。低温、干旱等非生物胁迫可以诱导*GmMYBJ1*的表达。超表达*GmMYBJ1*的转基因拟南芥在低温、干旱等非生物胁迫下耐受能力增强，因此*GmMYBJ1*可以作为作物改良的一个有用的候选基因。

（二）bHLH转录因子

碱性螺旋—环—螺旋（bHLH）转录因子广泛存在于真核生物中，虽然不属于植物所特有，但因其成员的众多仍然组成了植物中最大的转录因子家族之一。1989年bHLH类转录因子首次在动物中被发现（Murre et al，1989）。同年，随着玉米中控制花青素色素沉着的R基因家族成员Lc蛋白的结构被预测出来，bHLH转录因子首次在植物中报道（Ludwig et al，1989）。然而直到酵母中编码与磷酸盐代谢相关基因*PH04*的结构及功能得到解析，它们作为转录因子的特征和功能才开始逐渐变得明了（Berben et al，1990）。在植物应答非生物逆境胁迫过程中，bHLH转录因子作为调节基因能够调控相关胁迫基因的表达变化，从而在逆境胁迫中产生重要的作用。已有越来越多的研究表明bHLH转录因子可以对一系列的逆境作出应答。例如，除了可以参与气孔的形态发育过程之外，拟南芥中的转录因子ICE1和ICE2及它们在其他物种中的同源基因可以在低温胁迫应答过程中起关键作用。水稻中茉莉酸信号途径中的 *OsbHLH148* 基因可以对其耐寒性起到一定的调控作用，当植物体处于这些逆境胁迫环境中时，该基因的转录水平明显增加，*OsbHLH1* 的超表达则对耐寒性有很大提高，但是并不受其他的逆境胁迫的诱导，并且不依赖于ABA。

（三）WRKY转录因子

WRKY是植物中一个较大的转录因子家族，在植物生长进程的转录调控和胁迫应答反应中起着重要作用（Rushton et al，2010）。对WRKY转录因子的蛋白序列分析发现，它们都具有1～2个在N端含7肽WRKYGQK保守序列和在C端含1个C2H2（或C2HC）锌指结构约60个氨基酸的区域，即WRKY结构域（WRKY domain）（Eulgem et al，2000）。几乎所有的WRKY蛋白都能与顺式作用元件W box[TTGAC（T/C）]专一性的结合。虽然WRKY转录因子都能特异的结合同源的顺式作用元件，但是，结合位点在一定程度上由TTGACY核心基序DNA序列以外的相邻区域决定（Ciolkowski et al，2008）。目前已经发现的WRKY转录因子有：拟南芥74个（Ulker et al，2004）；水稻100多个（Song et al，2010）；大豆197个（Schmutz et al，2010）；杨树10个（Pandey et al，2009）。根据WRKY结构域的个数及锌指结构的特征来分类，可以将其分为3类（Eulgem et al，2000）：第一类含有两个WRKY结构域，如最早鉴定的IbSPF1，PcWRKY1，AtZAP1等；第二类只有一个WRKY结构域和有相同Cys2-His2（C2H2）锌指结构，如PcWRKY3、AfWRKY2等，大多数已鉴定的WRKY蛋白都属于第二类。第三类是与第一类和第二类成员有不同锌指结构（C2-HC）的一类蛋白，如从烟草中分离的NtWRKY3和NtWRKY4。研究表明，WRKY类蛋白在植物抗病防卫反应过程中起着重要的调控作用，在一些病原菌侵害、防卫反应信号和伤口的诱导下，能够增强某些WRKY家族成员的表达和与DNA结合的活性（Eulgem et al，2000）。非生物胁迫如低温、干旱和高盐等对植物伤害的WRKY信号转导通路是近年来研究的热点。Qiu等（2004）Northern印迹杂交结果表明，所克隆的13个水稻OsWRKYs中有10个对非生物胁迫NaCl、PEG、低温（4℃）和高温（42℃）有差异性表达。Wu等（2008）在小麦中克隆得到的15个WRKY其中的8个也对NaCl、PEG、低温（3℃）和高温（40℃）有应答反应。因此，WRKY转录因子在不同的非生物胁迫中的信号转导通路和应激反应中调控转录表达起着重要作用。

（四）bZIP转录因子

bZIP类转录因子广泛存在于动植物及微生物中，它们的共同特点是：具有与特

异序列相结合的碱性结构域；与碱性区紧密相连并参与寡聚化作用的亮氨酸拉链区
（Basic-region leucine-zipper）；在N-末端含有酸性激活区；并且以二聚体形式结合
DNA，肽链N-末端的碱性区与DNA直接结合。bZIP蛋白识别并结合的顺式作用元件
其核心序列为ACGT，如CACGTG（G盒）、GACGTC（C盒）、TACGTA（A盒）
等，一些感光或ABA诱导的基因启动子区都含有这些元件。bZlP类转录因子参与多
种生物途径的调节，色括光感受、种子成熟、花的发育、衰老、抗病防卫反应以及
各种非生物环境胁迫等的应答。bZIP转录因子分为两种参与到低温胁迫的过程中：
ABA非依赖型和ABA依赖型。ABA非依赖型途径的耐低温原理为低温环境下发生氧
化胁迫，bZIP转录因子响应乙烯应答因子（Ethylene response factor，ERF）激活，调
控其下游的与低温相关的基因的表达（Wu et al，2008）。ABA依赖型途径耐低温原
理是bZIP转录因子响应ABA信号传导。bZIP转录因子会与ABA诱导基因启动子区的
ACGT序列发生特异性结合，从而调节下游*COR*基因（Kim et al，2010）。小麦基因
*TabZIP6*在拟南芥中过表达降低了转基因拟南芥幼苗的抗冻性（Cai et al，2018），正
常生长条件下，3个拟南芥过表达株系和野生株系均生长良好，过表达株系和野生型
之间没有显著差异。在低温胁迫后，过表达株系中的一些叶子开始死亡，但在野生
型对照中表型没有观察到明显变化。当然，bZIP转录因子对植物低温胁迫的影响并
不都是负面的，*CsbZIP6*基因的过表达增强了水稻抵抗低温胁迫的能力（Wang et al，
2017），正常生长条件下拟南芥*CsbZIP6*过表达植株与野生型植株之间的表型差异不
明显，但在-6℃的条件下，过表达株系表现出的冻害比率比野生型植株要低。同样，
过表达*TabZIP14-B*基因可以提高拟南芥的抗低温胁迫能力（Zhang et al，2017），将
转基因拟南芥幼苗和野生型拟南芥幼苗在相同条件下低温（-10℃）处理3h，将近
90%的野生型幼苗死亡，过表达幼苗的存活率达到60%～90%。通过生物信息学的分
析，bZIP参与植物低温胁迫也得到了佐证。对甘蓝（*B.oleracea* L.）进行低温胁迫处
理时发现，冷敏感植株BN107中的3个*bZIP*基因*Bol008071*、*Bol033132*和*Bol042729*
的表达都上调了，而耐寒植株BN106中的这3个基因没有发生变化。*Bol004832*、
Bol033132、*Bol018688*和*Bol021255*这4个*bZIP*基因在低温胁迫下的表达模式与白菜
（*Brassica pekinensis*）中各自的同源基因低温胁迫下的表达模式相似，表明这些基
因可能是低温胁迫应答中保守的关键调控基因（Hwang et al，2016）。低温处理下
胡萝卜（*Daucus carota*）根中的bZIP类蛋白Lip的表达上调，从而增强了胡萝卜的抗
寒性（Ito et al，1999）。另外，番茄的启动子序列分析发现，51个*HD-Zip*基因的启
动子中均含有低温响应元件LTRE，表明这些番茄HD-Zip均参与植株对冷胁迫的响应
（Zhen et al，2014）。

（五）ZFP转录因子

ZFP（锌指蛋白）具有手指状结构，根据此结构的不同，可将ZFP分为不同的类型，如C2、C4或C6型，其中C2H2型属于C2型，是目前研究最多的一类，也称TFIII型。C2H2型ZFP转录因子中的一部分在冷耐性调控中起负调控作用，如ZAT属于C2H2型ZFP转录因子，该基因位于*CBF3*下游，是*CBF3*的一个靶基因。*ZAT10*的高表达抑制*CBF3*下游其他靶基因的表达，抑制植物的抗寒性，然而*ZAT12*的过量表达可以提高植物的抗寒性。C2H2型ZFP转录因子也可以正调控下游基因的表达。拟南芥中超表达野大豆GsZFP1可激活一系列胁迫响应基因的表达，如*CBF1*、*CBF2*、*CBF3*、*NCED3*、*COR47*和*RD29A*等，增强植株的冷耐性。水稻ZFP182在胁迫诱导的ABA信号途径中发挥着重要作用，在ABA信号途径中ZFP182受上游*OsMPK1*和*OsMPK5*的调控，三者共同激活下游的抗氧化酶基因的表达，如超氧化物歧化酶（SOD）和抗坏血酸过氧化物酶（APX）。还有研究表明，超表达ZFP182促进了*OsDREB1A*、*OsDREB1B*等基因的表达，合成各种渗透调节物质，如可溶性糖、可溶性蛋白等，可增强植物细胞的渗透能力，从而提高植物对低温等非生物胁迫的抵抗能力，被认为是作物改良的候选基因之一。

（六）其他类型转录因子

除上述转录因子外，参与植物低温应答调控的转录因子还有ERF、NAC、CAMTA、VOZ及EIN3等。ERF转录因子主要参与植物应对非生物胁迫的多条信号途径，如ABA、乙烯、茉莉酸等信号途径，在植物抵抗逆境胁迫的过程中发挥着重要作用。过表达番茄*TERF2*基因的烟草和番茄植株对低温胁迫耐受力增强，这主要与乙烯的合成有关。相反，转反义*TERF2*的番茄植株对低温的耐受力减弱，推测主要是由于乙烯的合成受阻引起的；对转反义*TERF2*的番茄植株外源喷施乙烯合成前体ACC（1-氨基环丙烷-1-羧基酸），其又恢复了冷胁迫的耐受能力，证实TEFR2通过乙烯信号途径来调控植物的冷耐力。在水稻幼苗中，超表达*TERF2*，在低温处理条件下正调控*OsICE1*、*OsSODB*、*OsTrx23*、*OsMyb*、*OsCDPK7*、*OsFer1*及*OsLti6*等冷相关基因的表达，可促进渗透物质和叶绿素合成，活性氧和丙二醛含量降低，抵抗低温能力增强。NAC转录因子可以受低温诱导，在植物的低温调控网络中发挥着重要作用。有研究表明，NAC蛋白定位于细胞核内，与下游靶基因的启动子相结合，激活目的基因表达，在启动子中含有核心序列CGTG/A，此核心序列普遍存在于植物对逆境应答的基因启动子中。超表达SNAC2的水稻在低温下抗性增强，成活率提高。超表达杜梨PbeNAC1可以提高抵抗冷和干旱的能力，这主要是由于超表达*PbeNAC1*在低温下可以降低活性氧含量，提高植物成活率，提高抗氧化酶系统中酶的活性。CAMTA是通过正调控*CBFs*的表达来提高植物抗寒性的，它是一类能与钙调素结合并具有转录激活作用的蛋白。拟南芥CAMTA3可与*CBF2*基因的顺式作用元件结合，从而激活*CBF2*基因的表达，积累CBF蛋白，调控其下游低温相关基因的表达，增强植物耐寒性。同时，拟南芥中*CAMTA1*和*CAMTA3*基因的缺失，导致*CBF1*基因的表达受到抑制，对低温表现敏感。还有研究发现，在低温胁迫下CAMTA1-3可以共同作用调控*CBF1-CBF3*的表达来正调控植物抗寒性。VOZ是维管植物特有的一类转录因子，可低温诱导VOZ转录因子负调控*CBF4*等冷相关基因的表达，降低植物抗寒性。EIN3是乙烯信号转导途径中重要的转录因子，可直接抑制*CBFs*和*ARRs*基因的表达，最终负调控植物的耐寒性。

三、抗冻蛋白

抗冻蛋白（Antifreeze proteins，AFP）是一类抑制冰晶生长的特殊蛋白质，最早在南极海鱼的血液中被发现（DeVries，1986）。人们发现这类特殊的蛋白质能阻止体液内冰核的形成与生长，维持体液的非冰冻状态。抗冻蛋白的第一个显著特性是热滞效应。大量研究发现，抗冻蛋白降低溶液冰点的效率比一般溶质要高。在较低浓度下，抗冻蛋白降低溶液冰点的效应随其浓度增加而增强，在较高浓度下，这种效应逐渐趋于饱和。抗冻蛋白的效应可与NaCl等溶质的效应相加而共同使冰点大幅度降低。一般溶液（如NaCl，蔗糖溶液等）的冰点等于熔点，而抗冻蛋白在其溶液中只影响结冰过程，几乎不影响熔化过程，能以非依数性形式降低水溶液的冰点，对熔点影响很小，所以导致水溶液的熔点和冰点出现差值，这种现象叫做热滞效应，因而抗冻蛋白也被称为热滞蛋白或温度迟滞蛋白（DeVries，1986）。抗冻蛋白的第二个特性是冰晶形态效应。抗冻蛋白有抑制冰晶生长的作用，而且这种作用在不同的方向上有强弱之分，因而引起冰晶形态的改变。冰通常以平行于晶格基面（a轴）的方式生长，在垂直基面（c轴）很少生长，因此冰晶格呈扁圆状。低浓度的抗冻蛋白优先抑制冰沿a轴生长，因此冰晶格的六边柱表面变得明显。而在高浓度的抗冻蛋白下，冰晶格主要沿c轴生长，形成六边双棱锥及针形晶体。有研究者认为，抗冻蛋白的这种作用，可以在生物体内调节胞外冰晶的生长形态，以尽量避免冰晶对细胞膜造成机械损伤（江勇，1999）。抗冻蛋白的第三个特性是抑制冰晶的重结晶。所谓重结晶是指在已经形成的晶体颗粒之间进行生长重分配，大的越大，小的越小。这种情况多发生在温度波动之时，往往对生物造成致命伤害。而抗冻蛋白具有抑制重结晶的作用，所形成的晶体体积小而比较均匀。抑制冰的重结晶对于某些生物特别是耐冻生物具有更重要的意义，而且引人注意的就是重晶化的抑制作用比冰晶生长的抑制作用更容易达到，即只需要少量抗冻蛋白（20μg/mL），就有较高的重晶化抑制活性（Sidebottom et al，2000）。1992年Griffith等第一次在冬黑麦中分离到了AFP，随后植物AFP日益成为植物抗寒领域的研究热点。Dawn等（1998）分离了胡萝卜AFP基因，标志着第一个植物AFP基因的成功克隆。将胡萝卜AFP基因转化拟南芥和番茄后，抗冻性较对照组有明显提高（Rajeev Kumar et al，2014；范云等，2002）。目前，研究人员已在沙冬青、无芒雀麦、云杉、冬油菜、连翘、冬黑麦等60多种植物中检测到了AFPs。由于不同物种AFPs基因同源性较低，只有胡萝卜、云杉、沙冬青、冬黑麦、小麦等少数物种的基因被克隆并进行了功能验证。

从基因表达调控角度而言，在16种被子植物和常绿植物中检测发现，秋季和冬季均可检测到大量AFPs，但是在夏季AFPs含量却非常少，说明抗冻蛋白的表达受低温诱导（Wisniewski et al，2018；王羽晗等，2018）。对沙冬青AFP的研究表明，完全纯化的AFP比部分纯化的AFP活性要低，以此推测植物中可能存在一些能使AFP活化的特殊蛋白，或是AFP与某种物质相互作用而增加AFP的活性，但此种物质是何性质尚不清楚（Gupta and Deswal，2014）。也有其他研究表明，植物AFP基因表达受茉莉酸甲酯（MeJA）和乙烯诱导表达，说明AFP表达可能受到激素信号途径的调控，但调控机制仍不明确。虽然植物AFP的表达受低温和激素诱导，对于基因表达调控作用方面的研究较为滞后，这可能因为不同植物间AFP基因同源性较低以及含有AFP的植物很多都难于转化，很难进行深入的基因功能和调控研究（王羽晗等，2018）。

抗冻蛋白多定位于细胞的质外体中，多数发现于植物的叶片、根和芽中，只有腊梅抗冻蛋白定位于花冠质外体中，桃（Prunus persica）抗冻蛋白定位于树皮细胞质和细胞核中。抗冻蛋白都有一定的热稳定性，热滞活性大多在0.1~1.0，而女贞的抗冻蛋白热滞活性较高，与鱼类相似，可达2℃，云杉的抗冻蛋白热滞活性也达到2.19℃。在植物抗冻蛋白的热滞活性中明显偏高，桃的抗冻蛋白热滞活性较低，为0.06℃；不同来源的抗冻蛋白具有一定的同源性，无芒雀麦、云杉、腊梅、野生香蕉的抗冻蛋白均与几丁质酶同源，胡萝卜和沙棘的抗冻蛋白与多聚半乳糖醛酸酶抑制剂蛋白同源，连翘和桃的抗冻蛋白与脱水蛋白同源，黑麦草和女贞的抗冻蛋白与内切壳多糖酶、内切葡聚糖酶、奇异果甜蛋白和禾本科植物的抗冻蛋白同源，而沙冬青、小麦、茄子、冬油菜和樟子松的抗冻蛋白的同源性不明显（靳亚楠，2016）。总之，不同植物抗冻蛋白都有不同抗冻活性，并且抗冻蛋白的性质也各有差异，同源性也有所不同。为了提高植物的抗寒能力，科学家将抗冻蛋白基因转入植物发现，不仅从植物中提取的抗冻蛋白基因经转化可以提高植物的抗寒能力，鱼类和昆虫的抗冻蛋白基因也能转入植物，提升植物对低温的适应能力。因为植物抗冻蛋白热滞后活性比鱼类低，远小于昆虫，而重结晶抑制活性比鱼类和昆虫高10~100倍。因此，将昆虫和植物抗冻蛋白基因转入植物融合表达，对植物抗寒能力的提高有重要意义。如张振华等（2013）将胡萝卜和黄粉虫抗冻蛋白基因融合，转入拟南芥，发现黄粉虫抗冻蛋白的高热滞活性使得转基因拟南芥的冰点降低，而具有高重结晶抑制活性的胡萝卜抗冻蛋白使转基因植株在较长时间的冻害条件下，稳定质外体中的流体，从而使转基因拟南芥在低温下的损伤程度大大降低。陈佳佳（2013）将矮沙冬青抗冻蛋白基因导入玉米未成熟幼胚中，将幼苗置于0℃低温胁迫下处理24h，之后转入室温中解冻，发现对照组玉米的叶片失水萎蔫，而转入抗冻蛋白的阳性植株叶片则表现正常，说明矮沙冬青抗冻蛋白基因在玉米中异源表达，显著地提升了玉米的抗寒能力，为改善玉米作物品质、提高产量提供了新思路。

四、脂肪酸去饱和酶

脂肪酸去饱和酶基因植物在受到低温等逆境胁迫时，细胞膜是最敏感的受害部位，细胞膜是细胞与外界联系的直接介质，它接受和传递逆境胁迫信号，并在细胞内通过一系列反应，引起细胞产生防卫机制。生物膜系统是一个动态平衡系统，细胞器膜结构的破坏是植物在低温逆境中造成伤害和死亡的重要原因。Lyons等（1973）根据细胞膜结构与抗冷性的关系，提出著名的"膜脂相变"学说。他指出植物维持正常生理活动时需要的膜状态是液晶态，随着外界温度的降低，细胞膜的状态会发生变化，细胞膜由液晶态转变为凝晶态，膜脂相变导致细胞内的原生质停止流动，细胞内的渗透平衡被破坏，最终导致植物细胞内的生理代谢发生紊乱，使植物细胞发生毒害。Lyons等（1973）指出，是否发生膜脂相变的临界温度与膜脂脂肪酸的不饱和程度之间密切相关。膜脂中的脂肪酸饱和度高，膜脂相变温度相应升高；反之，膜脂中脂肪酸的饱和度低，膜脂相变温度则降低。生物膜膜脂成分的不饱和度可作为抗寒性强弱的重要生理指标之一。抗寒性弱的植物由于膜脂脂肪酸的不饱和程度较低，低温下膜脂由液晶态向凝晶态转变，造成脂膜膜相分离，从而引起细胞代谢紊乱。在一定范围内，植物抗寒性随膜脂不饱和脂肪酸含量的增加而增强（Tasseva，2004）。膜脂中不饱和脂肪酸含量增多，增加了膜的流动性，膜脂相变温度会降低，从而使植物的抗寒性相应提高。因此，膜脂不饱和度是植物抗寒性的重要生理指标。植物体内饱和脂肪酸可在脂肪酸脱饱和酶的作用下形成不饱和脂肪酸，包括棕榈油酸（16：1）和油酸（18：1）等单不饱和脂肪酸及亚油酸（18：2）和亚麻酸（18：3）等多聚不饱和脂肪酸。棕榈油酸和油酸分别由软脂酸（16：0）和硬脂酸（18：0）在△9-脂肪酸脱饱和酶的催化下在碳链的第9位和第10位碳原子之间引入双键而形成。脂肪酸脱饱和酶根据其所作用的底物脂肪酸结合的载体的不同而分为3类：一是酰基载体蛋白脱饱和酶。它存在于植物质体基质中，能将与酰基载体蛋白相结合的脂肪酸脱饱和，形成双键。二是酰基—CoA脱饱和酶。它存在于动物和真菌的内质网膜上，能与CoA结合的脂肪酸的烃链上形成双键。三是酰基—脂脱饱和酶。它存在于植物内质网膜、植物的叶绿体膜和蓝藻类囊体膜上，能将与甘油酯结合的脂肪酸脱饱和形成双键（Pereira，2003）。植物脂酰酰基载体蛋白（Acyl carrier protein，ACP）脱饱和酶是脂肪酸脱饱和酶家族中唯一已知的可溶性酶，催化与酰基载体蛋白结合的脂肪酸脱饱和，主要有△9硬脂酰ACP脱饱和酶、△4软脂酰ACP脱饱和酶、△6软脂酰ACP脱饱和酶和△9豆蔻酰ACP脱饱和酶等。目前研究最多、最广泛的植物硬脂酰ACP脱饱和酶（Stearoyl-ACP desaturase，SAD），催化与硬脂酰ACP在第9~10号碳原子之间脱氢形成一个双键。目前已从蓖麻、黄瓜、菠菜、大豆、芝麻中克隆获得了SAD的cDNA序列（马建忠等，1996；卢善发，2000）。SAD在很大程度上决定着植物体内膜脂的饱和脂肪酸和不饱和脂肪酸的比例。当植物遭受低温胁迫时，植物体内的SAD活性增强，植物细胞膜脂中不饱和脂肪酸含量升高，因而植物的抗寒性得以提高。近年来，人们想通过提高SAD的活性来改变植物细胞膜内的饱和脂肪酸与不饱和脂肪酸的比例，使不饱和脂肪酸的含量增多来提高植物的抗寒性（Guo et al，2011）。James等（1993）将克隆的△9脱饱和酶基因转入烟草中，使转基因植株膜脂中的不饱和脂肪酸含量有所升高。植株暴露于1℃达7d都没有任何受伤状况，这充分说明了烟草的抗寒性在表达了△9脱饱和酶基因后大幅度提高。脂肪酸脱饱和酶不仅在植物抗寒性方面取得突破性的进展，在植物油基因工程方面也取得了显著的成就。脂肪酸脱饱和酶被用来降低油料作物种子中油脂的不饱和度，增加食用油脂的稳定性（抗氧化性）和香味感，提高天然油脂的食用价值。因此生产富含饱和脂肪酸的油脂作物将带来很高的经济效益。还可以通过引入克隆基因的反义表达载体来封闭基因表达，增加中间脂肪酸产量。

甘油-3-磷酸酰基转移酶（Glycerol-3-phosphate acyltransferase，GPAT）是磷脂酰甘油（Phosph-atidglglycerol，PG）生物合成过程中第一步的酰基酯化酶，其功能是将脂酰基供体，如脂酰—酰基载体蛋白（Acyl-ACP）或脂酰—酰基辅酶A（Acyl-CoA）上的脂酰基团（Acyl）转移到甘油-3-磷酸（Glycerol-3-phosphoric acid，G3P）的sn位置上，合成磷脂酰甘油的前体——溶血磷脂酸（Lysophosphatidic acid，LPA），GPAT酶对G3P的sn-1号位具有酰基转移活性，但一些GPAT家族成员还具有sn-2酰基转移活性（Murata，1997；Wendel，2009；Zhang，2008）。磷脂酰甘油普遍分布于植物的膜脂中，在叶绿体类囊体膜上含量最高，约占总膜脂含量的10%。在植物体内，叶绿体的类囊体膜对低温胁迫最为敏感，因此，磷脂酰甘油的脂肪酸不饱和度极大地影响着类囊体膜脂的脂肪酸不饱和度，进而决定着植物的冷敏感性。GPAT可通过对不同Acyl-ACP的选择性决定了植物类囊体膜脂上磷脂酰甘油的脂肪酸不饱和度，从而影响了植物的耐寒性。通常，在冷敏感植物中GPAT对不同饱和度的Acyl-ACP不具有选择性，将Acyl由酰基供体转移到甘油-3-磷酸的sn-1位上，使得磷脂酰甘油脂肪酸饱和度高；而在耐寒性植物体内GPAT酶对如油酰—酰基载体蛋白等不饱和度高的脂酰-酰基载体蛋白偏好性较高，少量或不结合饱和度高的脂酰—酰基载体蛋白，使植物膜脂上磷脂酰甘油的脂肪酸不饱和度高，提高植物的耐寒性。质体中的GPAT酶多以Acyl-ACP为酰基供体，而内质网和线粒体中GPAT酶以Acyl-CoA为酰基供体（Wolter et al，1992）。Murata等将冷敏感植物南瓜的GPAT基因转入烟草中，并检测到转基因烟草的磷脂酰甘油中饱和脂肪酸含量升高，反之将耐寒植物拟南芥的GPAT基因转入烟草中，检测到转基因烟草磷脂酰甘油脂肪酸组成发生改变，饱和脂肪酸含量降低，不饱和脂肪酸含量明显高于野生型烟草，对低温胁迫耐受性提高（Murata et al，1997）。GPAT基因已从多种植物中被发现并克隆，如拟南芥、番茄、水稻、菠菜、油桐、豌豆、南瓜、阔叶独行菜、向日葵和蓝蓟。目前已经在拟南芥中克隆得到的GPAT基因共10种，分别命名为AtGPAT1、AtGPAT2、AtGPAT3、AtGPAT4、AtGPAT5、AtGPAT6、AtGPAT7、AtGPAT8、AtGPAT9及ATS1。拟南芥GPAT基因家族根据酶的亚细胞定位可分为三大类，分别是定位于质体的ATS1（Yang et al，2012）、定位于线粒体膜上的AtGPAT1/2/3及内质网GPAT（AtGPAT4/5/6/7/8/9）。通过对拟南芥GPAT氨基酸序列进行系统进化树分析，推论出定位于线粒体的AtGPAT1、AtGPAT2和AtGPAT3属于同一进化分支；定位于内质网的AtGPAT4/5/6/7/8进化距离接近，同源性较高；而同样定位于内质网的AtGPAT9则与人类线粒体的HsGPAT更接近。根据系统进化树分支推测，质体的ATS1首先从GPAT家族中分化，其次是内质网上的AtGPAT9，再次是定位于线粒体的AtGPAT1/2/3，最后是AtGPAT5/7，而AtGPAT4/6/8变异性最低，与祖先GPAT基因最为接近。研究表明冷敏感型植物的质体GPAT酶对棕榈酰—酰基载体蛋白（$C_{16:0}$-ACP）底物具有偏好性，而耐寒型植物质体GPAT酶优先选择油酰—酰基载体蛋白（$C_{18:1}$-ACP）为底物。拟南芥中，线粒体膜上的AtGPAT1/2/3可以利用C_{16}到C_{24}的大部分Acyl-CoA，其中，AtGPAT1对$C_{20:0}$Acyl-CoA、$C_{22:0}$Acyl-CoA的偏好强，AtGPAT2和AtGPAT3不能利用Acyl-CoA中的$C_{16:0}$、$C_{16:1}$、$C_{18:0}$、$C_{18:1}$和$C_{20:1}$（Yang et al，2012；Zheng et al，2003）。AtGPAT4和AtGPAT8能利用$C_{16:0}$-$C_{22:0}$系列Acyl-CoA，对$C_{16:0}$、$C_{18:1}$ Acyl-CoA和偏好性最强，但是几乎不能利用碳链长于18的DCA Acyl-CoA。AtGPAT4和AtGPAT8在茎和叶中表达量较高。AtGPAT6在拟南芥花中被发现大量表达，AtGPAT6突变体出现了绒毡层细胞内质网减少引起的花粉败育、雄配子不能受精的现象。AtGPAT6对C_{16}

和C_{18}的Acyl-CoA的偏好性明显高于其他碳链长度的Acyl-CoA，且对经修饰的Acyl-CoA偏好性要强于未经修饰的。*AtGPAT5*在拟南芥根和种皮中大量表达，能利用多种底物，但对$C_{22:0}$-CoA的偏好性最强，对未修饰Acyl-CoA的选择性强。*AtGPAT7*的底物偏好性与*AtGPAT5*相同。通过对多种植物的GPAT氨基酸序列进行序列比对和结构分析，GPAT蛋白都含有由14个α-螺旋和9个β-折叠组成的保守区域，GPAT酶对底物选择性受其中某些氨基酸残基的影响。在植物中，GPAT酶参与多种脂质的合成，因此，除了提高植物耐寒性之外，*GPAT*基因的表达也在植物不同生长阶段发挥着不同生理功能，如*AtGPAT6*和*AtGPAT1*基因共同影响拟南芥的小孢子释放和雄蕊长纤丝伸长。将耐寒植物拟南芥的质体*GPAT*基因转入烟草中，超表达的转基因烟草耐寒性提高，而将编码冷敏感植物南瓜的质体*GPAT*基因转入烟草中过表达，致使转基因烟草对低温的耐受性低于野生型烟草。

五、抗渗透胁迫相关基因

抗渗透胁迫相关基因低温胁迫时，植物通过大量合成渗透调节物质的相关蛋白酶，调节如海藻糖、甜菜碱及脯氨酸等小分子量的渗透调节物质在胞内的含量，降低细胞内的水势，维持膜内外的水分平衡，避免低温胁迫下因失水对细胞造成的损伤。脯氨酸水溶性强，与水分子亲和性强，亲水端可结合水分子，疏水端可连接蛋白质，既可以结合更多水分子，又可以通过增加可溶性蛋白的数量，提高渗透压。在植物受到低温胁迫时，脯氨酸含量增加，减少胞内水分向外渗漏，起到渗透调节作用（陈儒钢等，2009；王多佳等，2009）。另一类渗透调节物质甜菜碱也具有强水溶性，通过与蛋白质的相互作用维持生物大分子在高电解质浓度下的稳定性，而且可以作为渗透平衡物来维持细胞的膨压。在胁迫结束后的植物体恢复期间，甜菜碱还具有加速蛋白质合成的功能。海藻糖广泛存在于细菌、真菌、酵母和低等植物中，具有保护细胞活性的特殊功能，使植物在低温胁迫下仍保持胞内外渗透压，防止细胞失水，维持了细胞正常的生理活性。将脯氨酸脱氢酶的反义基因转入拟南芥，降低了脯氨酸脱氢酶基因的表达，使胞内脯氨酸含量上升，增强了植物对低温胁迫的耐受性。将从细菌中克隆的胆碱氧化酶*COX*基因（甜菜碱合成途径中的重要代谢酶）转入拟南芥、烟草和油菜中，获得了高甜菜碱水平的转基因植株。将大肠杆菌中的海藻糖合成酶基因*OstBA*转入马铃薯、甜菜中，使植物的耐寒性得到增强。

六、类钙调素B蛋白CBLs及其互作蛋白激酶CIPK

前述植物感知低温信号机理部分提到了类钙调素B蛋白CBL作为Ca^{2+}感受器，在植物中广泛存在，参与多种植物逆境信号转导过程。CBL具有保守的N-豆蔻酰化结构域MGCXXSK/T，有利于CBL蛋白在细胞膜上的结合，结合Ca^{2+}的CBL，自身没有激酶活性，必须与其互作蛋白作用才能发挥其调控功能。CBL互作蛋白激酶CIPK是植物中特有的一类含有Ser-Thr功能域的蛋白激酶，CIPKs蛋白激酶亚族的基因结构可分为N-端激酶区和C-端调控区，它的N-端有特异性催化结构域，C-端包含CIPK家族特有的NAF结构域，由24个氨基酸组成的NAF序列在所有CIPK中高度保守，是与CBL相互作用所必不可少的基序。此外，在NAF结构域旁有一个PPI结构域，可以使CIPK基因与ABI1、ABI2等PP2C型蛋白磷酸酶进行互作（Guo et al，2001）。CBL-CIPK参与多种信号调节途径如高盐胁迫、低钾胁迫、低温胁迫、ABA胁迫等，具有多样性和复杂性，能够与一系列相互影响的特异因子相结合来调节应答逆境压力。CBL-CIPK信号系统最早在拟南芥中发现（Kudla et al，1999）。CBLs的下游效应物CIPKs中的一个基因NtCIPK2，被从盐生植物白刺（Nitraria tangutorum）中分离出来，通过序列比对和建立系统进化树分析，发现NtCIPK2蛋白与其他植物的CIPK蛋白相似，并包含保守的结构域，NtCIPK2基因的启动子中有许多顺式作用元件，这些顺式作用元件可被与激素和胁迫应答相关的转录因子识别并结合，并发现NtCIPK2可在许多器官中表达，其表达受低温、高温、盐、干旱诱导，过表达NtCIPK2的大肠杆菌在高盐、干旱、低温、高温环境中生长情况比对照组更好，因此，NtCIPK2是一个可通过遗传操作提高作物抗逆性的候选基因。此外，从拟南芥中鉴定出了CIPK14蛋白，用qRT-PCR检测到CIPK14基因在盐、干旱、低温、高温、脱落酸等处理条件下的表达水平都升高，CIPK14基因对多个刺激都有应答，说明CIPK14蛋白可能是几个不同信号通路的交汇点，包括低温应答信号通路。研究人员还以拟南芥作为试验材料，对CIPK蛋白家族的另一基因CIPK7作低温处理的表达分析，发现CIPK7的表达受低温诱导，且能在体外与CBL1蛋白相互作用，在体内也可能与CBL1蛋白有联系，通过野生型植株与cbl1突变体植株中CIPK7基因的表达差异比较，发现冷胁迫诱导CIPK7的表达受到CBL1的影响，这说明CIPK7可能与钙离子感受器CBL相结合，从而参与植物低温应答。

七、钙依赖蛋白激酶CDPKs

前述植物感受低温信号的机理部分同样提及了CDPKs参与植物低温应答的基因。Ca^{2+}作为重要的第二信使，经Ca^{2+}受体蛋白、钙调素和钙依赖蛋白激酶CDPKs等协同作用，将钙信号向下游传递并级联放大，促进响应蛋白的产生，从而调控植物的生长发育以及免疫应答和胁迫响应。在具有高水平抵御生物胁迫和非生物胁迫的野生山葡萄（*Vitis amurensis*）中，通过基因表达分析发现钙依赖蛋白激酶20（*VaCPK20*）编码基因在低温和高温条件下表达水平显著提高，*VaCPK20*过表达的转基因拟南芥和山葡萄都具有较高的耐寒性和抗旱性，其作用机制是*VaCPK20*基因的过表达增加了*COR47*、*NHX1*、*KIN1*和*ABF3*等胁迫应答基因的表达，说明*VaCPK20*是干旱和低温胁迫响应通路的一个调节因子。此外，玉米（*Zea mays*）39个*CDPKs*基因家族中，在低温处理时，*ZmCPK1*表达量增加，*ZmCPK25*表达量降低，生物化学分析证明*ZmCPK1*具有钙依赖蛋白激酶活性，且具有活性全长*ZmCPK1*基因的玉米叶肉细胞原生质体共转染体可抑制冷诱导标记基因的表达，试验证实ZmCPK1是玉米冷胁迫应答的负调节蛋白。在水稻中也发现了一些钙离子相关基因参与植物低温应答，例如钙依赖蛋白激酶13（*CDPK13*），研究人员通过多种胁迫条件和激素刺激来检测CDPK13蛋白的功能，发现在2周大小的叶鞘和愈伤组织中*CDPK13*基因开始表达，并磷酸化以响应低温和赤霉素（GA）信号，当水稻受到低温刺激或用GA3处理水稻时，*CDPK13*蛋白基因表达和蛋白积累量都增多，且*CDPK13*转基因水稻品系在受低温伤害时植株恢复率比试验中的标准对照品系高，表达*CDPK13*的水稻品系耐寒力比冷敏感水稻品系强，表明CDPK13可能是水稻冷应答信号网络的重要蛋白。另外，在CDPK13或钙网蛋白相互作用蛋白1（CRTintP1）的背景下，构建缺失和超表达这2种蛋白的转基因水稻品系，通过低温及恢复生长试验处理，观察植株生长状况，并检测CDPK13蛋白和CRTintP1蛋白含量，再次证明CDPK13可能在水稻冷应答中具有重要作用。OsCDPK7是一个水稻低温、盐和干旱胁迫等的正调控因子，可被低温和盐胁迫诱导表达，且栽培稻植株对低温和盐胁迫的耐受强度与*CDPK7*基因的表达水平密切相关，表达水平高的植株耐受力较强。在信号通路上，部分元件的上下游效应器还不清楚，利用免疫共沉淀、双分子荧光互补、转基因技术等分子生物学技术，将帮助找出激活钙通道的上游蛋白和钙感受器下游结合蛋白。在农业应用上，可利用分子育种学技术将研究成果应用到作物栽培中，从而获得低温耐受力强的品种。

八、脱水素（Dehydrins）

脱水素（Dehydrins）在低温胁迫条件下对植物的保护作用引起了人们的广泛关注，并已证明其与植物抗冷害和冻害能力密切相关。脱水素是植物胚胎发育后期丰富蛋白（Late embryogenesis abundant proteins，LEA）中的一类，又名LEAD-Ⅱ或LEAⅡ蛋白，其分子量从9~200kD，广泛存在于植物中，是由寒冷、霜冻、高温、干旱以及盐胁迫等多种灾害环境因素导致细胞脱水而诱导产生的一种蛋白，很多脱水素的表达也受高浓度ABA的诱导，脱水素蛋白的结构特征决定了其在保护植物细胞生物膜和蛋白质结构的完整性和稳定性方面具有重要作用。植物在受到低温胁迫时，细胞膜是最敏感的受害部位。低温条件下，细胞的生物膜系统类脂分子的相变上也发生了很大的变化。植物正常生理活动需要液晶相的膜状态，当植物遭受低温胁迫时，膜脂由液晶态变成凝胶态，这种膜脂相变会导致原生质流动停止，膜结合酶的活力降低，膜透性增大。当原生质膜受到破坏后，细胞内可溶性物质发生渗漏，导致植物细胞死亡。由于脱水素具有高度水合能力，它与膜脂结合能够阻止细胞内水分的过多流失，维持膜结构的水合保护体系，防止膜脂双分子层间距的减小，进而阻止膜融合以及生物膜结构的破坏。在拟南芥研究中发现，在正常温度条件下脱水素主要定位在细胞质中，但是在低温诱导条件下，脱水素重新定位并集聚在原生质膜周围。通过免疫金标定位，发现小麦冷诱导脱水素WCS410主要定位于细胞质膜附近，对于保护冻害和脱水条件下细胞膜的完整性具有重要作用。脱水素还能对蛋白质起到保护作用，K片段形成的双亲性螺旋能使脱水素与部分变性蛋白质的疏水位点相结合，起到了类似于分子伴侣的作用。在白桦中一种24kD的脱水素在低温条件下能够维持α-淀粉酶的催化活性，并使淀粉维持在一定的水合状态。推测脱水素能够使α-淀粉酶周围保持充足的水分，有利于酶底物复合体的形成和淀粉的降解。目前，在柑橘、桃树和菠菜等植物中也都发现脱水素能在低温下维持乳酸脱氢酶的活性。桃树的PCA60脱水素蛋白具有双亲性α-螺旋，能与低温下细胞内形成的冰晶表面紧密结合，阻止冰晶的进一步扩大，从而避免由于水分凝固而对细胞造成的伤害。从柑橘中分离得到一种新的与低温胁迫有关的脱水素CuCOR15，这种脱水素能与金属离子结合，这种结合可能与它高含量的组氨酸有关。此外，脱水素能与金属离子结合的现象在拟南芥脱水素RAB18、LTI29、LTI30和COR47以及小麦脱水素WCOR410中也有发现。很可能是脱水素与金属离子结合后，具有解除过量盐离子毒性的作用。在低温下，含有CuCOR19的转基因烟草的电渗率和丙二醛含量比野生型烟草低。这说明CuCOR19是一种自由基清除蛋白，能减少活性氧自由基对细胞膜结构造成的伤害。由于WCS120蛋白完全是由低温诱导产生，在正常条件下并不存在，因此，它的存在是反映小麦抗冻能力的一个重要标志。WCOR410蛋白是一种具有高度亲水性的酸性脱水素，其主要定位于原生质质膜附近。不同小麦品种的抗冻能力与WCOR410的转录水平显著正相关。在大麦中目前已经发现有13种脱水素基因，其中研究最多的是与抗冻相关的DHN5基因。大麦中的DHN5蛋白与小麦中的WCS120蛋白具有较高的相似性。一些研究表明DHN5蛋白在大麦抗低温型品种中积累量要比在低温敏感型品种中多很多。在3个大麦品种中DHN5的积累量与半致死温度LT_{50}具有相关性，并认为DHN5的积累与低温驯化条件下大麦的抗冻能力的诱导有关。目前，在拟南芥中已经分离得到6条脱水素基因以及4条表达序列标签（ESTs）。在这些拟南芥脱水素基因中，*Cor47*、*Rab18*、*Lti29*、*Lti30*以及*Erd14*都有受低温诱导上调表达的报道。研究人员以CaMW35S为启动子，构建了能同时表达两条脱水素基因的载体，获得*pTP9*（同时表达*Rab18*和*Cor47*）和*pTP10*（同时表达*Lti29*和*Lti30*）2个拟南芥转基因株系，发现过度表达双脱水素基因能显著增强拟南芥的抗冻能力。油菜和芥菜中的脱水素基因*BnDHN1*和*BjDHN1*只在发芽的种子中表达，均能增强萌发种子的抗冻能力，但在干燥的种子中并没有发现*BnDHN1*和*BjDHN1*的mRNA。在油菜中发现一条受ABA和低温诱导的脱水素基因。在马铃薯中，发现一条胁迫诱导脱水素基因*ci7*，它在低温（4℃）、干旱、高盐以及外源ABA作用下都能诱导表达。在野生马铃薯中还发现脱水素DHN24，其同时存在于未受胁迫的输导组织、顶端部分以及块茎中，但不存在于叶片中。经过4℃低温处理后，DHN24蛋白含量在块茎、茎干和顶端部分都显著增加，但在叶片中只有少量增加。将马铃薯中的*Dhn24*基因转入黄瓜中能显著提高黄瓜的抗低温胁迫能力。在菠菜中有一种冷诱导脱水素CAP85，这种蛋白分子中含有11个K片段，用乳酸脱氢酶（LDH）法测定表明其具有显著的防冻能力。在紫花苜蓿中有一种受低温诱导脱水素蛋白CAS15，其在紫花苜蓿中的含量与胁迫程度显著相关。类似的，在黄花苜蓿的悬浮培养细胞中也发现了一种脱水素蛋白CAS18，其也受低温处理所诱导。此外，在一些低温敏感的豆类作物中也发现了一些脱水素，它们也受一些环境胁迫因素所诱导，包括低温胁迫。

九、植物抗寒相关启动子

分子生物学分析表明，在冷诱导基因表达的背后存在着极其复杂的转录调控体系（Yamaguchi-Shinozaki et al，2005）。当暴露于低温条件下时，植物能够通过自身调节，增强其抵抗能力（Thomashow et al，1999）。在此过程中，植物通过抗寒相关通路，调节抗寒基因表达，以利于植物能够适应冷胁迫，维持正常的生长和代谢（Chinnusamy et al，2010；Wang et al，2012）。作为分子开关，在调控特异基因表达的过程中，启动子所起的作用不容忽视。顺式作用元件之间的协同作用直接影响转录的水平，启动子上的元件按功能可划分为激活性元件和抑制性元件，激活性元件促进目的基因转录，抑制性元件阻碍目的基因转录（姜跃，2013；Wang et al，2009）。常见的植物冷诱导基因包括*GPAT*、*AFP*、*COR*、*CBF*、*ICE*、*SAD*等，通过分析这些启动子序列可发现，冷诱导启动子中包含一些特定的功能元件。一般常见的冷诱导元件包括MYB/MYC结合位点、CBF结合位点、LTRE等，这些顺式作用元件都含有其各自的保守序列，相应的转录因子识别相应的顺式作用元件，并与之结合激活转录。据相关研究报道，冷诱导基因*AtNAC2*的上游序列包含多种顺式作用元件，如CBFHV、LTRECOREATCOR15、ABRELA-TERD1、WBOXATNPR1和WRKY71OS（Baker et al，1994）。一个相近的报道*CbCOR15a*基因启动子区域包含2个CRT/DRE元件，2个ABRE元件，1个植物生长素应答元件，1个茉莉酮酸酯应答（Zhou et al，2012）。此外，大多数冷诱导基因的启动子区域还包含一个保守的顺式作用元件G-box（CACGTGGC）（Wang et al，2009）。G-box是一类光诱导元件，同时可以调控冷诱导基因表达，增强植物的抗寒性，这一结果意味着G-box在冷应答的过程中起着至关重要的作用（Catalá et al，2011）。可见，顺式作用元件之间的协同作用直接影响到转录水平的高低。多数情况下，目的基因会受到2个或多个顺式作用元件的协同调控，顺式作用元件之间的协同作用有助于特定的转录因子与启动子区域结合。例如，*E2F1*基因的转录活性受到NF-Y和Sp1的协同调控（Wang et al，2009）。脱落酸（ABA）应答元件和光应答元件在冷调控机制中也有着不可忽视的地位。*ADC1*和*ADC2*是编码拟南芥ADC蛋白的两个同源基因，经过冷诱导，ADC1的转录水平明显增高（Urano et al，2003）。分析*ADC1*基因的启动子序列发现含有一段保守的CRT/DRE序列，该序列对于低温、干旱、高盐的胁迫作用均有响应。另一方面，*ADC2*基因的启动子包含5个ABRE修饰序列，主要通过ABA应答间接调控*ADC2*基因上游序列，延缓*ADC2*基因表达。在拟南芥中，经冷诱导后*SAMDC2*基因的转录水平也呈上升趋势（Cuevas et al，2008）。*SAMDC2*基因的启动子区域包含5个ABRE元件、1个CRT/DRE元件和4个LTRE元件（Alcázar et al，2006）。

第三节　外界因素对植物抗寒性的影响

一、激素对植物抗寒性的影响

植物激素是指植物细胞接受特定环境信号诱导产生的、低浓度时可调节植物生理反应的活性物质。它们在细胞分裂与伸长、组织与器官分化、开花与结实、成熟与衰老、休眠与萌发以及离体组织培养等方面，分别或相互协调地调控植物的生长、发育与分化。在低温驯化或冷胁迫应答过程中，植物内源激素会发生变化。主要的植物激素有水杨酸（Salicylic acid，SA）、脱落酸（Abscisic acid，ABA）、乙烯（Ethylene）、茉莉酸（Jasmonic acid，JA）、赤霉素（Gibberellins acid，GA）、芸薹素内酯（Brassinolide，BRs）等。随着植物激素和植物抗寒性研究的深入，激素在植物抗寒性研究中的应用受到越来越多的重视。通过施加激素来提高植株的抗寒性和改善植物的生长发育是有效可行的，但激素最佳施用时期、施用浓度和施用方法仍不清楚。因此，需要了解各个激素在植物冷胁迫应答中的作用时期和作用特性。

（一）ABA对植物抗寒性的影响

ABA已被作为植物对逆境反应的共同调节因子（Zeevaart et al，1988），参与植物对干旱、盐渍、低温、高温、紫外辐射和病原菌侵袭等多种逆境胁迫的适应性反应（Kahn et al，1993；Xin et al，1993）。冷胁迫下，ABA可调节根系生长、抑制中柱细胞的分化和分生组织细胞的分裂。在番茄、油菜、小麦、柑橘等植物的低温锻炼中，游离ABA明显积累，说明低温可以促进植物体内游离ABA含量的增加，而ABA积累到一定量时会导致冷诱导基因表达，提高植物抗冷力（康国章等，2002）。郭确等（1984）研究认为，抗冷性强的水稻品种体内ABA含量高于抗冷性弱的品种。刘祖琪（1990）认为，外源ABA处理植物能引起其内源ABA水平的提高。利用外源化学物质模拟干旱、低温、盐渍等逆境条件进行诱导处理可以诱发植物启动抗性机制，进而提高植物的抗逆能力。这些处理可以改变生物膜的性质，或者起到激素调控作用。ABA在植物逆境适应中起着重要的作用（Davies，1991）。外源ABA可以模拟冷锻炼，改变植物体内的内源ABA水平，从而诱导抗冷基因的表达，对植物抗冷能力的调控起着重要作用，也称"逆境激素"。内源ABA含量高的植株，其耐冷性较强（康国章等，2002）。植物抗寒力诱导过程中，外施ABA可以提高植物的抗寒性（Pociecha et al，2008）。近些年来，外源ABA已在棉花、苜蓿、油菜、黄瓜、小麦、水稻等植物的抗寒性诱导中得到证实（Lee et al，1995；贾麦娥等，2002）。简令成等（1983）研究报道，外源ABA对不同抗寒性的小麦品种的作用效果不同，对抗寒性强的小麦品种，ABA提高其抗冻性作用效果较好；对抗寒性弱的小麦品种，ABA提高其抗冻性作用效果较差。ABA能提高植物细胞内保护酶系统中超氧化物歧化酶和过氧化氢酶的活性，防止膜脂的过氧化，保证细胞膜结构的稳定性（费云标，1992）。周碧燕等（2005）研究表明，ABA提高了柱花草的抗冷性和抗氧化酶的活性，ABA对抗氧化酶的诱导与其提高抗冷性可能存在一定的相关性。

胁迫应答基因表达的通路被分为ABA依赖型和ABA非依赖型，依赖于*ABF/AREB*的基因表达通路属于ABA依赖型，依赖于*DREB1/CBF*的冷应答基因表达通路属于ABA非依赖型，2个通路存在交联，且相互依存。低温胁迫下，ABA不仅能够诱导拟南芥*CBF*家族基因表达，也能够诱导*CBF*表达调节因子ICE1的表达。研究表明，拟南芥的*DREB1A/CBF3*与*ABF2*能够相互作用，*DREB2C*与*ABF3*、*ABF4*相互作用，*DREB2C*过表达植物抗寒性增强，且ABA处理下，拟南芥冷应答基因*COR6.6*（*COLD RESPONSIVE6.6*）表达量显著增加。因此，ABA诱导拟南芥抗寒性增加的机制可能是ABA处理下，ABF转录因子与ABA应答元件G-ABRE作用，ABF与ICE1和DREB/CBF相互作用，诱导冷胁迫应答基因COR表达，进而增强植物的抗寒能力。此外，模式植物拟南芥转录组分析表明，冷胁迫能诱导ABA合成基因的表达。除拟南芥外，其他物种的研究也阐明了ABA参与冷驯化过程。例如，低温下，大部分杨属植物的ABA表达量增加。ABA预处理条件下，玉米的冷害程度减轻，并且玉米中ABA介导的低温驯化通路与SA相关的胁迫应答可能存在交联。此外，水稻的GH3家族成员OsGH3-2能够特异地调节植物激素ABA的水平，进而调节植物的冷耐受性。长时间的冷胁迫后，ABA能促进水稻的亚精胺合成基因（OsSPDS2）的积累。

（二）茉莉酸类物质对植物抗寒性的影响

自茉莉酸甲酯（MeJA）从茉莉属素馨花的香精油中分离到后，人们陆续发现了茉莉酸（JA）及其他衍生物，将这些具有茉莉酸基本结构和功能的化合物统称为茉莉酸类化合物（JAs）。JAs通常在生长部位处含量较高。近年来，大量研究发现，在受到外界生物或非生物条件刺激时，植物体内会发生一系列生理生化反应以提高其抗逆性从而渡过难关，而JAs大量产生并诱导一系列抗逆反应提示着它们在植物抗逆性方面的重要作用。低温胁迫存在情况下，茉莉酸类物质对植物细胞膜的透性、SOD、POD、丙二醛、脯氨酸、可溶性糖的含量有一定的影响。低温诱导细胞膜脂发生过氧化作用，增加了细胞膜的通透性，破坏膜的结构从而对植物造成伤害。而茉莉酸类物质可以抑制活性氧的产生速率，保护膜结构的完整性，从而维持体内的正常新陈代谢，提高对低温的抗性。茉莉酸类物质降低了膜脂过氧化作用，作为过氧化产物之一的丙二醛（MDA）的含量也有一定的降低。在接受低温胁迫前，茉莉酸甲酯处理的水稻幼苗的MDA含量基本相同，但低温胁迫后，茉莉酸甲酯处理的要比不处理的上升稍微慢一些。脯氨酸具有很强的水合能力，对植物的渗透调节有重要作用，受低温胁迫后，茉莉酸类物质也会影响脯氨酸的含量，香蕉幼苗经过茉莉酸甲酯处理后，体内游离的脯氨酸质量分数得到了提高。另外，提高了POD的活性，POD作为消除超氧自由基，防止氧化伤害，茉莉酸甲酯不仅增加了POD的数量，还维护了POD的产生机制，消除低温伤害。莉酸甲酯无毒无害，是植物中存在的一种天然物质，是一种脂肪酸衍生物，起源于损伤诱导的膜脂降解产物亚麻酸，是环戊酮衍生物之一，广泛存在于各类高等植物体内。MeJA作为一种内源信号分子，能够调节植物生长发育，也能调节植物防御外来侵害，例如，它可以诱导大豆皂苷的合成（Hayashi et al，2003）；董浩迪等（2002）的研究也发现了茉莉酸甲酯可能调控云南紫衫烷的生物合成；在人参的研究中发现，茉莉酸甲酯能诱导某些合成酶的大量生成，从而提高人参根部皂苷的含量（Lee et al，2004）。并且在植物受到外界刺激时，比如机械伤和冷害，它都参与其中。茉莉酸甲酯已经被用到很多果蔬上面，用来作保鲜和防止冷害，包括番茄（Ding et al，2002）、黄瓜（韩晋，2006）、水蜜桃（张红宇，2012）等。

（三）赤霉素对植物抗寒性的影响

赤霉素属于萜烯类化合物，是一种高效能的广谱植物生长调节剂，在植物生长发育过程中参与调控种子萌发、茎和下胚轴伸长、表皮毛发育、花发育和开花等诸多生命过程。同时，赤霉素还参与环境因子和一些环境逆境的应答反应，是植物生长发育和环境适应必不可少的重要激素。赤霉素相关基因参与了植物耐低温的调控过程（王文举，2007）。CBF/DREB1是植物对低温胁迫适应过程中的最重要元件。研究发现，在过表达*CBF1*基因的拟南芥中，*CBF1*诱导的*COR15b*发生过量表达提高了植物耐寒性，但也减缓了植物的生长，造成植株矮小。这种植株矮小表型，可通过外施赤霉素得到消除。基于这些结果进一步分析发现*CBF1*的表达使DELLA蛋白家族中的GAI和RGA产生积累。DELLA蛋白作为赤霉素信号通路中的重要元件，其量的积累会造成植株矮化。由于外施GAs可以消除矮化表型，因此DELLA的积累应该源于GAs合成量的降低。对赤霉素合成相关基因的分析发现*CBF1*转基因材料中，*GA2ox3*和*GA2ox6*基因表达出现了上调，抑制了活性赤霉素的合成。这一研究说明，在植物耐低温的响应中，赤霉素合成代谢和信号传导过程紧密参与其中，并直接影响了植物表型。

（四）水杨酸（SA）对植物抗寒性的影响

水杨酸（SA）是一种在高等植物中普遍存在的酚类化合物，是苯丙氨酸代谢途径产物。SA在植物生长发育、果实成熟和抵御胁迫应答中起重要作用。研究表明，寒冷能促进拟南芥和小麦中SA的积累。冷胁迫下黄瓜幼苗通过苯丙氨酸解氨酶（Phenylalanine ammonia-lyase，PAL）途径使细胞内SA含量增加。增加的SA能激活抗氧化酶系统，调节冷应答基因的表达，从而减少氧化损伤，增强抗寒能力。壳聚糖-g-水杨酸通过持续释放的SA和高浓度的抗氧化酶来缓解冷害，通过降低黄瓜的呼吸速率，保持叶绿素和抗坏血酸含量，维持采后黄瓜的品质。低温胁迫下，SA能增强植物的耐冷性，降低植物叶片和根部过氧化物的积累。Aghdam等（2014）研究表明，冷胁迫下SA通过降低膜脂过氧化物丙二醛（MDA）含量、抑制磷脂酶（PLD）和脂氧合酶（LOX）的活性来缓解冷害和氧化损伤，从而增强番茄果实膜的完整性。玉米、黄瓜和小麦经SA处理后，其抗寒能力增强。播种前，将番茄和菜豆种子浸泡在低浓度的SA或乙酰水杨酸溶液中，其抗寒性增强；高浓度的SA溶液处理下，番茄和菜豆的抗冻性无变化。长期经SA处理可导致植物生长受损，抗寒能力下降。在叶片上间断的喷洒SA能够提高冬小麦的抗寒性。在冷胁迫下，SA长期培养的春小麦和冬小麦，会受到严重的损害。拟南芥的一些突变体体内会积累大量的SA，植物的抗寒能力减弱。如拟南芥SA积累突变体*cpr1*，其体内SA含量高，冷胁迫下，生长缓慢。相比之下，SA羟化酶NahG和SA缺陷eds5突变体，其植物细胞内SA含量低，低温胁迫下，其长势优于野生型。研究发现拟南芥SA积累突变体*cpr1*受氧化胁迫损害，其原因可能为内源SA的积累导致活性氧（ROS）的产生，ROS能引起植物对寒冷的敏感性。SA积累突变体*acd6*和*siz1*，对寒冷同样敏感，然而引入的SA羟基酶*NahG*基因能降低*acd6*和*siz1*的冷敏感性。这些数据表明短暂的使用SA处理可极大地增加植物的抗寒性，但是长时间使用SA会降低抗寒性。冷胁迫下，拟南芥的SA生物合成通路为ICS（Isochorismate synthase）通路，ICS通路中包含有ICS1、CBP60g、SARD1等正调控因子。低温胁迫下，*ICS1*、*CBP60g*、*SARD1*的表达受钙调蛋白结合转录因子CAMTA1、CAMTA2、CAMTA3抑制，SA的合成受阻，植物体内SA含量较低。低温胁迫1周以上，*ICS1*、*CBP60g*、*SARD1*的表达受CAMTA1、CAMTA2、CAMTA3抑制作用减弱，拟南芥体内SA含量大幅度上升。拟南芥中，SA诱导抗寒性增加的机制有MPK级联反应的参与。SA和ROS激活MAP激酶激酶激酶（MAP kinase kinase kinases，MEKK1），具有活性的MEKK1磷酸化MKK1、MKK2和MKK4/5，磷酸化的MKK1、MKK2和MKK4/5激活MPK4和MPK6，进行冷胁迫应答。

（五）乙烯对植物抗寒性的影响

乙烯（Ethylene）是一种结构简单的小分子化合物，参与植物的生长发育过程，且与植物对逆境的反应密切相关。研究表明，乙烯能改善逆境对植物产生的不利影响，如低温胁迫下，乙烯处理香蕉后，其体内游离脯氨酸和可溶性蛋白质含量升高，MDA积累量降低，SOD、POD、CAT活性提高。SOD、POD和CAT以及APS组成抗氧化酶系统。在该抗氧化酶系统中，SOD可使超氧阴离子歧化为O_2和H_2O_2，产生的H_2O_2在POD和CAT作用下分解成H_2O和O_2，从而减少活性氧类对植物的伤害，增强植物的抗寒能力。乙烯调节的防御基因表达中，不可或缺的成分为乙烯应答元件GCCbox（AGCCGCC）。乙烯应答因子（Ethylene responsive factors，ERF）通过其保守的DNA结合域与乙烯应答元件GCCbox相互作用，且该转录因子与胁迫应答基因的启动子区域结合。研究表明，ERF通过与GCC-box和DRE/CRT顺式作用元件结合来增强植物的胁迫应答。在低温胁迫应答中，辣椒乙烯转录因子基因（*CaJERF1*）可能通过与DRE元件结合发挥作用。TERF2/LeERF2转录因子能调节乙烯的生物合成，研究表明*TERF2/LeERF2*过表达烟草和番茄的抗冻性增强，并且当乙烯生物合成通路阻塞和乙烯信号减弱时，TERF2/LeERF2转录因子过表达烟草和番茄的抗冻性降低。Shi等通过观察冷胁迫下，拟南芥的乙烯含量、乙烯信号通路基因的表达和乙烯信号缺失后植物抗寒的能力，探究了乙烯在拟南芥冷胁迫应答中的作用，指出乙烯通过其信号通路的重要组分EIN3（EthyleneInsenstitive3）与CBF和A型*ARR*基因的启动子区域结合，对拟南芥的冷胁迫应答起负调控作用。由此可见，在植物冷胁迫应答中，乙烯具有一定的调控作用。近年来，研究乙烯利对植物低温胁迫响应影响报道较少，且主要集中在农作物和经济作物上。使用不同浓度乙烯利处理落叶松苗木，发现300倍液乙烯利可以通过更好的抑制落叶松苗木地上部分的生长，及时促进苗木的营养物质向根系转移，加速苗木根系生长和落叶进入休眠期免受低温胁迫影响，并且乙烯利能够提高木质素含量，增强落叶松抗寒性。王文举等（2006）通过使用不同浓度乙烯利处理的赤霞珠葡萄枝和根，发现喷施乙烯利的样本枝/根电导率值最小，丙二醛含量显著下降，可溶性糖和脯氨酸含量明显上升，证实了乙烯利有助于提高葡萄的抗寒性的猜想。在经济作物香蕉中也有相似的发现，200mg/L乙烯利处理显著提高了低温下香蕉幼苗叶片抗氧化酶的活性和叶片中游离脯氨酸以及可溶性蛋白质的含量，同时丙二醛含量显著下降，推测乙烯利可以通过提高抗氧化酶活性和减少膜损伤来稳定细胞结构，增强香蕉幼苗的抗寒性。马环等（2014）使用不同浓度乙烯利喷施铁皮石斛叶片发现50mg/L乙烯利在低温处理后相对电导率的增加值最低，推测乙烯利会加速铁皮石斛叶片的衰老，利于其抗寒性的提高。段晓婧等（2017）在红花玉兰的试验中，根施750mg/L乙烯利后发现根系活力大幅度增强并且枝条电导率降低，枝条中游离脯氨酸、可溶性糖和可溶性蛋白质含量上升，同时发现高浓度1 500mg/L乙烯利处理降低了可溶性糖的含量，说明高浓度乙烯利抑制叶片光合产物的合成，限制了叶片中糖分的制造和转移，可溶性糖含量积累降低（Charrier et al，2011）。上述研究均表明，一定浓度的乙烯利有利于植物抗寒性的提高，但较高浓度的乙烯利处理，对提高植物的抗寒性不利。

（六）油菜素内酯对植物抗寒性的影响

油菜素内酯，又称芸薹素内酯或芸薹素，它是一种油菜素甾体化合物，在植物界中广泛存在，BRs对于植物的生长发育、育苗育种、开花结果等方面都有一定的促进作用。1970年，美国农业科学家Mitchell等，筛选优质油菜花粉，从中分离提纯出BRs，并证明了BR具有一定的生理活性（万正林等，2006）。BRs在20世纪80年代被命名除常见的五大植物激素外的第六大植物激素。通常情况下，甾醇类激素广泛存在于动物中，而油菜素内酯是首次在植物中发现的甾醇类激素。BRs广泛存在于高等植物，如双子叶植物、裸子植物等；与此同时，BRs也分布在植物的各个器官中，含量最多的是花粉。而且油菜素内酯价位适宜，可以广泛应用于农业。BRs在植物遇到逆境胁迫时能显著缓解不良环境对植物的不利影响，前人已经对BRs在植物抵御逆境过程中的作用进行了大量的研究。张小贝等（2017）通过对菜用甘薯喷施BRs，发现在低温胁迫下BRs处理能够促进种子萌发，其低温发芽力与常温对照、低温对照相比较分别提高17.1%和33.4%，并且BRs处理过的株系能够显著增加茎粗、根的SOD活性、芽的POD活性。李杰等（2016）在低温胁迫下对辣椒幼苗喷施BRs，结果发现喷施0.1μmol/L，根系SOD、POD、CAT活性显著提高并且其根系的生长受抑制程度减轻。

二、微量元素对植物抗寒性的影响

（一）硒与植物低温耐受性

硒是地球上最稀有的元素之一。在地壳中自然存在的80个元素中硒的蕴藏量排在第70位。1817年瑞典化学家Berzelius发现了元素硒，1957年硒被证明为动物所必需的。微量元素硒不仅是人和动物必需营养元素，也是植物生长发育的有益元素，现有研究表明，硒对植物的生长具有多种生理效应，适量硒有清除过量自由基的功能，在一定程度上硒能缓解胁迫对植物的损伤作用。低温通过抑制光反应和暗反应及光合碳同化的几种酶活性来影响光合速率。研究表明适量硒处理可提高叶绿素含量，这可能是因为硒能刺激呼吸速率和呼吸链的电子流且能保护叶绿体酶，同时硒可通过带有-SH的5-氨基乙酰丙酸脱水酶（ALAD）和胆色素原脱氨酶（PBGD）2种酶的相互作用，调控植株叶绿素的合成。硒可能参与了植物体内能量代谢过程，其机理可能是：硒和硫的化学性质相似，植物体内可能存在类似硫氧还蛋白和铁硫蛋白的含硒蛋白，能在光合作用和呼吸作用的电子传递中发挥类似的作用。低温弱光使番茄幼苗的生长量、叶片叶绿素含量、光合速率等显著下降，而适量硒有利于番茄叶绿素等的增强。研究还表明，硒也有利于增加小麦叶片中叶绿素和类胡萝卜素的含量。在短期低温胁迫下，施硒能明显增加脯氨酸的含量和降低MDA的含量，从而缓解低温胁迫伤害。施硒可增加植物体内脯氨酸含量和降低MDA含量，与适量硒可以增强GSH-Px活性，有效减弱脂质过氧化作用有关。脯氨酸代谢是植物受到胁迫条件后的一种典型生化适应机制，脯氨酸的这种提高植株耐受胁迫的功能，可能是通过保护植物中线粒体电子传递链，诱导保护蛋白、抗氧化酶、泛素和脱水素等保护物质的含量增加，启动相应的抗胁迫代谢途径而实现的（孙丽，2016；孙志玲，2014；曹可，2014）。

硒通过调节活性氧水平减轻低温对植物的伤害，硒可能主要通过3种途径来调节ROS的水平，一是刺激O_2^-（超氧阴离子自由基）自发歧化成H_2O_2；二是通过含硒酶直接与ROS发生反应；三是通过对抗氧化酶（POD、SOD、CAT）的调节。硒可通过直接或间接的对抗氧化剂的调节作用来控制和清除ROS，这种硒调节ROS水平的方式可能是植物抵抗环境胁迫的一种关键机制。在正常条件下，植物细胞中ROS的生成维持在很低的水平，如叶绿体中的O_2^-和H_2O_2分别低于240μmol/（L·s）和0.5μmol/L。但在逆境条件下，相应增加到O_2^- 240～720μmol/（L·s）和H_2O_2 5～15μmol/L。植物在不同环境胁迫下，施加低剂量的硒可减少过量ROS的生成。硒主要通过增强O_2^-自发歧化成H_2O_2来减轻氧化胁迫。硒元素是GSH-Px的组成成分，已有研究表明硒能调节GSH-Px mRNA的稳定性，GSH-Px参与动植物体内的氧化还原反应，GSH-Px能催化GSH变为GSSH，把有毒的过氧化物还原成无毒的羟基化合物，促进H_2O_2的分解，清除脂质过氧化物等自由基，从而减少对生物膜等造成的机体过氧化损伤。其活力的高低间接反映了机体清除氧自由基的能力。不同种类植物的不同组织中均已检测到GSH-Px，并证明施硒可增强植物组织内的GSH-Px活性，从而肯定了硒在植物体内的抗氧化作用。很多研究也已表明硒的抗氧化作用与GSH-Px活性及脂质过氧化作用有密切联系。植物通过抗氧化酶系统来抵御自由基的伤害，很多研究表明硒可通过对抗氧化酶的调节来间接调节ROS水平。在低温胁迫下，与对照相比，硒处理植株的POD和CAT活性得到显著提高。当POD和CAT活性维持较高水平时，能够使活性氧代谢处于一定的平衡，避免活性氧等各种自由基的大量积累，减轻膜脂过氧化作用，降低细胞膜的破坏程度，从而减轻由低温胁迫引起的活性氧伤害。低温胁迫下硒的保护作用可能取决于氧自由基的减少及对合成酶和非酶抗氧化剂的渗透调节。逆境条件下SOD活性对硒的应答机理非常复杂。在轻度胁迫下，植物的抗氧化能力可有效地维持其正常生长，由于叶片GSH-Px活性的升高，更多的H_2O_2和脂质过氧化物被GSH-Px所清除，使SOD的作用底物减少，而机体保持正常生理功能对SOD的需求相对降低，从而导致SOD活性的降低。而在重度胁迫下，ROS的大量积累，机体保持正常生理功能对SOD的需求升高，SOD活性增强。SOD活性与施硒量有密切关系，低剂量的硒使SOD活性受到抑制，而高剂量的硒能增强SOD的活性。这可能是由于过量的硒对植物的毒性作用导致大量O_2^-产生的原因。

（二）钼与植物低温耐受性

钼是植物必需的微量元素之一，然而钼只有结合钼辅因子后才能发挥其生物有效性。钼可以通过含钼酶调控植物体内的激素代谢、碳代谢、氮代谢和活性氧代谢等多种生理过程。钼也与植物的抗非生物胁迫有关，如低温、干旱、盐害。低温胁迫影响含钼酶的活性。Wang等（2015）的研究表明，低温胁迫导致硝酸还原酶（NR）活性降低，且在缺钼处理中更为明显，然而施钼能增加NR活性。Yaneva等（2016）报道，在酸性土壤上，低温胁迫降低NR活性，且经过低温锻炼的植物具有相对较高的NR活性，钼的施用也增加了NR的活性。随着低温胁迫时间的延长，缺钼处理小麦的NR、醛氧化酶（AO）、黄嘌呤脱氢酶（XDH）活性下降幅度更大，但是施钼能够显著提高3种含钼酶的活性。

植物体内存在着一系列的酶促和非酶促抗氧化防御系统以清除活性氧自由基，维持膜系统的稳定性，从而提高植物的抗寒力。低温胁迫下，施钼提高了小麦和草坪草海滨雀稗SOD、POD、CAT活性，增加了小麦ASA、GSH、CAR含量，降低了活性氧自由基的含量，提高了植物清除活性氧的能力，减小了活性氧对细胞的伤害，增强了植物的抗寒性。小麦施钼能够提高叶片脱落酸（ABA）的含量，而另有研究表明抗氧化酶的活性受ABA的诱导，因此人们推测，钼通过调控ABA的合成进而影响植物的抗氧化防御系统，促进了植物抗寒性的形成。渗透调节物质如可溶性蛋白质、可溶性糖、脯氨酸、甜菜碱不仅能够起到调节渗透压的作用，而且也可以保护膜的稳定性和生物大分子物质。施钼能够增加冬小麦可溶性蛋白质、可溶性糖、脯氨酸的含量，且脯氨酸比可溶性蛋白、可溶性糖能更早、更敏感、更显著地响应低温胁迫。在脯氨酸的合成过程中1-吡咯啉-5-羧酸合成酶（P5CS）是重要的催化酶，许多研究表明，过量表达钼辅因子硫化酶基因（*LOS5/ABA3*），能够提高脯氨酸合成酶基因（*P5CS*）在转基因植物中的表达量，也就是说，*LOS5/ABA3*基因能够间接地调控脯氨酸的合成，从而影响植物的抗寒性。

低温胁迫下缺钼导致叶绿素a、b和类胡萝卜素含量、最大净光合速率、表观量子产率、羧化效率的降低，而施钼提高了冬小麦净光合速率和气孔限制值，降低了蒸腾速率、气孔导度和胞间二氧化碳浓度。类囊体膜是植物光合作用的场所，由膜脂、膜蛋白和光合色素等组成，并且类囊体膜也是低温敏感的部位。施钼显著提高了冬小麦钼叶绿素含量，提高了类囊体膜蛋白的含量。低温胁迫下，施钼冬小麦类囊体膜蛋白质PsaA/B和CP47含量保持相对稳定，而缺钼条件下PsaA/B和CP47呈先上升后下降的趋势，同时施钼提高了D2多肽含量，有利于维持光合系统PSI和PSII反应中心的功能。

如前所述，低温响应基因的表达是通过ABA依赖型和ABA非依赖型信号途径实现的。施钼能够增加低温胁迫条件下ABA依赖型低温响应基因*Wrab15*、*Wrab17*、*Wrab18*和*Wrab19*，转录因子基因*Wlip19*和*Wabi5*的表达量和ABA非依赖型低温响应基因*Wcs120*、*Wcs19*、*Wcor14*和*Wcor15*，转录因子基因*TaCBF*和*Wcbf2-1*的表达量，推测钼通过影响醛氧化酶活性调控ABA的合成，ABA激活bZIP转录因子调控ABA依赖型响应基因的表达，进而提高了小麦的抗寒性。外源钼能够通过增加CBF14转录因子的表达而提高小麦的耐寒性，非低温驯化的小麦，虽然钼能够增加CBF14的表达量却不能改善小麦的耐寒性，而只有经过低温驯化后的小麦在增加CBF14的表达量的同时也增强了小麦的耐寒性。另外，钼可上调CBF/DREB1转录因子的表达，并调控下游ABA非依赖型低温响应基因的表达，从而提高花椰菜的耐寒性。低温胁迫引起蛋白质含量的变化，也会诱导新蛋白质的形成。已有研究表明，在缺钼条件下较低浓度的5-甲基胞嘧啶可能扰乱DNA的复制和转录，进而影响蛋白质的合成。钼的施用能够增加玉米、大豆、小麦等的可溶性蛋白质含量，蛋白质含量的增加有利于植物适应低温环境。应用蛋白质组学的方法研究了低温胁迫对冬小麦缺钼条件下蛋白质差异表达的影响，共鉴定出13个蛋白质点，其中分别有5个蛋白质点涉及光合作用的光反应和暗反应过程，3个高度结合RNA和蛋白质的合成。在缺钼条件下，低温胁迫导致6个差异蛋白质积累量降低，然而，在施钼条件下，低温仅仅诱导1个蛋白质表达的减少，表明钼的施用有助于蛋白质的平衡和稳定（蔡欢，2014）。

三、一氧化氮对植物抗寒性的影响

一氧化氮是生物体内广泛存在的一种气体小分子信号物质，参与包括种子萌发、叶片和根尖生长发育、果实成熟和衰老，以及植物的光合作用、呼吸作用、气孔运动等许多重要的生理生化过程，NO还能够参与调节植物对生物和非生物胁迫的抗性。作为响应低温的信号传导物质当植物遭受外界低温胁迫的时候，体内NO浓度会有所提高，且抗寒性更强的植物累积的NO高于一般耐寒性的植物。通过烟草试验，认为植物具有与动物高度相似的一套NO介导的信号防御机制，在植物细胞中NO能够作为一种重要的第二信使来调节植物响应环境变化过程，提高植物抗逆性。在植物的抗逆反应中，NO主要通过依赖于环磷酸鸟苷（cGMP）和不依赖于cGMP两条途径介导信号传导。依赖于cGMP的信号途径。逆境（如低温等）激活NO合成酶，提高植株体内的NO水平，NO与鸟苷酸环化酶结合激活依赖于cGMP的蛋白激酶，增加苯丙氨酸解氨酶和抗病毒蛋白-1（PR-1）等与抗逆相关基因的表达。不依赖cGMP的信号途径，NO通过抑制顺式乌头酸酶来参与植物的抗逆反应。线粒体中顺式乌头酸酶被NO氧化失活，降低线粒体电子传递链电子流，细胞内柠檬酸浓度升高，导致ROS生成减少，并诱导与抗逆有关的交替氧化酶（AOX）活性上升，而后者也可以减少ROS的产生。近年来，外源NO缓解低温对植物生长发育伤害的研究日益受到研究者的关注。于秀针等（2014）研究表明，0.05mmol/L的SNP处理能够显著缓解低温对番茄幼苗的株高、叶片数、鲜重、干重及根系活力等的抑制，促进低温胁迫下番茄幼苗的生长。陈银萍等（2012）研究表明，外源NO可缓解低温胁迫对玉米种子萌发及幼苗生长的抑制作用，以100μmol/L的SNP对低温胁迫的缓解效果最佳。施用NO能提高玉米、小麦、番茄植株和种子抵抗低温的能力，并能够使植株在低温环境下的存活率提高，低温伤害后植株的康复能力也提高。外源NO处理能够显著缓解低温对小麦种子萌发和幼苗生长的抑制作用，且作用效果优于赤霉素。低温胁迫条件下，植物组织中叶绿素含量下降，PSⅡ转运能力降低，光合效率下降，植物光合作用受到抑制。外源NO处理能够阻止低温胁迫条件下组织中叶绿素含量的下降，提高叶片的净光合速率，缓解低温胁迫对植物光合作用的抑制作用。外源NO处理能显著提高低温胁迫过程中黄瓜幼苗光能利用率，促进光合电子传递，从而提高光化学效率，缓解低温胁迫下光能分配不平衡。在生姜的研究中发现，外源NO处理能够阻止低温胁迫条件下生姜叶绿素水平的降低，并能够通过调整PSⅡ减轻冷诱导的光抑制作用。上述研究表明，NO参与了胁迫下植物光合作用的调节，抑制了光系统损伤，从而缓解了低温胁迫对植物光合作用的破坏。保护细胞膜的完整性。目前普遍认为低温可引起植物细胞膜透性发生变化，质膜透性的不断增大是细胞损坏的重要标志。MDA是植物膜脂过氧化产物，其含量的高低反映逆境下植物细胞膜受伤害的程度，两者可同时作为评价细胞膜透性和膜脂过氧化程度的重要指标。汤红玲等（2011）研究了外源NO对香蕉幼苗抗冷性的影响，结果表明，喷施15μmol/L的SNP溶液处理组可以显著降低冷胁迫下香蕉幼苗叶片的质膜相对透性，抑制过氧化产物MDA的积累，从而缓解香蕉幼苗细胞膜所受的低温伤害。肖春燕等（2014）研究了低温胁迫下NO对黄瓜抗寒性的影响，结果表明，低温胁迫下SNP处理组电导率较对照降低了13.33%和15.54%，MDA含量下降为对照组的12.82%和16.69%；在对外源NO影响香蕉耐寒性的研究中发现，60μL/L的NO处理能够减轻香蕉的冷害症状，显著抑制电解质渗漏率和MDA含量的上升。上述研究表明，NO能够抑制低温胁迫导致的细胞膜损伤，保护细胞膜的完整性。提高抗氧化酶活性，缓解低温胁迫对植物细胞造成的氧化损伤。植物体通过多种途径产生ROS，它们具有很强的氧化能力，可以使植物体功能分子被破坏，引起膜的过氧化。正常条件下，ROS的产生和清除维持平衡状态，植物遭受低温胁迫时，ROS的产生就会明显增加，而清除量下降，导致ROS大量积累，造成膜脂过氧化损伤。NO对低温胁迫下植物细胞氧化损伤的保护作用建立在对ROS水平和毒性的调节上，这种保护可以通过激活抗氧化保护酶活性从而缓解低温引起的氧化胁迫。此外，NO本身也具有抗氧化的性质，其复杂的氧化还原性质也能够调节细胞氧化还原稳态，避免胁迫条件下过量ROS产生的氧化损伤。吴锦程等（2014）研究了外源NO对低温胁迫下枇杷幼果抗氧化能力的影响，结果表明，NO供体SNP处理使胁迫后枇杷幼果中H_2O_2的含量显著降低。蒙钟文等（2014）研究了低温胁迫条件下外源NO对小麦的防护效应，结果表明，与单独低温胁迫相比，预施NO处理显著降低了低温胁迫条件下小麦幼苗中H_2O_2的浓度，提高了CAT、POD、SOD和APX等抗氧化酶的活性，促进了小麦幼苗生长发育，提高了小麦对低温胁迫的抗性。上述研究表明，NO参与了低温胁迫下植物细胞氧化损伤的调节，能够激活抗氧化系统，从而提高植物的抗寒性。

第四节 组学研究在植物低温研究中的应用

一、转录组学在植物低温耐受研究中的应用

如前文所述，低温胁迫会引起植物生理上的一系列变化，主要集中在细胞膜结构、蛋白、渗透调节物、抗氧化物质、光合作用等几个方面。转录组学是一门在整体水平上研究细胞中基因转录的情况及转录调控规律的学科，能够鉴定生物学过程中的基因表达变化情况并揭示调控情况以及特定的分子机理。从整个转录水平揭示逆境胁迫下整个基因组水平的表达情况，对增加胁迫适应和耐受相关的复杂调控网的理解、进行逆境基因组转录调控网络的构建有重大的意义。

近年来，随着转录组测序技术的不断成熟，转录组测序的技术开始应用于植物的逆境胁迫的研究中。测序后通过差异表达分析筛选出差异表达基因，对差异表达基因进行基因功能注释和富集分析等生物信息分析，可以进一步研究植物在转录水平上的逆境胁迫响应机制。在低温胁迫响应机制的研究中，已经在草本、木本等多种植物上获得了低温响应差异表达基因信息，如拟南芥、木薯、杏树、小麦、西葫芦、玉米、番茄等（关士鑫，2017；Guan et al，2019）。研究人员利用高通量测序技术对筛选出的抗寒西葫芦和冷敏感西葫芦进行转录组测序，对低温胁迫下抗寒性西葫芦和冷敏感西葫芦间的差异表达基因进行分析，发现抗寒西葫芦在低温胁迫后表现出比冷敏感西葫芦更多的差异表达基因，且上调差异表达基因（DEGs）所占比例较高。有612条DEGs在抗寒西葫芦和冷敏感西葫芦间显示相同差异表达模式，共同构成抗感不同的西葫芦相同的低温应答机制；430条DEGs只在抗寒西葫芦中检测到，该特有DEGs主要富集于光合作用代谢通路。研究人员对细茎柱花草抗寒新品系进行不同时长的4℃低温处理，进行转录组测序后发现大量差异表达基因，其中蜡质生物、角质和软木脂合成途径是差异表达基因富集最明显的路径，它们的合成都与不饱和脂肪酸的合成有

一定的联系。在草坪草中也进行了相似的研究，通过对狗牙根极端耐寒种质和低温敏感种质进行不同温度的低温处理，利用转录组测序技术获得大量的差异表达基因，这一结果证实了低温驯化能够显著提高狗牙根的耐寒性。在抗寒和不抗寒的两种紫花苜蓿幼苗进行4℃低温胁迫前后的样品中筛选出大量差异表达基因，发现这些差异表达基因主要通过参与核糖体、氨基酸生物合成、植物激素信号转导、碳代谢、真核细胞核糖体生物起源、淀粉和蔗糖代谢等代谢途径参与紫花苜蓿响应低温胁迫。羊草在低温胁迫前后的差异表达基因主要富集在低温响应、细胞分裂素反应、水通道活动、生长素活性信号通路等功能与代谢通路，其中与低温处理时间有关的差异基因主要与超氧化物歧化酶活性、光合作用等有关。

二、蛋白质组学在植物低温耐受研究中的应用

蛋白质是生命活动的体现者，蛋白质可以从一个更加深入的层次上研究生物生命活动的规律。与基因组不同，蛋白质是基因转录、翻译后的结果。基因的选择性表达及转录、翻译过程中的修饰，导致了蛋白质的不同表达。不仅反映在蛋白质的丰度上，同时也反映在翻译后的修饰和蛋白质相互作用上。目前蛋白质组学研究主要涉及组成性蛋白质组学研究、差异蛋白质组学研究及相互作用蛋白质组学研究，其中差异蛋白质组学应用较广泛。双向电泳技术（2-DE）、双向荧光差异凝胶电泳技术（2D-DIGE）、质谱技术、酵母双杂交系及蛋白质芯片的发展为蛋白质组学研究提供了手段。自1994年蛋白质组学提出以来，便越来越多的应用到植物的耐寒研究中，如拟南芥和水稻等。低温胁迫对拟南芥核蛋白质组的影响，主要涉及热激蛋白、催化酶、转录因子、钙调蛋白、DNA结合蛋白等。Amme等（2013）利用DIGE技术研究了6℃和10℃处理下拟南芥蛋白质的变化，结果显示共有18个相同的差异蛋白质点出现差异表达，且6℃处理差异更显著。这些差异蛋白质包括RNA结合蛋白、60S核糖体蛋白P2、S-腺苷甲硫氨酸合成酶、脱水素、β-1，3-葡聚糖酶等。通过研究驯化对低温胁迫下拟南芥蛋白质的影响，发现驯化提高了拟南芥对极度逆境的适应能力，经过驯化的植物可能由于分解代谢产生许多其他物质而增强了抵抗能力，如RNA结合蛋白-7（GRP-7）降解后产生甘氨酸残基，这种物质对维持胞内渗透压起着重要作用。Hashimoto等（2012）对水稻幼苗进行研究发现低温胁迫下，水稻叶片、叶鞘和根在5℃处理24h后共出现39个差异蛋白质点。叶片中与能量代谢相关的蛋白质上调表达，而参与细胞防御的蛋白质下调表达。长期低温胁迫后，与胁迫相关的蛋白质表达迅速上调，而参与防御的蛋白质则完全消失。Neilson等（2014）利用无标记、同位素标记相对和绝对定量技术对低温处理的水稻幼苗进行研究发现，只有24个差异蛋白

质点是一致的，这些蛋白质主要参与运输，光合作用以及物质的合成。Cui等利用双向电泳分离了15℃、10℃、5℃的渐进低温处理下水稻幼苗叶片的蛋白质，共发现60个渐进低温诱导出的蛋白质，成功鉴定到其中的41个。其功能涉及蛋白合成、分子伴侣、细胞壁组分合成、抗氧化/解毒、信号转导及能量代谢，对这些差异蛋白质进行胞内定位，发现很大一部分蛋白质位于质体中。水稻根中乙酰转移酶、果糖激酶、醛酮变位酶对低温胁迫响应有关，这些蛋白质参与了能量代谢、囊泡运输、抗氧化等过程。低温胁迫对番茄组培苗蛋白质组的影响，参与碳代谢、蛋白质代谢、转录翻译、脂质代谢、氧化还原平衡等过程的蛋白质出此案差异表达。Gao等（2012）研究低温胁迫下盐芥莲座叶的蛋白质响应，结果发现参与光合作用，RNA代谢，防御反应，能量代谢，蛋白质的合成、折叠和降解，细胞壁和细胞骨架以及信号传导等代谢途径发生变化，且所有参与RNA代谢、防御反应、蛋白质合成、折叠和降解的蛋白质都显著上调，表明RNA代谢、防御和蛋白代谢的加强可能对盐芥莲座耐寒起到促进作用。李庚虎（2013）对5℃低温胁迫10d后的木薯栽培种华南8号和哥伦比亚引进种质Col1046叶片进行蛋白质组学分析，发现低温胁迫下叶片的差异蛋白质主要参与光合作用、碳代谢与能量代谢、蛋白质合成及生物防御等多个代谢途径。Yun等（2014）结合转录组和蛋白质组技术研究了柑橘果实在采后低温贮藏过程中的变化，结果显示低温促进了胁迫相关基因的表达，降低了信号转导效率，抑制了初级、次级代谢及代谢物的转运。共发现108个差异蛋白点，鉴定了其中63个，包括水解酶、核酸结合蛋白、结合蛋白和转移酶等，说明低温时细胞内物质的水解和运输是维持果实品质的关键。Bocian等（2013）研究了2个多年生黑麦草种在低温驯化过程中的蛋白质的差异表达，结果显示共有42个差异蛋白点，成功鉴定到其中的35个，包括二磷酸核酮糖羧化加氧酶（RuBisCO）大亚基结合蛋白、RuBisCO活化酶、ATP合成酶亚基、谷氨酰胺合成酶、磷酸甘油醛异构酶和细胞色素c氧化酶等，其中大部分蛋白质存在于叶绿体中。蛋白质表达的变化表明植物对低温胁迫的调节是多个代谢途径协同作用的结果。

三、代谢组学在植物低温耐受性研究中的应用

植物是一个复杂而精致的有机体，体内代谢物的合成与分解总是处于微妙的动态平衡状态以感应外部环境变化，维护机体的正常代谢。代谢可反映生物活体和状态，随着不断改进代谢产物的检测和鉴定技术，植物应答非生物胁迫的代谢调节得到广泛的关注。代谢组学旨在研究生物体或组织甚至单个细胞的全部小分子代谢物成分及其动态变化，是有机化学、分析化学、化学计量学、信息学和基因组学、表达组学等多

学科相互结合的交叉学科，已经渗透到了生命科学的各个方面。代谢组学是系统生物学中非常重要的一个环节，距离表型最接近，其研究能够更全面地揭示基因的功能，代谢标志物的发现具有重要的应用价值。与其他组学相比，高通量的代谢组学分析能够更好地描述植物系统的模块化和功能，代谢物分析也被认为是检测不同基因型代谢变化以及逆境条件下代谢物变化的理想手段。对植物进行代谢组学相关分析是一个十分具有潜力的研究方向，有人对拟南芥进行低温处理，研究低温冷驯化后拟南芥的代谢组变化，并综合所有代谢数据判断不同品种的抗冻能力和杂交优势，收到良好效果（Marina et al，2010）。另外，有人通过在秋季冷驯化的不同时间点对不同纬度的云杉种群进行代谢组学分析，并结合转录组数据，分析了许多与抗冻性有关的代谢途径和关键物质的变化情况，并找出了不同种群云杉抗寒性差异的原因。研究人员对二倍体模式植物林地草莓进行低温处理过程中的代谢物分析，发现代谢组数据揭示了多水平的冷响应，为育种工作和作物研究开辟了新的模型。目前，在低温（4℃）胁迫下，拟南芥植株体内天门冬氨酸、鸟氨酸、精氨酸含量的增加表明了尿素合成途径被上调；α-酮戊二酸、延胡索酸、苹果酸、柠檬酸等化合物在低温胁迫下积累揭示了三羧酸循环途径被激活。在后续的研究中，这些代谢组数据和转录组学数据相互结合揭示拟南芥低温适应的机理。外源物质对植物响应低温胁迫的代谢谱的作用效果也受到一些学者关注，泡叶藻提取物能促进拟南芥在低温胁迫下可溶性糖、糖醇、有机酸和脂肪酸的积累，这一结果也被转录组学数据分析所证实。另外，前人对外源钙对狗牙草在正常温度（28℃）和低温（4℃）条件下产生的特异性差异蛋白和代谢产物的影响进行研究，结果表明外源钙可使51种蛋白质的丰度发生改变，基于气相—质谱联用技术（GC-MS）平台鉴定出43种代谢物，有39种化合物受到外源钙的显著影响，其中，33种代谢物在外源钙作用下增多。有关不同物种间代谢谱的比较研究，胡博然等（2013）应用核磁共振技术比较6个葡萄品种响应10℃条件的代谢谱，发现不同品种间代谢谱不同，3个品种的脯氨酸水平高，另外3个则反之。基于GC-MS平台比较3个物种于4℃生长下的代谢谱，正常温度下巴尔干苣苔中棉籽糖、蜜二糖、海藻糖、鼠李糖、肌醇、山梨糖醇、半乳糖、苏糖酸、α-酮戊二酸、柠檬酸和甘油等含量高于其他2种；腐胺和延胡索酸含量在拟南芥中最高；盐芥中具有高浓度的丙氨酸、β-丙氨酸、天冬酰胺、组氨酸、异亮氨酸、苯丙氨酸、缬氨酸、丝氨酸、苏氨酸；3个物种对低温反应不一致，盐芥合成较多的麦芽糖，拟南芥棉籽糖合成量增多，而蔗糖含量在3个物种中均上升。超高效液相—质谱联用技术（UPLC-MS）平台分析8个拟南芥品系的低温代谢谱，发现冷敏感型品系中3-丁烯基硫苷含量较高，而抗寒性品系中黄酮-3-醇糖苷合成量增加。总体上，不同物种响应低温胁迫的代谢谱表现不同，也暗示出一些代谢产物在低温胁迫下发挥着协同作用，由此可借助代谢组学方法来筛选抗寒性品种（周连玉，2017）。

第五节　植物抗寒能力的鉴定方法

一、直接鉴定法

植物抗寒性的大田直接鉴定法是应用最广泛的一种鉴定方法，包括田间自然鉴定法、生长恢复法、人工模拟气候室法等。田间鉴定法是根据季节温度的变化规律，按一定的标准比较植物的器官、组织的受冻情况，根据植物叶片的颜色、水渍斑以及茎秆的透明度来评价植物的抗冻性。植物受冻害程度越低，说明抗寒性越强，抗寒性强的品种，评分也就越低。田间鉴定法大多采用聚类分析法来分析，聚类分析法是将样品按相似程度划分类别，使得同一类中元素之间的相似性比其他类元素相似性更强的一种理想的多变量统计技术。刘艳等（2012）通过系统聚类和相关性系数法来探讨各植物间的亲缘关系，得出聚类分析法在植物物种分类及鉴别中是一种可行性手段，其结果与相关性分析结果相吻合。魏亮等（2014）的研究结果显示，马铃薯材料损伤评分为2，损伤较轻，抗寒性较好；损伤评分为6，植株基本死亡，抗寒性最差。田间自然霜冻法的分级细致合理，适合大批量的试验材料，但是该方法周期性长，重复性差，受季节的限制。生长恢复法是将植物材料放在不同的温度梯度下进行处理，取出后放在适宜生长的条件下测定恢复生长的最低温度，确定它们抗寒性的一种比较可靠并普遍应用的方法。田娟等（2013）利用电导率对植物抗寒性进行比较，得出随着胁迫程度的加深和胁迫时间的持续延长，植物均呈现出膜相对透性逐渐增大的趋势，但不同品种间的增幅却各不相同。人工模拟气候室法是一种周期较短、可重复性高、不受季节限制的方法，但是模拟人工气候室的成本较高，并且人工气候室的空间条件有限，难以进行大批量的材料处理。

二、间接鉴定法

植物抗寒性间接鉴定法包含很多的鉴定指标，主要有细胞膜电解质的测定、氧化还原酶系统、可溶性糖含量的测定、脯氨酸的测定、叶绿素荧光的测定以及DAB

组织定位等。细胞膜系统通常是最先受到低温伤害的部位，逆境导致细胞膜透性加大，细胞内物质向膜外渗透，电解质渗透增大。测定电解质渗漏一直被用作衡量细胞膜结构在逆境中稳定性的一项重要指标，通过定义电解质透出率达50%时的温度为半致死温度（LT_{50}），进一步优化利用Logistic曲线描述低温对植物细胞膜的伤害过程。Rajashekar等（2005）提出曲线拐点为LT_{50}的观点并在我国得到了广泛认同。李飞等（2008）成功地运用该方法对马铃薯资源进行了抗寒性鉴定。相对电导率法技术完善，不受季节的限制应用广泛，不足之处是该方法比较繁琐、周期长、重复性不好，不适合大批量的材料的筛选。林艳等（2012）探究了不同大叶女贞品种的抗寒性，随着幼苗叶片处理时间的延长，其丙二醛和可溶性糖含量逐渐上升。刘贝贝等（2018）对6种石榴品种低温处理，发现抗寒性较强的材料脯氨酸含量先上升后下降，抗寒性较弱的品种随着冷胁迫的处理脯氨酸含量不断上升。丁旭等（2017）研究发现，随冷冻胁迫加强，马铃薯叶片斑块越多，说明抗冻能力越差。DAB组织定位操作比较简单，成本较小，结果明显，比较容易辨别，重复性强，但是容易受到人为操作的影响。

三、综合鉴定法

植物抗寒性机理十分复杂，采用单一的指标难以反映其抗寒性本质，因此在探究植物的耐低温性研究时，采用多个生理生化指标去衡量的综合鉴定法，可增强准确性，常运用到的分析方法有主成分分析法、隶属函数法和聚类分析法等。主成分分析法是将多个具有一定相关性的评价指标，通过计算转化成个数较少且代表性彼此独立的抗逆性综合评价指标，以减少各指标间原有的相关性，提高评价指标的可靠性。隶属函数法是采用模糊数学的方法对植物抗寒性进行综合评价作为一种更为有效的方法。目前隶属函数法已广泛应用于多种植物中。杨慧菊等（2016）利用主成分分析法比较了不同马铃薯品种在低温胁迫下的抗寒性。许泳清等测定了马铃薯试管苗的细胞质膜透性、可溶性蛋白和脯氨酸含量及丙二酸含量，并以4项指标的平均隶属度综合评价了不同品种在低温胁迫下的抗寒性。

四、植物抗寒性生理指标测定方法

（一）可溶性蛋白含量的测定

采用考马斯亮蓝G-250法，参照李合生（2000）方法进行测定。

1. 试剂

蛋白质标准溶液：称取100mg牛血清蛋白，溶于100mL蒸馏水中，即1 000μg/mL的母液。考马斯亮蓝G-250蛋白试剂：称取100mg考马斯亮蓝G-250，溶于50mL95%乙醇中，加入85%的正磷酸（H_3PO_4）100mL，最后加蒸馏水定容至1 000mL，过滤后使用，此溶液在常温下可放置1个月。

2. 样品测定方法

标准曲线的制作：取6支10mL干净的具塞试管，加入试剂。盖塞后，将各试管中溶液充分混合，放置2min后用10mm光径的比色杯在595nm波长下比色。以光密度为纵坐标，蛋白质浓度为横坐标绘制蛋白质含量标准曲线。

称取植物叶片0.2g放入研钵中，加入2mL蒸馏水和少许石英砂研磨成匀浆后用6mL蒸馏水分次洗涤研钵，洗涤液收集在同一离心管中，4 000r/min离心10min，弃去沉淀，上清液转入容量瓶，以蒸馏水定容至10mL，摇匀后待测。取离心定容后蛋白质提取液0.1mL，放入具塞刻度试管中，加入5mL考马斯亮蓝G-250蛋白质试剂，充分混合，放置2min后，用10mm光径比色杯在595nm下比色，记下光密度，并通过标准曲线查出蛋白质含量（mg/gFW），以蒸馏水作空白。

（二）可溶性糖含量的测定

采用蒽酮法，参照李合生（2000）方法进行测定。

1. 试剂

标准葡萄糖液：准确称取分析纯无水葡萄糖200mg，放入200mL容量瓶中，加蒸馏水定容至刻度，使用时再稀释10倍（100μg/mL）。

蒽酮试剂：称取0.1g蒽酮溶于100mL稀硫酸（由76mL比重1.84的硫酸稀释成100mL）中，贮于棕色瓶内，冰箱保存，可用数日。

2. 样品测定方法

葡萄糖标准曲线的制作：将各管摇匀，在沸水浴中煮沸10min，取出冷却，在分光光度计620nm波长处比色，以空白调零点，记录光密度值，绘制标准曲线。

称取植物叶片0.2g，剪碎，放入50mL三角瓶中，再加入25mL蒸馏水，放入沸水浴中煮沸20min，取出冷却，过滤入100mL容量瓶中，用热水冲洗残渣数次，定容至刻度。取样品提取液0.5mL，加蒸馏水至1mL，加入5mL蒽酮试剂，将各管摇匀后，按制作标准曲线的操作步骤测得各管的光密度值，在标准曲线上查出相应糖的微克值。

（三）脯氨酸含量的测定

1. 试剂

2.5%酸性茚三酮试剂：称取2.5g茚三酮放入烧杯，加入60mL冰醋酸和40mL6mol/L磷酸，于70℃下加热溶解。冷却后贮于棕色试剂瓶中在4℃下2~3d内有效。3%磺基水杨酸的水溶液：3g磺基水杨酸加蒸馏水溶解后定容至100mL。

2. 样品测定方法

脯氨酸标准曲线的制作：精确称取10mg脯氨酸，倒入小烧杯中，用少量蒸馏水溶解，再倒入100mL容量瓶中，加蒸馏水定容至刻度，为100μg/mL的脯氨酸母液，再吸取该溶液10mL，加蒸馏水稀释定容至100mL，即为10μg/mL脯氨酸标准液。加入相应试剂后，置于沸水浴中加热30min，取出冷却，各试管再加入4mL甲苯，振荡30s静置片刻，使色素全转至甲苯溶液。轻轻吸取各管上层脯氨酸甲苯溶液至比色杯中，以甲苯溶液为空白对照，在520nm波长处测定吸光值。

称取0.5g植物叶片剪碎后分别置具塞试管中，然后向各管分别加入5mL 3%磺基水杨酸溶液，加塞后在沸水浴中提取10min，冷却后过滤于干净的试管中。滤液即为脯氨酸的提取液。吸取2mL提取液于具塞试管中，加入2mL冰醋酸，2mL 2.5%酸性茚三酮试剂，在沸水浴中加热30min，溶液呈红色，冷却后加入4mL甲苯，振荡30s静置片刻，取上层液至10mL离心管中，3 000r/min离心5min，用吸管轻轻吸取上层脯氨酸红色甲苯溶液于比色杯中，以甲苯溶液为空白对照，在520nm波长处测定吸光值，从标准曲线可以得出样品中的脯氨酸含量（μg/gFW）。

（四）SOD活性的测定

1. 试剂

（1）0.1mol/L pH值7.8磷酸钠（Na_2HPO_4–NaH_2PO_4）缓冲液A液（0.1mol/L Na_2HPO_4溶液）：准确称取$Na_2HPO_4 \cdot 12H_2O$ 3.581 4g于100mL小烧杯中，用少量蒸馏水溶解后，移入100mL容量瓶中，用蒸馏水定容至刻度，充分混匀，4℃冰箱中保存备用。B液（0.1mol/L NaH_2PO_4溶液）：准确称取$NaH_2PO_4 \cdot 2H_2O$ 0.780g于50mL小烧杯中，用少量蒸馏水溶解后，移入50mL容量瓶中，用蒸馏水定容至刻度，充分混匀，4℃冰箱中保存备用。取上述A液183mL与B液17mL充分混匀即为0.1mol/L pH值7.8磷酸钠缓冲液，4℃冰箱中保存备用。

（2）0.026mol/L蛋氨酸（Met）磷酸钠缓冲液：准确称取L-蛋氨酸0.387 9g于100mL小烧杯中，用少量0.1mol/L pH值7.8磷酸钠缓冲液溶解后，移入100mL容量瓶中，并用0.1mol/L pH值7.8磷酸钠缓冲液定容至刻度，充分混匀，最好现用现配，于4℃冰箱中保存，可用1~2d。

（3）7.5×10⁻⁴mol/L NBT溶液：准确称取NBT0.153 3g于100mL小烧杯中，用少量蒸馏水溶解后，移入250mL容量瓶中，用蒸馏水定容至刻度，充分混匀，最好现用现配，4℃冰箱中保存，可用2~3d。

（4）含1.0μmol/L EDTA的2×10⁻⁵mol/L核黄素溶液A液：准确称取EDTA 0.002 92g于50mL小烧杯中，用少量蒸馏水溶解。B液：准确称取核黄素0.075 3g于50mL小烧杯中，用少量蒸馏水溶解。C液：合并A液和B液，移入100mL容量瓶中，用蒸馏水定容至刻度，此溶液为含0.1mol/L EDTA的2mmol/L核黄素溶液，4℃冰箱中保存，可用8~10d。该溶液应避光保存，用黑纸将装有该液的棕色瓶包好，置于4℃冰箱中保存。当测定SOD酶活时，将C液稀释100倍，即为含1.0μmol/L EDTA的2×10⁻⁵mol/L核黄素溶液。

（5）0.05mol/L pH值7.8磷酸钠缓冲液：取0.1mol/L pH值7.8磷酸钠缓冲液50mL，移入100mL容量瓶中，用蒸馏水定容至刻度，充分混匀，4℃冰箱中保存备用。

2. 样品测定方法

在植物鲜叶中加入3mL（0.05mol·L⁻¹，pH值7.8）磷酸钠缓冲液，加入少量石英砂，于冰浴中的研钵内研磨成匀浆，定容至5mL刻度离心管中，于8 500r/min冷冻离心30min，上清液即为SOD酶粗提液。各试剂全部加入后，充分混匀，取1号杯置于暗处，作为空白对照，比色时调零用。其余均放在25℃，光强为4 500lx的光照箱内照光15min，然后立即遮光终止反应。在560nm下以1号杯液调零，测定各杯液光密度值。以抑制NBT光还原50%的酶液量作为一个酶活单位。

（五）POD活性的测定

采用愈创木酚氧化比色法进行测定。

1. 试剂

反应混合液：100mmol/L pH值6.0磷酸缓冲液50mL于烧杯中，加入愈创木酚28μL，于磁力搅拌器上加热搅拌，直至愈创木酚溶解，待溶液冷却后，加入30%H₂O₂ 19μL，混合均匀，4℃冰箱中保存备用。

2. 样品测定方法

称取0.2g植物叶片，剪碎放入研钵中，加入适量的磷酸缓冲液研磨成匀浆，以4 000r/min离心15min，上清液转入100mL容量瓶中，残渣再用5mL磷酸缓冲液提取一次，上清液并入容量瓶中，定容至刻度，4℃冰箱中保存备用。取光径1cm的比色杯两个，于1个中加入反应混合液3mL和磷酸缓冲液1mL，作为对照；另1个中加入反应混合液3mL和上述酶液1mL，立即开启秒表记录时间，于分光光度计上测量470nm下的吸光值，每隔1min读数1次。用每分钟内A_{470}变化0.01为1个过氧化物酶活性单位U。

（六）CAT活性的测定

1. 试剂

10%H_2SO_4、0.2mol/L pH值7.8磷酸缓冲液。0.1mol/L $KMnO_4$标准溶液：取$KMnO_4$ 3.160 5g，用新煮沸冷却的蒸馏水配制成1 000mL，再用0.1mol/L 草酸溶液标定。0.1mol/L H_2O_2：取30%H_2O_2溶液5.68mL稀释至1 000mL，用0.1mol/L $KMnO_4$溶液标定。0.1mol/L 草酸：$H_2C_2O_4 \cdot 2H_2O$ 12.607g，用蒸馏水溶解后定容至1 000mL。

2. 样品测定方法

取植物叶片0.2g，加入pH值7.8磷酸缓冲液少量，研磨成匀浆，转移至25mL容量瓶中，用该缓冲液冲洗研钵，并将冲洗液转移至容量瓶中，用同一缓冲液定容，4 000r/min离心15min，上清液即为过氧化氢酶的粗提液。取50mL三角瓶4个（两个测定，另两个为对照），测定瓶加入酶液2.5mL，对照加入煮死酶液2.5mL，再加入2.5mL0.1mol/L H_2O_2，同时计时，于30℃恒温水浴中保温10min，立即加入10%$H_2SO_4$2.5mL。用0.1mol/L $KMnO_4$标准溶液滴定，至出现粉红色（30s内不消失）为终点。

（七）丙二醛含量的测定

1. 试剂

5%三氯乙酸溶液：称取5g三氯乙酸，先用少量蒸馏水溶解，然后定容至100mL。0.5%硫代巴比妥酸溶液：称取0.5g硫代巴比妥酸，用5%三氯乙酸溶解，定容至100mL，成0.5%巴比妥酸的5%三氯乙酸溶液。0.1mol/L pH值7.8磷酸钠（Na_2HPO_4-NaH_2PO_4）缓冲液。

2. 样品测定方法

在植物鲜叶中加入3mL0.05mol/L pH值7.8磷酸钠缓冲液，加入少量石英砂，于冰浴中的研钵内研磨成匀浆，定容至5mL刻度离心管中，于8 500r/min冷冻离心30min，上清液即为SOD酶粗提液。吸取1.5mL酶提取液于刻度试管中，加入2.5mL0.5%硫代巴比妥酸的5%三氯乙酸溶液，于沸水浴上加热10～15min，迅速冷却，于1 800g离心10min。取上清液于532nm、600nm波长下，以蒸馏水调零，测定光密度。

第六节　植物耐低温相关研究展望

在植物的典型生活周期中，其必须忍受盐害、低温、干旱、病原物侵袭等不利环境的胁迫，其中低温胁迫是影响植物自然分布和产量的主要限制因子。为了适应和抵抗低温胁迫，植物在长期进化过程中形成了"冷驯化"应答保护机制，即植物经过非致死温度的处理可以获得更强的抗寒能力。因此提高植物的抗寒性，培育抗寒作物品种对农业发展具有十分重要的意义。随着分子生物学研究水平的逐渐提高，基因工程手段越来越多的应用到植物抗寒育种中。但由于植物抗寒性是数量性状，受多基因控制，其分子机理较为复杂，所以在抗寒基因的有效应用方面仍然存在诸多问题需要解决。

影响植物抗寒性的基因较多，其对抗寒性状的作用并非简单的累加，不同基因对植物抗寒性的贡献程度仍无有效方法进行鉴定，这就限制了主效基因的有效利用，今后在抗寒基因工程研究中，亟须探索一种基因贡献率的研究方法，去解决在诸多数量性状基因中确定与抗寒功能直接相关的优势基因的问题。抗寒性状与环境互作的机制相对复杂，在研究抗寒基因分子机制的过程中，需要考虑环境对基因表达及抗寒性变化的影响。在不同地区、不同生长环境、不同极端温度以及不同作物的表现上进行综合考虑（郭志富等，2005，2014；Wang et al，2017）。

近几年来，以Crispr/Cas9技术为代表的基因编辑技术日趋成熟，此技术不但可以进行基因敲除，也可以达到定点编辑和单碱基替换等目的。目前此技术已逐渐应用到水稻、玉米、水稻、番茄、黄瓜等农作物中。未来此项技术将会为我们随心所欲的编辑基因带来更多的可能性。我们可以利用此项技术进行基因功能研究，同时也可以畅享今后利用此项技术对基因进行人为改造，以满足人类对于植物抗寒性的需求，从而达到培育出抗寒农作物品种的目的。

转基因技术多应用于模式植物进行功能验证，很多抗寒性变化结果只是针对单一模式植物而言，信息不全面。研究植物抗寒性的主要目的是提高植物抗寒性以增加其产量或调整种植地域。因此，今后植物抗寒育种过程中，应在保证食品安全和生态安全的前提下，有目的地针对目标植物进行转基因研究，以期更好地利用基因工程手段培育出植物抗寒新品种（郭志富，2008；Guo et al，2008，2011；Jin et al，2018；Guan et al，2019）。

第二章　主要粮食作物低温耐受性研究

　　东北地区农村人均占有耕地约0.4hm²，是全国平均人均占有耕地的3倍以上。东北三省地域辽阔，跨越湿润、半湿润、半干旱3种区域，降水量较充沛。东北地区绝大多数地区位于中温带，夏季温和湿润，冬季寒冷漫长。气候条件决定了农作物种植方式与种类，东北地区主要种植制度为一年一熟，主要种植的粮食作物为玉米和水稻。玉米是东北地区第一大农作物，截至2018年年底，产量达1.01×10^8t，约占全国玉米总产量的47.78%。东北稻区粳稻种植面积约526.3亿hm²，占我国粳稻面积50%以上，产量近4 000万t，占当年我国水稻总产量的18.5%，是我国最大的商品粳稻生产基地。另外，小麦在东北麦区也占有一定面积，主要集中在黑龙江省北部与内蒙古呼伦贝尔地区，该区地处大兴安岭沿麓，为强筋小麦优势产业带。由于东北所处地理位置为高纬度地区，倒春寒及极端低温天气时有发生，这就对东北地区主要农作物的生长、发育以及产量带来了严重影响。本章针对低温寒害对水稻、玉米和小麦不同生育期的形态学影响、生理生化变化以及耐冷性鉴定方法等进行了阐述；从分子生物学角度论述了抗寒相关基因的研究进展；从群体遗传学角度综述了耐冷QTL定位及GWAS耐冷基因注释的研究概况；最后针对东北地区气候特点和栽培模式分别总结了几种作物抵御低温寒害的措施。

第一节　水稻耐冷性研究

　　水稻是最为重要的粮食作物之一，为全球半数以上人口提供粮食来源。它是起源于热带和亚热带地区的一种单子叶喜温作物，生长发育需要充足的光照、合适的水分和适宜的温度。作为我国重要的粮食生成基地，东北三省是我国的水稻主产区，为中国粮食的总产值作出了重要贡献。自20世纪90年代起东北地区的水稻生产增加较快，在我国的水稻生产中占据着非常重要的地位，并且随着东北三省水稻种植在全国范围内的快速增长，使得我国水稻生产的空间区域布局发生了巨大的变化，空间分布重心迅速北移。东北三省在农业发展特别是水稻增产方面，为我国水稻总产作出了不可磨灭的贡献。

低温冷害是制约水稻生长发育及产量提高的主要非生物因素之一。由低温冷害引起水稻减产问题在世界范围内普遍存在，由于东北地区所处的地理位置，其受低温冷害的频次和范围都非常大。对水稻的低温冷害进行研究，可为东北地区乃至全国水稻的生产安全提供指导，进一步提高水稻产量。近年来，随着分子生物学技术的快速发展，国内外学者主要从细胞和分子生物学角度对水稻的低温冷害进行研究。水稻在冷胁迫下的应激反应受到多个基因和其编码蛋白的调控，其耐冷性也与细胞信号的转导途径息息相关。而在细胞信号转导过程中，耐冷性受多个基因和基因家族的调控。探索水稻中的耐冷性相关基因并进行分离和鉴定，了解冷胁迫耐受的分子机制，可以大大提高水稻耐冷种质改良的进程，对作物的生产实际应用具有重要价值。

一、低温冷害对水稻生长的影响

水稻生长发育可分为4个阶段：萌芽期、苗期、孕穗开花期和灌浆期阶段。水稻在不同时期发生冷害造成的影响也不同，所以根据水稻的生育期将冷害分为如下4种。

（一）萌芽期冷害

萌芽期冷害是指在低温下水稻种子的发芽力受到影响，使得出芽迟缓或烂秧。水稻在发芽期和芽期受到低温冷害会直接影响成苗率（Sthapit and Witcombe，1998），主要发生在我国的早稻种植区和直播稻种植区。

（二）苗期冷害

苗期冷害指的是从第一片完整叶片开始在水稻的整个生长过程中遭受低温影响，导致差的群体形成以及熟期的不一致（Andaya et al，2003），会使水稻秧苗变色失绿、分蘖减少、秧苗枯萎严重时可导致死苗等。在遭遇水稻延迟型冷害时，受影响最大的时期为水稻苗期，这会直接影响茎叶的发育生长、分蘖的数量，也会影响到幼穗分化期，特别是抽穗期的时间或早或晚，在幼苗期受到温度影响，水稻的出芽率、分蘖数量一定会下降，而且幼苗质量不会很高，叶片会发生失水萎蔫，衰老严重直至干枯甚至死苗，有时会发生先死叶后死根的情况，这是因为根系距离地面还有一定的距离，受害影响比地面要迟缓。我国云贵高原一季稻区、长江中下游早稻区和北方稻区普遍存在苗期冷害问题，与此同时苗期冷害也是世界水稻主产区普遍存在的问题。

（三）孕穗开花期冷害

孕穗期是指水稻苗期结束到水稻抽穗之前这一时期，在这一时期遭受的冷害被称为孕穗期冷害。水稻抽穗后1～2d就会开花，单株水稻花期约历时10d，水稻在这一时期遭受冷害被称为花期冷害。孕穗期冷害和花期冷害时间相近，不好区分，所以统称为孕穗开花期冷害。这种冷害会使水稻抽穗缓慢、花药不能正常开裂、花粉不能正常传播，导致水稻受精异常，稻穗大量空粒。

（四）灌浆期冷害

灌浆期是指水稻受精之后，在这一时期遭受的低温天气被称为灌浆期冷害。水稻遭受低温天气时叶绿素活性降低、光合作用减慢，最终导致稻谷不饱满，严重时甚至会造成大量空粒，致使水稻减产和稻米质量下降（荆豪争，2014）。

二、水稻耐冷性鉴定方法

耐冷性鉴定研究对于筛选优良耐冷水稻种质资源和耐冷性生理机制的研究具有重要的指导意义。现阶段，针对水稻的耐冷性鉴定方法有两种，一种是田间鉴定法，另一种是室内鉴定法。

（一）田间鉴定方法

田间鉴定法指的是在大自然的条件下，播种水稻，使其正常生长，通过调整播期来控制温度，这样就可以把不同品种水稻的耐冷性的不同，通过表型变化表现出来，体现在发芽率、成苗率、产量、开花期等，通过表型变化能更直接的反映其耐冷性差异，评价耐冷性强弱。此种方法的优点为适合水稻品种的初次筛选，能在比较客观的角度评价水稻的耐冷型。其缺点为受外界影响较大，因为季节的变化，环境条件的难控制，很难保证所选试验地点和年份条件能保持一致，试验的重复性不高。

（二）室内鉴定方法

室内鉴定法指的是人工模拟自然条件下的低温，在室内将水稻在不同的生长发育时期进行不同的温度梯度、不同时间的处理。适合于此种方法的材料多为芽期和苗期，通常情况下选定的指标为，形态指标：萎蔫率、死苗率、发芽率、株高、根长、鲜重、干重等；生理指标：相对电导率、黄化率等；分子方面：DNA、RNA、QTL等从而评价其抗冷性。其优点为可控制的因素条件很多，例如温度、时间等。同时还可以降低甚至不受外界环境的影响，因为在室内所以工作量不会很大，可以做多次重复。目前，室内鉴定法是广泛应用的方法。

（三）水稻不同生育期耐冷性鉴定方法

根据生长阶段的不同，水稻主要在芽期、幼苗期和抽穗期受冷害较严重。水稻在发芽阶段，低温胁迫不利于种子出芽，影响直播田中秧苗的整齐性。苗期遭遇低温会抑制植株生长，形成黄化苗。抽穗期的低温胁迫对水稻的影响最大，对花粉育性、结实率及籽粒充实度影响显著（Suh et al，2010）。水稻不同生育时期对低温胁迫的响应不同，因此需要不同标准来衡量水稻的耐冷性。

（1）芽期耐冷性的鉴定。发芽期主要通过芽活力及芽存活率两个标准来衡量水稻的耐冷性。芽活力主要在14℃的低温黑暗条件下处理种子，然后分别在第7d、11d、14d和17d时统计发芽势。确定水稻种子是否发芽的标准是测量芽长是否达到粒长的一半以及根长是否超过苗长（Han et al，2006）。其次，低温胁迫下幼苗的存活率也是另一个衡量标准。当芽长到5mm长时，将发芽的种子播种在土中，然后在2℃黑暗环境下处理3d，再20℃光照条件下处理7d，然后统计幼苗的存活率。在实际生产中，水稻种子先在32℃下浸种催芽，当芽长约5mm时，播到泥土中。

（2）苗期耐冷性的鉴定。苗期的耐冷性主要通过一些可见的形态及生理指标来鉴定。其中，有5个主要的形态指标用于评价水稻苗期的耐冷性，包括存活率、新叶数、鲜重、幼苗和叶片的生长情况。植物受到伤害后叶片很容易失水，所以鲜重的变化可以用来衡量幼苗失水情况，并以此代替水稻的耐冷性。然而，不同水稻品种、叶片大小或其他非生物胁迫都会引起叶片失水，所以用鲜重变化来评价水稻品种苗期的耐冷性并不精确。存活率是指幼苗在经过4~5℃低温处理3~7d后，再在常温下恢复4~7d，然后统计幼苗或者叶片的存活率。此种方法能准确简便的鉴定不同水稻品种苗期的耐冷性，是实验室内进行耐冷性评价的主要方法。另外，新叶的出现也可以用于评价转基因植株苗期的耐冷性。有研究发现，在一些野生型和转基因株系中，冷胁迫一般会阻碍幼苗的生长，而不会使幼苗致死（Xie et al，2012）。因此，新叶的出现可以更好地区分不同株系的耐冷性。此外，国际水稻所制定了一套幼苗生长情况的评判标准。水稻幼苗在经过9℃处理14d，对幼苗的颜色进行分级。1级表示墨绿色、3级表示淡绿色、5级表示黄色、7级表示棕色、9级表示死亡。与幼苗生长情况不同，叶片生长情况是在低温处理7d后进行统计（Suh et al，2012）。

　　由于表型性状评价易受主观因素的影响，因此生理参数的测定可作为衡量水稻低温耐受性的补充方法。低温胁迫下，细胞中电解质渗透势、脯氨酸、丙二醛和谷胱甘肽等物质的含量会显著变化，这些物质的测量值可作为评价低温胁迫的重要指标（Kim and Tai，2011）。例如，在遭遇低温胁迫时，粳稻品种的电解质渗透势明显比籼稻品种的低，而脯氨酸、丙二醛等物质的含量却又明显高于籼稻品种（Tian et al，2011）。这些生理参数的变化与水稻的耐冷性有显著相关性。此外，过氧化物酶、过氧化氢酶、超氧化物歧化酶和抗坏血酸过氧化物酶等抗氧化剂酶的活性同样可以用于评价水稻的耐冷性。

　　（3）抽穗期耐冷性的鉴定。水稻在孕穗期的耐冷性主要通过结实率来衡量。在分蘖期将植株多余的分蘖剔除，使幼穗生长一致。当剑叶叶耳长到距离倒二叶叶耳5cm以下时，花粉母细胞开始进行减数分裂，此时将植株转移到12℃左右的温室中。低温处理5～6d后，再将植株转移到正常温环境中，直到水稻开花灌浆并成熟。最后统计每株水稻的结实率，以此来衡量其孕穗期的耐冷性。另一种评价方法是，当幼穗开始分化时，将水稻转移到20～25cm，温度为18～19℃的水中，直到孕穗期结束。此种衡量水稻耐冷性的方法可靠性高，一直在品种的耐冷性鉴定中广泛使用（Hiroyuki et al，2011，Shirasawa et al，2012）。

三、水稻耐冷相关基因

　　低温条件下，植物从感受低温信号，到信号转导再进行相应的一系列途径，如基因的转录翻译，蛋白质合成代谢，最后获得低温的抗性。运用一些现代分子生物学技术比如基因芯片技术、酵母双杂技术、图位克隆技术等分离出许多与低温诱导表达相关的基因。大体上可以将这些基因分成耐冷功能性基因和耐冷调控性基因。

　　耐冷功能性基因是合成膜脂相改变的基因如不饱和脂肪酸的基因，提高细胞膜的流动性；参与合成可溶性糖、脯氨酸等渗透保护剂的基因，保护细胞的渗透性；合成活性氧清除剂的各种酶类（SOD、POD、GST）的基因，提高清除活性氧能力；产生冷冻保护蛋白（LEA、COR）的基因等。调控性基因为各类转录因子（DREB/CBF、BZIP、MYB、NAC），PRK、MAPK类的蛋白激酶，它们在参与整个信号转导的过程和调节整个生理生化系统中起着调控作用。

（一）钙信号相关冷应答的基因

Ca^{2+}可以作为胞内第二信使来传递低温信号。Ca^{2+}、Ca^{2+}-ATPase和钙调蛋白（Camlodulin，CaM）共同组成钙信使复合体，其中Ca^{2+}和CaM主要负责钙信使感受、传递和响应冷胁迫信号。当植株受到低温胁迫后，可以通过Ca^{2+}信号途径传递冷信号。植物中的Ca^{2+}感受器，主要有CAMTA（CaM-binding transcription activator）、CDPKs（Ca^{2+}-dependent protein kinases）、CaM和CMLs（CaM-like）、CIPKs（CBL-interacting protein kinases）和CBLs（Calcineurin B-like proteins）等。钙离子感受器CaM、CMLs和CBL中参与水稻低温防御的基因有*At GT2L*基因、*OsMSR2*基因、*NtCIPK2*基因和*CIPK14*基因以及*CIPK7*等基因。CDPKs家族中参与植物低温防御的基因有在野生山葡萄（*Vitis amurensis*）中发现的*VaCPK20*基因、玉米（*Zea mays*）中的*Zm CPK1*基因以及水稻中的*CDPK13*基因和*CDPK7*基因等。另外，COLD1蛋白是一个具有GTPase促进因子功能的GTG蛋白，且这种效应受低温诱导。*OsCOLD1*基因编码一个G蛋白信号调节因子，其与G蛋白α亚基RGA1互作以感知低温，激活下游的Ca^{2+}通道，以增强G蛋白的鸟苷三磷酸酶（Guanosine triphosphatase，GTP）活性，从而赋予了水稻（粳稻）耐冷性，由于粳稻和籼稻COLD1的第4外显子存在1个功能性单碱基变异SNP2，从而使得粳型COLD1[jap]较籼型COLD1[ind]具有更强的低温耐受性。

（二）代谢物合成基因

低温不仅对水稻造成明显的外部损伤，如发芽率低、幼苗生长发育迟缓甚至死亡、结实率低等，还会引起一系列生理及代谢物的变化，如叶绿素荧光的改变，电解质渗漏增加，活性氧、丙二醛、蔗糖、脂质过氧化物、脯氨酸等代谢物的含量升高，植物激素脱落酸（Abscisic acid，ABA）和赤霉素（Gibberellins，GA）的改变等，这些生理水平的变化是衡量植物耐低温的生理指标。

在水稻中过表达*OsiSAP8*可以在低温条件下显著提高植物叶绿素含量和对低温的耐受能力，*OsAsr1*过表达的转基因水稻*Fv/Fm*值显著升高，并表现出明显的生长优势；过表达*OsOVP1*和*OsNAC5*等基因导致植物的电解质渗漏率降低，从而表现出对低温的耐受性；过量表达抗坏血酸过氧化物酶基因*OsAPXa*可以提高低温下抗坏血酸过氧化物酶的活性，减少细胞内脂类物质的过氧化反应和MDA含量，从而提高水稻在低温下的结实率；水稻在低温逆境下会积累大量的可溶性糖（包括蔗糖、己糖、棉籽糖、葡萄糖、果糖和海藻糖），过量表达海藻糖合成的关键基因*OsTPP1*、*OsTPP2*和*OsTPS1*均能显著提高水稻对低温的耐受性；*OsCOIN*、*OsMYB2*、*OsMYB4*、*OsMYB3R-2*和*OsZFP245*等基因的过表达植株均表现出脯氨酸含量显著提高和对低温耐受力的增强。而过量表达水稻ABA代谢基因*OsABA8ox1*降低水稻幼苗内源ABA水平，提高了转基因株系对低温的耐受力过量表达*OsNAC095*，提高水稻幼苗内源ABA水平却使水稻对低温敏感；GA合成突变体*sd1*和*d35*对低温敏感。

（三）水稻耐冷调控基因

（1）DREB/CBF转录因子。AP2/ERE（APETALA2/Ethylene-responsive element binding protein）转录因子是水稻转录因子基因中的大家族，在水稻的12条染色体均有分布，参与调节植物细胞周期、次生代谢、生长发育和生物与非生物胁迫应答。有人将AP2/EREBP类转录因子的蛋白结构分为以下5个亚类：ERF、RAV、DREB、APZ及其他类型，该家族对DREB类转录因子研究最为深入，其中CBF就属于DREB。在水稻中分离到5个与DREB同源的基因，分别是*OsDREB1A-1D*与*OsDREB2A*，其中*OsDREB1A*与*OsDREB1B*的表达受低温冷害的诱导。

（2）bZIP类转录因子。碱性亮氨酸拉链，bZIP（basic region/leucine zipper），该类转录因子普遍存在于动植物和微生物中，广泛参与植物花发育、光反应、抵御生物胁迫及种子成熟与非生物胁迫的反应，在模式植物拟南芥中至少存在75个bZIP家族成员，而在水稻植株中存在约94个成员，其中约有1/3的蛋白响应干旱、ABA、低温、盐这4种胁迫中的一种，根据碱性亮氨酸区域的同源性及其他保守结构域特性可将拟南芥基因组中所有的bZIP家族转录因子分成10个亚类，并发现GroupA转录因子主要与ABA信号传导及逆境信息传递有关，进一步说明在高盐、冷、干旱或ABA与其他逆境条件下，该类转录因子参与调控一些含有和胁迫相关顺式作用元件（含ABRE）的基因，可使其诱导表达。研究发现逆境诱导植物体内ABF/AREB的表达，同时ABA可促使AREB磷酸化，被磷酸化的AREB才能参与调控下游基因的表达。*OsbZIP52*的表达与低温耐受性存在负相关关系，从而说明*OsbZIP52*在低温胁迫应答中起负调控作用。

（3）WRKY转录因子。转录因子锌指蛋白（Zinc finger）指一类具有"手指状"结构区域，此类转录因子广泛存在于动植物和微生物中，可分为C2H2、C2HC、C2HCC2C2、C2C2、C2C2C2C2等。目前发现参与植物逆境相关的主要是C2H2型，最普遍的是WRKY蛋白家族，它是植物所特有的，其特征是至少含有一个WRKY domain，在家族成员之间高度保守。WRKY蛋白家族是调控生理和发育多样性的一个超级家族，首先在甘薯（SPF1）中被鉴定为DNA结合蛋白，现已发现的WRKY类转录因子蛋白均参与植物对病原体的防卫反应，环境胁迫例如低温、干旱及创伤等反应，叶片衰老，在非生物逆境诱导响应中也发挥着重要作用。目前水稻中已经有不少耐低温的WRKY转录因子被鉴定出来，如*OsWRKY30*、*Os-WRKY45*、*OsWRKY53*和*OsWRKY76*等。另外还有一些锌指蛋白基因如*OsZFP245*、*OsZFP18*、*OsZFP182*、*OsISAP8*等表达也与水稻耐冷性相关。

（4）MYB/MYC转录因子。MYB类（V-myb avian myeloblastosis viral oncogene homolog）转录因子家族是一类存在MYB结构域的转录因子。在植物体内，MYB类转录因子广泛参与植物各种生命活动，但参与胁迫应答的并不是很多。研究表明，MYB和CBF属于两种不同的耐冷调控途径。通常MYB转录因子表达时，CBF受到抑制，*MYB15*和*MYBS3*对*CBF*基因的表达进行负调控。*CBF*响应冷胁迫的特点为快速、短暂，而MYBS3响应冷胁迫的速度则比较慢（一般冷胁迫12h后开始表达）。同时过表达*CBF1*、*CBF2*、*CBF3*也不会影响*MYBC1*的表达量。另外，MYB家族的*CMYB1*、*OsMYB2*、*OsMYB4*、*OsMYB3R-2*也是重要的冷调控因子。

（5）NAC转录因子。转录因子NAC（NAM、ATAF和CUC2）是在植物中特有的，该类转录因子N端序列高度保守，且具有DNA的结合特性，而且没有其他蛋白质中保守结构域存在，进一步研究发现指导该类蛋白进入细胞核的核定位信号序列或跨膜序列存在在于此，C端序列特异性，且具有转录激活活性。该基因家族的数目众多，水稻全长cDNA文库含NAC蛋白75个，在拟南芥中含有105个，对NAC结合域的结构进行同源性比较，可将这些NAC蛋白分成两大类（Group I 与Group II）和18个亚类。

NAC蛋白参与植物的逆境应答机制。水稻中*OsNAC6*基因在非生物逆境胁迫中也发挥着重要作用。SNAC2（Stress-responsive NAC2）编码一个植物特有的NAC转录因子，该基因受冷胁迫诱导表达，过表达该基因的水稻植株体内许多与胁迫响应和胁迫适应相关的基因（如过氧化物酶基因、鸟氨酸氨基转移酶基因、类GDSL脂肪酶基因等）表达都呈现上调。

（四）蛋白激酶

耐冷调控性蛋白激酶主要包括：一是受体蛋白激酶（Receptor-like kinase，RLK），主要参与抗旱、抗盐、抗寒等生物胁迫过程；二是促分裂原活化蛋白激酶（Mitogen-axtivated protein kinase，MAPK），主要参与抗旱、抗盐、抗寒以及抗病原反应和细胞周期调节等多种信号转导过程。信号转导途径上的信号分子如CDPK、MAPK和CIPK等在水稻低温胁迫中有响应。钙依赖的蛋白激酶CDPK类基因如*OsCDPK13*和*OsCDPK7*、*OsMAPK5*和*OsMKK6DD*和逆境响应的CIPK类基因如*OsCIPK03*以及G-蛋白信号调控因子COLD1等的过量表达能够显著提高水稻对低温胁迫的耐受性。

四、水稻群体遗传学在耐低温相关研究中的应用

（一）全基因组关联分析（GWAS）的应用

1. 萌芽期

Pan等（2015）对174份中国核心种质资源及273个SSR标记进行低温下萌发试验，鉴定到22个与低温萌发相关的QTLs。Fujino（2015）对日本的63个水稻品种进行GWAS分析，共鉴定出了13个低温萌发相关的关联位点和6个抽穗期相关的关联位点。杨志涛（2017）通过全基因组关联分析标记鉴定出36个与水稻低温发芽力相关的QTL，其中有6个与以前报道的水稻低温发芽力QTL重叠或相近，30个为新鉴定的QTL。

2. 芽期

Zhang等（2018）利用249份籼稻品种在芽期共检测到了47个关联位点。结合转录组数据及实时荧光定量PCR结果，将位于1号染色体长臂上的主效QTL定位区间缩小到3个候选基因。

3. 苗期

Wang等（2016）对295份水稻种质在三叶期进行低温胁迫处理，利用GWAS分析方法，鉴定到67个苗期耐冷QTLs。Lv等（2016）对529份水稻种质在四叶期时进行低温处理（5~12℃），通过测量电解势，共鉴定了132个苗期耐冷QTLs。进一步研究表明，OsMYB2位于3号染色体上关联性较高的位点上。序列分析发现OsMYB2具有明显的籼粳基因型分化，粳稻型OsMYB2的水稻品种具有更强的耐低温能力。Shakiba等（2017）鉴定了400个水稻核心种质萌发期和生殖生长期耐低温性状，利用SNPs图谱共鉴定到42个苗期耐冷QTLs和29个孕穗期耐冷QTLs。王丹（2017）根据295份品种苗期的耐冷表型和44K SNP芯片的基因型数据进行GWAS，发现位于水稻11条染色体上的181个SNP与水稻耐冷性紧密关联。张斌（2018）利用在世界范围内收集的种质资源，用GWAS方法在水稻第11号染色体上定位到一个苗期耐冷性的主效QTL。

4. 孕穗开花期

Wei等（2014）对92份水稻核心种质和111份普通野生稻的*Hd1*基因序列进行水稻抽穗期GWAS分析，以及功能型的鉴定，解释了*Hd1*基因在选择中的驯化过程。Zhu等（2015）利用远缘杂交群体和SSR标记GWAS定位了水稻孕穗期耐冷QTL。王允祥（2017）利用关联分析对水稻孕穗期耐冷相关性状进行检测，两年内在10个染色体上共检测到30个标记与耐冷相关性状显著关联，贡献率变异范围为6.24%~29.91%。

（二）遗传群体耐冷QTL定位

1. 萌芽期耐冷相关QTL研究进展

杨川航等（2012）以粳型糯稻89-1和籼稻蜀恢527为试验材料，构建重组自交系群体，检测到低温下种子发芽的2个主效QTL，贡献率都达到70%以上。Lin等（2011）将日本晴和9311作为材料构建染色体置换系群体，共检测到3个控制低温发芽力QTL，共分布在两个染色体上。姜秀娟（2017）以沈农265和东乡野生稻为材料，利用SSR标记技术并结合混合分组分离方法构建回交重组自交系鉴定低温发芽力，共定位出19个低温发芽力QTL，分布在7条染色体上，其中在第2号染色体上分布得最密集，加性效应值在-15.30～14.43，贡献率最大为17.72%；杨洛森等（2014）以耐冷性中等的粳稻品种东农422和耐冷性强的粳稻品种空育131为亲本，构建重组自交系群体进行萌芽期耐冷性鉴定，共发现到17个控制发芽期耐冷性QTL，分别位于第1号、2号、3号、6号、7号、9号、12号染色体上。纪素兰等（2008）利用在不同环境下生长的Kinmaze和DV85为材料，构建RIL群体进行耐冷性QTL定位，共检测到11个低温发芽力QTL，其中在第7号和第11号染色体上的基因可在3个环境中稳定表达。

2. 芽期耐冷相关QTL研究进展

杨梯丰等（2016）以华粳籼74为材料构建SSSL群体进行耐冷性鉴定，共检测到分布在8条染色体上的15个芽期耐冷QTL，其中5个QTL具有稳定的遗传效应，有4个表现为增效，最高加性效应值为17.98%。Lin等（2011）以Nipponbare和9311为试验材料，构建回交重组自交系BC$_4$F$_1$群体进行芽期耐冷性鉴定，共检测到4个相关QTL。林静等（2008）以热研2号和密阳23为材料，利用籼粳交组合构建111份重组自交系群体，以成苗率作为耐冷性状进行基因定位，在第7号和8号染色体上共有2个芽期相关性QTL，表型变异率分别为10.60%和15.79%。邹德堂等（2015）利用SSR标记对萌发期和芽期的耐冷性进行关联分析，以寒地粳稻品种进行耐冷性定位，以低温发芽力为目标性状鉴定出相关联SSR位点有9个，在芽期鉴定出4个SSR位点并且有13个等位变异，其中RM 480～216bp位点表型效应最大为15.79%。杨杰等（2008）共检测到4个耐冷性QTL，分布在5条染色体上，而在7号和12号染色体上检测到基因来源于不耐冷的亲本，说明不耐冷的亲本也可能含有耐冷性基因。

3. 苗期耐冷相关QTL研究进展

Lou（2007）以AAV002863和珍汕97B为材料构建DH群体，分别在1号、2号、8号染色体上鉴定出5个苗期耐冷QTL。邓久英（2009）以耐冷性极强的粳稻品种丽江新团黑谷与冷敏感的籼稻品种三黄占2号为亲本，共构建168份重组自交系杂交群体，以苗期相对电导率为指标，鉴定了5个耐冷相关QTL，其中贡献率最高为11.2%。屈婷婷等（2003）以籼粳交构建DH群体，共检测到3个苗期耐冷性QTL，分别位于3号、11号、12号染色体。吴杏春等（2008）也检测到5个苗期耐冷性相关QTL，在第2号和7号染色体上分布居多。陈大洲等（2002）以常规水稻和东乡野生稻杂交回交后获得的BC$_1$F$_1$群体为耐冷性研究材料，发现控制苗期水稻耐冷性的QTL在第4号和第8号染色体上。吴爱婷（2018）以超级稻SN265分别与七山占和IR30杂交，分别构建118个和218个株系的重组自交系群体，在两套RIL群体中共检测到4个苗期耐冷主效QTL，分别定位在qCTS-5.1、qCTS-5.2、qCTS-6、qCTS-7且贡献率分别为47.59%、22.62%、22.47%、38.48%。

4. 孕穗开花期耐冷相关QTL研究进展

唐江红（2019）以吉冷1号和密阳23为亲本，构建共253份重组自交系群体，检测到孕穗期76个表型相关QTL，其中共有11个QTL的贡献率大于10%，共检测到3个来自吉冷1号的增效等位基因，分别为qPH1-1、qPE1-1、qGPP4-2，1个来自密阳23的增效等位基因为qPL6-2。Andaya等（2003）在孕穗期利用SSR标记对籼粳交重组自交系进行QTL检测，共在8个染色体上发现耐冷性QTL，分别在第1号、2号、3号、5号、6号、7号、9号、12号染色体上。王德荣（2017）以栽培籼稻品种黄华占为母本，以长雄蕊野生稻为父本构建群体，检测到控制穗长的9个QTL，其中贡献率在4.86%~11.74%，加性效应值在-2.15~3.30。Zhou等（2010）对近等位基因ZL1929-4进行孕穗开花期耐冷性鉴定，发现1个QTL，位于7号染色体RI02905~RM21862。Kato（1966）以北海PL5为耐冷亲本，在第1号、4号、5号、6号、7号、11号染色体上找到与水稻孕穗期耐冷性有关的QTLs，其中位于第11号染色体上G181周围的580bp的DNA片段中一主效QTL，其表型贡献率达70%以上。

五、水稻耐低温组学研究进展

（一）蛋白质组学

水稻是一种被广泛研究的重要作物，与水稻相关的蛋白质组研究在低温胁迫的研究相对较少。Neilson等（2011）对水稻幼苗12~14℃处理48h、72h和96h的研究发现，差异蛋白质主要是物质转运、光合作用、前体代谢产物和能量代谢相关类蛋白，组蛋白和维生素B生物合成相关蛋白的丰度明显受到冷胁迫的影响。唐秀英等（2017）以耐冷性强的东乡野生稻和冷敏感品种中嘉早17为材料，利用iTRAQ技术对低温处理过的水稻幼苗的根系差异蛋白质组进行分析，共鉴定到428个差异表达蛋白。对其进行GO富集分析，发现其主要参与代谢、细胞和单一机体过程。对其进行KEGG分析，发现这些差异蛋白质主要参与代谢、次级代谢产物合成和碳代谢等代谢通路。Hashimoto等（2007）将水稻幼苗置于5℃中处理48h后，水稻的剑叶、叶鞘和根系中与逆境胁迫相关的蛋白质表达量增加，而与防卫相关的蛋白质表达量减少。杨辉（2012）用转*LeERF2*基因水稻、野生型水稻幼苗分别在正常温度和低温条件下处理，经双向电泳分离，共得到179个响应低温胁迫应答的蛋白质点，其中146个差异表达的蛋白质点得到质谱鉴定。在低温处理下，转*LeERF2*基因水稻与野生型水稻比较发现，地上部分有7个差异蛋白点，其中4个蛋白点只在转*LeERF2*基因水稻中表达，2个蛋白点表达下调，1个蛋白点只在野生型水稻中表达。地下部分有22个差异蛋白点，其中6个蛋白点只在转*LeERF2*基因水稻中表达，3个蛋白点表达量上调，4个蛋白点表达量下调，9个蛋白点只在野生型水稻中表达。王道平等（2018）利用蛋白质组学技术分析了EBR影响水稻幼苗响应低温胁迫的相关蛋白和代谢通路，发现在有定量信息的4 834个蛋白中，401个上调和220个下调蛋白与EBR影响水稻幼苗响应低温胁迫有关。功能分析和代谢通路富集分析发现，上调蛋白主要与RNA结合或水解酶活性等分子功能相关，并富集在碳代谢、叶酸合成和氨基酸生物合成等途径中，下调蛋白主要与催化活性和氧化还原酶活性相关，主要涉及卟啉和叶绿素代谢等代谢途径。

（二）转录组学

随着测序技术的不断发展，转录组测序手段已被广泛地用于水稻耐冷研究中，如Byun等（2018）利用过表达*DaCBF4*和*DaCBF7*转基因水稻为材料，通过转录组测序，分别在2个材料中发掘出9个和15个耐冷响应基因。Sperotto等（2018）以耐冷和冷敏2种基因型的籼稻为材料，利用转录组测序技术研究水稻冷响应机制，结果发现在耐冷材料中与纤维合成和脂代谢相关基因大量表达，且耐冷材料具有更高的钙离子信号转导、光合效率和抗氧化能力。Wang等（2017）利用广西普通野生稻衍生的耐寒染色体片段代换系（CSSL）为试验材料，将其中的耐冷品系DC90与轮回亲本9311进行苗期冷胁迫后的转录组测序分析，结果显示在2个材料中共鉴定出659个差异表达基因（*DEGs*），这些DEGs的KEGG分析展示了一个复杂的冷响应调节网络，其中包括植物激素信号转导、光合作用途径、核糖体翻译机制和苯丙烷类生物合成，它们相互协同参与水稻苗期冷响应机制。Shen等（2014）进行3种耐冷基因型和一种冷敏基因型苗期冷胁迫的转录组分析，结果显示在所有材料中共检测到2 242个*DEGs*，其中有318个DEGs与耐冷相关，并对差异基因进行GO富集分析，发现钙信号转导在水稻冷响应机制中起主导作用，还推测出RNA解旋酶直接参与到水稻对低温胁迫的感应。Maial等（2017）以Oro（耐冷）和TioTaka（冷敏）水稻品种为材料，进行苗期冷处理后转录组测序，分别在Oro和TioTaka中发现259个和5 579个冷响应差异表达基因，对其进行GO富集分析，其中有27%属于代谢过程、21%属于细胞过程、30%与结合活性相关、22%归属于催化活性，在耐冷品种Oro中，鉴定出14个冷响应特异表达基因，在冷敏品种TioTaka中有5 461个冷响应特异表达基因，有118个共有的冷响应特异表达基因。胡潇婕等（2019）以籼稻品种特青和粳稻品种02428为试验材料，运用RNA-Seq技术开展水稻苗期低温应答转录组分析，发现在差异表达基因的KEGG通路分析中，植物激素信号通路是低温胁迫下差异表达基因最显著富集的通路，说明植物激素通路在水稻苗期耐低温中具有重要作用；朱琳等（2018）对中花11经17℃低温处理后的转录组分析，表明光合作用通路和苯丙氨酸代谢通路对低温胁迫调节均有明显作用。郭慧等（2019）研究采用RNA-seq技术对P427和Nip 2个水稻品种进行转录组测序分析，从中筛选出2个品种共同差异表达基因15 040个，P427特异表达的差异基因2 984个。经过GO功能注释，KEGG通路等分析，主要富集在代谢途径次生代谢物的生物合成、氨基酸的生物合成、植物激素信号转导、苯丙烷类生物合成、苯丙氨酸代谢，暗示这些途径可能在水稻苗期冷胁迫响应中起积极作用。张希瑞（2019）对耐冷株系E176和冷敏株系E186进行花药RNA-seq分析，在株系冷胁迫前后共检测到2 499个差异表达基因，对差异表达基因进行GO富集分析，发现富集的GO条目和其所包含的基因数目存在差异。

六、基于CRISPR/Cas9基因编辑技术的耐冷相关研究

却志群等（2019）对低温处理下的水稻叶片*OsAnn8*基因进行转录水平上的定量分析，利用CRISPR/Cas9介导的基因编辑技术，成功获得了水稻*OsAnn8*基因位点的2个单等位突变体。黄小贞等（2017）利用由抑制消减杂交技术构建的耐冷基因文库进行筛选，得到一个可能与水稻耐寒性相关的转录因子*TIFY1b*。为了进一步研究*TIFY1b*及其同源基因*OsTIFY1a*，研究者利用CRISPR/Cas9技术成功构建*OsTIFY1b*及其同源基因*TIFY1a*的敲除载体，且突变效率高；并在T0代水稻植株中观察到位点特异性突变，且所有的突变类型都能稳定遗传到下一代。靳宏沛（2018）从水稻低温表达芯片中挑选了11个受低温胁迫诱导表达的基因，利用CRISPR/Cas9技术创制了8个基因的功能缺失突变体，发现*WI12*、*RBP*、*OS2*、*POT*和*PRP*基因转基因株系已筛选到纯合突变体，*ADT*基因已筛选到杂合突变体，而*CP12*和*RCI2-6*基因已筛选到杂合双突变体。沈春修（2017）利用CRISPR/Cas9基因组编辑技术对冷胁迫下LOC_Os10g05490位点的编码区于具有较强耐冷性的粳稻品种台北309中实施定向基因敲除，成功获得了26株转基因阳性植株。

七、野生稻耐冷研究

陈大洲等（2002）最先利用协青早B/东野的BC₁F₁群体分析了东野耐冷遗传位点与DNA标记的连锁关系，表明东野的耐冷性是由多个基因控制的数量遗传性状。另外还分析了东野耐冷性遗传位点，分别在第4号、第8号染色体上发现与耐冷性连锁的SSR标记——RM280和RM337，贡献率分别为3.6%和2.7%。进一步应用回交重组自交系BC₁F₇群体，精细定位了上述2个耐冷位点，其中qCT-4在标记RM127和RG620之间，距RM127为4.0cM，距RG620为1.2cM，贡献率为16.7%；qCT-8在标记RM210和RM256之间，距RM210为7.0cM，距RM256为0.8cM，贡献率为17.3%（张成良等，2006）。王尚明等（2008）利用具有东野血缘的强耐冷品种东野1号与冷敏感的赣早籼49为材料进行研究得出与陈大洲等（2002）类似的结论。简水溶等（2011）利用协青早B/东野构建的回交重组自交系群体BC₁F₉进行苗期耐冷性鉴定和遗传分析，试验结果显示，群体萎蔫率和死苗率均呈偏态的连续分布，表明东野苗期耐冷性表现为主效基因+微效基因控制的质量—数量性状遗传特征。另外还利用东野/协青早B的BC₁F₁₀群体构建遗传图，检测到2个控制苗期耐冷性的QTL，分别位于第1号和第12号染色体，贡献率分别为53.34%和12.07%。Mao等（2015）利用东野与协青早B的BC₁F₇群体通过SALF测序，检测到了15个与耐冷相关的QTL，分别分布在第2号、3号、7号、8号、9号、11号和12号染色体，贡献率从13.8%～35.7%不等。Liu等（2003）以桂朝2号和东乡野生稻为材料，构建回交重组自交系BC₄F₂群体进行孕穗开花期耐冷QTL鉴定，用常温对照和冷处理的结实率的差值为耐冷性状，检测到3个耐冷相关QTL，分别位于第1号、6号、11号染色体。刘凤霞等（2003）利用桂朝2号和东野构建高代回交群体，考察自然条件与低温处理条件下结实率差值，在第1号和第6号染色体上分别定位到1个来自东野的提高孕穗开花期耐冷性QTL，贡献率分别为7.0%和4.0%。重新分析这套群体，定位到3个来自东野的提高孕穗开花期耐冷性增效QTL，但贡献率都仅为4.0%。从该群体中筛选获得苗期强耐冷株系SIL157，其中含有东野染色体片段qLTTB3.1（Zhao et al，2015）。

八、水稻抗低温栽培措施

（一）育秧准备期抗低温技术

1.品种选择

选择经审定并符合种植区域要求，具备较强抗低温能力的高产或优质水稻品种。

2. 基质准备

床土和基质中可适当增施磷肥或完全腐熟的温/热性有机肥，能提高抵御低温冷害的能力。床土和基质中最适施磷范围为磷酸二氢钾60~70g/m²。

3. 浸种催芽

浸种初期用15~20℃的水浸种5~7d，种子破胸露白后用芸薹素内酯（0.01%浓度的油剂稀释2 000倍）或碧护（0.136%浓度的粉末1g对水2~4kg）等具有提高水稻抗低温作用的药剂进行浸种，催芽时温度25~28℃，催芽20~24h。催芽后在通风环境下晾芽6h以上，以提高种子抵御低温的能力。

（二）育秧期抗低温壮秧技术

1. 育秧棚设置

大棚比中小棚保温性能好，故宜选择日光温室或塑料大棚进行工厂化育苗。

2. 水分管理

播种时浇透水，秧苗叶龄1.5叶期后应控水，卷叶补水。补水方式以喷淋为宜，补水时间以早晨或傍晚为宜，移栽前2~3d断水炼苗，促进秧苗生长发育。

3. 温度管理

播种后出苗前，暂不通风，密封保温、保湿，棚内温度保持在30~32℃，待秧苗出齐后撤去床膜；秧苗2叶1心期前，棚内温度应严格控制在25~28℃，如果超过30℃，要及时进行通风降温；秧苗2叶至3叶展开后为离乳期，应增加通风口，使棚内温度白天控制在20~25℃，晚间保持在10℃以上，做好温湿生态调控，以防止立枯病发生。

4. 遇低温冷害时应对技术

（1）物理措施。如遇较严重低温天气或春季霜冻，夜间于棚内每隔5m点1支小蜡烛或煤油灯，并在苗床表面覆盖一层地膜，待低温过后立即撤除地膜。如气温出现快速升高，要根据外界温度变化采取早通风和调节通风量（避免大风直接吹苗）、少量浇水或用遮阳网等苫盖挡光降温，使棚内温度缓慢回升，秧苗缓慢适应外界温度，并排出湿气，降低棚内温度，防止急剧增温叶片水分蒸腾过快造成损伤及出现病害。

另外，如果低温持续时间较长，可适时采用熏烟、电热线、三膜覆盖、棚外围挡稻草等酿热物等物理措施进行增温保温。通风时应注意大棚开口下方用编织物、塑料膜等挡住，避免大风直接吹到秧苗。

（2）化学措施。可喷施含有SOD酶的生物菌剂、防寒抗逆的微生物菌剂及恶霉灵·甲霜灵、精甲·咯菌腈等化学药剂，抑制病害的发生和致病菌的侵染，促进受损幼苗迅速恢复。另外，还可用磷酸二氢钾加防治叶瘟病的药剂进行叶面喷施，更好地促进受损秧苗恢复生长。

5. 喷送嫁药和施送嫁肥

在插秧前3~4d用芸薹素内酯（0.01%浓度的油剂稀释2 000倍）或碧护（0.136%浓度的粉末1g对水15kg）进行喷雾，同时可在苗床上施用80g/m²的磷酸二氢钾，使秧苗带磷下地，可有效提高秧苗抵御低温冷害的能力。另外，还可追施一次送嫁肥，更好地达到壮秧的目的。

（三）插秧期抗低温技术

1. 秧苗移栽

叶龄为3~4叶，且秧苗整齐一致，长势均匀又健壮时进行移栽可提高秧苗抵御低温冷害的能力。

2. 适当稀植

适当稀植，改善田间通风透光条件，可提高秧苗抵御低温冷害的能力，田间行穴配置以30cm×（14~16）cm为宜。

（四）本田期抗低温栽培技术

1. 营养生长阶段

（1）药剂喷施。在分蘖盛期用芸薹素内酯（0.01%浓度的油剂稀释2 000倍）或碧护（0.136%浓度的粉末1g对水15kg）等具备提高抗低温能力的药剂进行喷施，提高秧苗抵御低温冷害的能力。

（2）施肥管理。

①低温冷害预防性施肥措施。营养生长阶段采用"控氮增磷钾补微"施肥方式，氮肥用量比一般稻田减少20%~30%，磷钾肥增加20%~30%，以达到预防和抵御低温冷害的目的。具体措施为：整地前，亩（1亩≈667m²，全书同）施尿素5~10kg，普钙30~50kg，45%的复合肥（15：15：15）5~10kg；移栽后6~7d，及时追施分蘖肥，亩用尿素5~10kg、锌肥1~2kg、硼砂1~2kg。

②遭遇低温冷害后的施肥措施。营养生长阶段如遇低温冷害，不能在升温后马上施肥，避免将刚发的幼嫩新根烧死，加速秧苗死亡。可在叶面适量喷施硼砂、过磷酸钙、磷酸二氢钾等肥料，加速受损秧苗恢复，促进秧苗生长。

（3）抗低温水分管理。

①低温冷害预防性灌水措施。移栽返青后保持浅水层2~3cm；有效分蘖前以湿

为主，提高地（水）温，促进分蘖；有效分蘖结束后，生长繁茂地块立即排水晒田7~10d，控制无效分蘖。

②遭遇低温冷害后的水分应对措施。本田期间水稻营养生长阶段易遭遇延迟型冷害，易出现于移栽后初期，如遭遇低温冷害，应灌深水5~10cm调控水温，避免低温过后马上排掉田中水层，适度保持田间深水2~3d。

2. 生殖生长阶段

（1）孕穗期前后抗低温栽培措施。

①抗低温药剂喷施。在破口期用芸薹素内酯（0.01%浓度的油剂稀释2 000倍）或碧护（0.136%浓度的粉末1g对水15kg）等具备提高抗低温能力的药剂进行喷施，提高秧苗抵御低温冷害的能力。

②施肥措施。孕穗期不偏施氮肥，亩施硫酸钾10kg、磷酸二氢钾6~8kg，以提高生殖生长阶段的抗低温冷害能力，同时防止后期贪青晚熟。

③水分管理。减数分裂期对低温敏感，此阶段遇障碍型冷害（17℃以下低温）时，必须及时加深水层，深水15~20cm护胎保穗，御寒抗冷；抽穗开花期遇15℃以下低温时，须再次加深水层，深水10~15cm护根。

（2）灌浆期遭遇霜冻应对措施。

①烟熏法。根据天气预报预测有霜冻的夜晚，在稻田周边熏烟可有效地减轻和避免霜冻灾害。要重点抓住气温达到0℃以下来霜前1h内的关键时期点火熏烟，不能过早或过晚，应统一点火时间，合理布堆，每隔5m放置一处，最大限度地发挥烟熏法的效果。以在上风方向点燃效果最好，利用微风使烟幕均匀分布在作物上方，时间持续到太阳出来后仍有烟幕笼罩在地面，气温高于0℃为止。

②灌水法。灌深水是预防霜冻简易可行的方法，灌深水后可以减慢水稻夜间温度下降的速度，提高地温1~3℃，尽可能在霜冻发生前对田间灌深水15~20cm保温，使土壤温度、冠层温度维持较高水平，待霜冻过后要及时撤水晒田，保持泥温，减轻或避免霜冻危害（郭志富，2020年地方标准）。

第二节　玉米耐冷性研究

东北地区作为世界三大黄金玉米带之一，雨热同期，玉米的产量和单产水平较高，在我国的玉米生产中具有举足轻重的地位。东北春玉米区包括辽宁、吉林、黑龙

江、内蒙古和河北北部，是我国春玉米的主要产区。该区土壤肥沃，光、热、水资源
丰富且时空分布合理，与玉米生育期进程同步，生产条件最为优越，玉米种植面积及
产量占全国的40%以上。玉米是典型的喜温C4植物，在整个生长阶段均对低温表现出
较为敏感的特征，因此研究低温冷害对玉米生长发育的影响以及玉米耐低温栽培措
施，对于玉米产量的稳定和提高具有重要的意义。

一、低温冷害对玉米不同生长发育时期的影响

玉米是典型的喜温C4植物，生长发育期间经常遭受低温胁迫，表现出较差的早
期生长活力，导致玉米幼苗发育不良（Hope et al，1992）。玉米的最适生长温度在
22～28℃，但当温度低于15℃时，玉米的生长发育速度开始减慢，随着温度下降到
6～8℃时，玉米种子的萌发和幼苗的生长发育都会停止（Greaves et al，1996），如
若再出现更加极端的温度时，玉米植株的细胞、组织和器官等重要成分遭受到极其严
重的损害，无法进行修复（孙斌，2018）。

苗期冷害是指从玉米幼苗长出第一片叶到拔节的发育过程中遭到冷害，幼苗发育
迟缓或枯萎死亡，造成产量下降的一种冷害类型。开花期冷害是指玉米幼苗在授粉过
程中受低温冷害的影响，使花粉无法正常发育或者是无法正常授粉，导致植株上出现
空穗现象的一种冷害类型。灌浆期冷害是指玉米受精后遇到低温，导致光合过程受阻
且光合作用的产物无法正常运输，最终导致玉米籽粒不饱满，平均粒重降低的一种冷
害类型。

（一）萌芽期

萌发期低温冷害是指从播种开始至第一片叶子出土过程中遭受低温的胁迫，降低
了种子的发芽率和发芽势，减慢了种子的发芽进度的一种冷害。近年来，国内外众多
研究进展表明，在低温胁迫下，不同品系的玉米品种表现出不同的发芽特性。当温度达
到5～15℃时玉米种子才能够萌发，当温度低于5℃时，种子停止萌发。在低温环境下，
低温强度与种子萌发时间呈正相关关系，低温强度越大发芽时间越长（Huang et al，
2010）。此外，在低温条件下，随着种子发芽时间的延长增加了病原菌的入侵机会，
细胞膜的结构遭到破坏，改变了膜的通透性，加快了细胞内糖类、蛋白质等物质的渗
透速率，使土壤中营养物质增多，从而加快了真菌、细菌等微生物的繁衍，结果导致
种子发霉朽坏，显著降低了玉米种子的出苗率（李北齐等，2011）。

（二）幼苗期

玉米幼苗对于低温的感知十分敏感，特别是从自养生长阶段到异养生长阶段的过渡时期（Leipner and Stamp，2009）。在此生长过渡阶段，玉米会遭遇延迟型低温冷害，严重妨碍玉米的生长，造成植株低矮或叶片数减少等现象。Strigens等（2013）分别在两种环境（大田环境和室内温室环境）下的玉米苗期进行低温胁迫，研究结果表明低温对叶干重、茎干重、光合作用效率、叶片相对含水率等性状均造成了很大的影响。低温胁迫下，植株的根系发育和形态特征也会发生很大的变异，主根根长及侧根数量的减少，进而影响了根系对水分和营养物质的运输与贮藏。玉米苗期受到低温冷害时，植株表现出的特征通常是叶片枯萎、卷曲畸形、呈水渍状、幼苗低矮发育不完全等现象，温度过低时还会造成植株死亡。

这些研究结果表明，低温冷害不仅对玉米幼苗的高度、重量以及叶片的形状与数量等性状有巨大影响，而且对玉米根系的生长发育、水分的吸收及营养物质的转运等过程也产生了极大的阻碍。

（三）孕穗期

孕穗期要求日平均温度达到24～25℃，若温度低于20℃时会抑制花药的正常分裂。孕穗期遭到低温的胁迫会影响光合作用效率，产物供应减少，妨碍玉米雌花的分化，致使每个穗上的花数减少，不育花数量增多。低温冷害的时间越长，植株上越容易出现空秆，结果造成玉米减产。张德荣等（1993）通过利用人工温度调节器对玉米进行低温胁迫处理，发现低温胁迫明显地降低了玉米生长发育的速率，使整个发育期的时长向后延长（唐尧，2018）。最重要的是，孕穗期受低温胁迫导致的减产幅度最大。张毅等（1995）研究了在孕穗期的发育过程中玉米植株遭遇低温，对其果穗中含氮物质的含量变化程度的影响，研究结果表明，低温不但加速了营养物质的消耗，还积累了大量的有害物质，导致玉米的代谢过程遭到阻碍。

这些说明，在孕穗期发生低温冷害，会严重妨碍玉米雌花的分裂分化、延迟抽雄期，使玉米生长发育速度减慢，最终导致玉米产量大幅度降低。

（四）灌浆期

玉米灌浆期遇到低温冷害时，会使叶片的光合速率减慢，从而抑制玉米干物质的积累与运输过程，最终导致玉米籽粒产量下滑（王若男等，2016）。玉米植株在灌浆前期受低温胁迫影响最严重，胁迫时间越长对植株造成影响越大。另外，在灌浆期温度低于16℃时，玉米植株的灌浆全过程基本停止，并且低温对籽粒的伤害程度最高，会直接破坏籽粒的结构，还会对营养物质的代谢过程产生直接影响（张毅等，1995）。

综上所述，低温冷害对玉米生长发育的影响主要表现在低温通过降低光合作用强度而降低玉米的生长速度，进而减少玉米植株的生物量，延缓生育进程，阻碍玉米雌穗、雄穗发育、延缓玉米灌浆速度，最终导致玉米产量的降低和品质的下降。

二、低温对玉米生长发育的影响

玉米的低温胁迫耐受性是由多基因控制的数量性状，在耐寒性种质资源发掘时，玉米的耐寒性不能仅仅只由单一性状来呈现，而是通过鉴定多种生理生化指标来使耐寒性的鉴定成果更加牢靠（王腾飞，2017）。

玉米通常在苗期和生育后期发生冷害的可能性较高且危害一般较大（谭振波，2002）。许多学者研究了不同低温胁迫条件下玉米各个生育期内各类生理生化指标的变化，为改善玉米耐寒性给出了重要的理论依据。在遭遇低温后，植物外部表型通常为叶片呈现褐变，呈现出水渍状，伴随着萎蔫皱缩和显而易见的冻害斑点（王毅等，1994）。此外，也会造成植物幼苗偏弱、生长过程变缓或者凝滞、产量变少和植物品质变差等（王芳，2017）。

作为植物的功能器官，根系的良好与否对植物的影响很大，根系正常的生理功能受很多要素决定，温度是其中之一，而且根系的生长状态和低温胁迫有着密不可分的关系（崔翠等，2012）。

低温胁迫下植物叶片萎蔫凋谢，在低于最适生长的温度条件下，植物根系的生长会呈现出一系列的生理生化调整和外部形态变化，通常为水分运输遭到阻碍和代谢失去平衡，导致营养器官中可溶性碳水化合物的大量堆积。由于土壤温度降低，根系导水率下降，导致植物地上部分的水分匮乏。研究发现，低温可以限制根系对水分的汲取，最明显表现就是叶片失水，暗示了植物的抗低温胁迫能力与植物汲取水分的能力关系密切。

在植物正常生长条件下，植物细胞在分子氧单电子还原过程、酶催化反应过程和低分子量化合物的氧化过程中会有超氧阴离子自由基、羟自由基（-OH）以及H_2O_2的产生。然而，随着胁迫的进一步加重，植物就会产生活性氧，最终，活性氧会对植物的生理功能造成破坏，对植物抗氧化系统的SOD、POD、CAT等活性氧清除剂的含量、结构造成威胁，导致膜系统的稳定性受到干扰、膜脂过氧化以及破坏膜结构，对植物产生极其严重的伤害甚至死亡。

渗透调节物质作为细胞的一种保护物质存在，其含量与植物抗逆性之间表现为正相关关系。植物遭遇低温胁迫情况时，植物体通常依靠其体内的防御机制来调节控制各种生理代谢过程，并经由渗透调节物质的存在来减小甚至消除逆境胁迫给植物带来的损害。

（一）低温对玉米株高的影响

在玉米育种中，玉米株高是重要的农艺性状之一。此外，由于玉米株高性状在不同的生长时期均表现出显著的发育特征，也是发育生物学研究中理想的模式性状之一。同时，一般情况下，株高性状受环境影响不大，且具有遗传力高、杂种优势强的特性，也可作为探究杂种优势遗传机理的理想性状之一。前人以表型研究为出发点，提出玉米植株过高会对栽培密度、抗倒伏能力、收获指数造成影响，过低又会使植株易受病虫害侵染、田间通透性降低，对光合作用产物向穗部的运转效率造成不利影响，最终降低生物产量（郑雷，2016）。

玉米株高会对光在群体冠层中的合理分布、植株的截光能力和群体光能的利用率造成影响。而且，相关研究发现，在一定情况下，玉米单株产量与株高表现出显著的正相关性。此外，耐密性的改善对玉米产量增加的重要程度大于仅仅单株产量的提高，然而，当处于高密度环境下，植株竞争有可能造成玉米株高的增大，进而对玉米的抗倒伏能力造成不利影响。

近年来，因为数量遗传学和分子标记技术的迅速发展，使得农作物重要农艺性状研究的进行更为系统和便捷。此外，由于株高是受主效基因和微效多基因共同控制的数量性状，加之其测量及获取观测值便捷且准确，所以很多研究中对株高的表型和遗传机理开展了广泛的研究和探索。前人的研究发现，低温胁迫下玉米杂交种苗高生长受到抑制，表明低温胁迫对玉米幼苗正常生长有着显著的约束作用。玉米苗期株高受低温胁迫影响较为明显，随着温度的升高幼苗株高有增加的趋向（张红颖，2015）。也有研究指出，在温度较低时，玉米植株矮小，当温度达到22.5℃以上时，玉米幼苗株高明显增高，而当温度区间在27.5～32℃时，幼苗株高达到最高值（王洪刚，2008）。然而，直到目前，尽管对于株高QTL定位的研究已有许多报道，但多数为对玉米株高性状的遗传探索，仍大部分集中于对表型方面的遗传研究，而控制玉米在低温下株高杂种优势位点的报道仍旧较少。

（二）低温对玉米根系发育的影响

玉米作为短日喜温作物，对温度要求较高。根系是玉米重要营养器官，低温对苗期根系生长的影响关系后期生育和产量形成。幼苗期玉米极容易受到春季低温冷害影响，苗期根系生长状况与活跃度直接影响玉米生长发育与产量构成。低温限制玉米的根系生长状态和生理功能，对玉米生长构成胁迫。

根系是激素类物质合成的场所，是其生长活跃的代谢器官，同时根系作为植物重要的汲取养分的器官，它的生长是否良好直接决定了植物对水分、营养物质和矿质元素的汲取，从而影响植株地上部分的品质和产量，而根系和温度条件息息相关。在低温条件下玉米的根系形态通常会表现出较大的变化，一方面，玉米根冠细胞的增殖速率被削弱，生理功能遭遇低温作用，致使玉米根系生长迟缓；另一方面，受到苗期低温胁迫时，与对照组相比，玉米幼苗的根表面积、根体积和总根长均显著较低，不过不同玉米品系的总根长和侧根长对低温的胁迫反映程度表现出较大差异。

在某些低温处理区间内，玉米幼苗的主根长、侧根数量随着温度的下降表现出递减的态势。此外，低温通过改变玉米幼苗根系活力来干扰玉米对养分、水分的汲取。将玉米幼苗进行低温胁迫，发现玉米幼苗根系活力随着温度降低而降低。另外，低温也会影响土壤的温度，从而改变土壤微生物活动。过低的土壤温度所造成的土壤缺氧会阻碍玉米根系对养分的汲取利用，玉米根系的状态是否良好以及根系的活力水平将对玉米植株地上部分的结实造成重要影响。

姜辉（2016）研究发现，当玉米幼苗遭受到低温胁迫，根表面积在前期增大趋势明显，而在后期增长趋势逐渐放缓，表明前期玉米幼苗通过控制根系的生长抵御低温胁迫，从而对幼苗水分和营养物质的吸收有重要的作用。

研究发现，随着胁迫时间延长，不同温度处理下SOD、POD活性及MDA含量相比对照均呈上升趋势，低温胁迫下，幼苗根系生长受到抑制，但耐低温品系自身调节能力较强，通过内源激素调节可保持根系正常生长，其中ABA在缓解低温胁迫伤害中起关键作用。

三、低温冷害对玉米生理生化指标的影响

（一）低温细胞膜透性的影响

细胞膜是一个随外界环境变化而变化的动态平衡体系。正常的细胞膜处于流动的液晶相状态，零度以上的低温能使细胞膜从液晶态变为凝胶态，膜蛋白出现解离，细胞膜产生龟裂，细胞受损伤，引起细胞质外渗打破离子平衡，代谢紊乱，最终导致植株死亡。植物在低温下，质膜会通过改变碳原子的数目和碳—碳双键数量来维持细胞膜的结构和功能，使植物适应低温环境（李茜，2001；Baid，1994）。低温能改变玉米幼苗叶细胞的通透性，透性大小的改变与外界温度成反比和作用时间成正比；温度越低，细胞膜损伤越严重，细胞膜透性越大（姜亦巍，1996）。于龙凤等（2011）将

不同品种的玉米幼苗置于5℃和10℃的低温下胁迫4d，结果表明，电导率的大小随温度的降低而增大，与品种无关。在低温下，Ca²⁺、BR可以通过维持生物膜的正常结构和功能来提高玉米幼苗的耐寒性。受低温的影响细胞膜的透性发生变化，种子在吸水过程中，细胞液组分外渗，从而使得玉米的发芽率和出苗率降低。抗寒性强的品种在低温条件下，渗透率较低，质膜相对稳定。

（二）低温对呼吸作用的影响

在低温下，线粒体的双层膜受到破坏，氧化磷酸化解偶联，无氧呼吸比重增加。有研究者在研究低温对玉米幼苗线粒体功能与结构的影响时发现，将玉米幼苗在6℃低温下处理1周时，线粒体出现膨胀受到轻微损伤，呼吸作用略有下降；2周时，线粒体显著膨胀受到严重损伤；3周时，线粒体内脊膜解体，呼吸作用显著下降（高吉寅，1984）。研究者以玉米龙单3号为材料，在研究低温对玉米呼吸作用影响时发现，经10℃和14℃低温处理的二叶期玉米苗的呼吸强度比在18℃处理下分别低36.3%和22.6%；灌浆期分别置于11℃和14℃下处理的呼吸作用比19℃下处理分别低35.4%和25.8%（李月梅等，1991）。如果植株长时间受到冷害，体内的乙醇、乙醛类物质的含量就增加，从而对植株产生毒害作用。在低温下，Ca²⁺可以维持线粒体膜的稳定性，使玉米幼苗在低温下有较高的呼吸效率和呼吸控制比。

（三）低温对光合作用的影响

叶绿体对低温的敏感度比线粒体要高得多。低温下，植物的光合速率明显下降，下降程度与低温持续时间和低温程度相关。王连敏等（1999）在研究低温对玉米苗期光合作用影响时指出，低温影响叶绿素的合成，温度越低，叶绿素含量下降越明显，光合作用受阻，最终引起玉米减产。陈梅等（2012）以三叶期玉米（川单25号）为材料，研究了低温对玉米幼苗叶片叶绿素荧光参数的影响，结果表明在低温胁迫下，玉米幼苗叶片光系统Ⅱ（PSⅡ）中的潜在光合效率（Fv/Fo）、最大光化学效率（Fv/Fm）、光能利用效率（α）、最大相对电子传递速率（$rETRmax$）等显著降低；电子传递速率（ETR）、PSⅡ光下实际光化学效率也同时下降。

（四）低温酶活性的影响

在正常情况下，活性氧是电子传递中的一种代谢产物，一般是处于一种动态平衡状态，对植物没有影响。在低温下，植物体内的过氧化氢（H_2O_2）、羟基（-OH）和超氧化物的阴离子（O_2^-）等活性氧明显增加，破坏超氧化物歧化酶（SOD）、过氧化物酶（POD）、过氧化氢酶（CAT）等活性氧清除剂的含量、结构，影响了膜系统的稳定性，最终导致膜脂过氧化，破坏膜的结构，对植物产生极其严重的伤害（赵天宏等，2008）。张毅等在研究低温对雌穗作用时表明，10℃的低温会导致玉米雌穗SOD含量下降，清除自由基的能力下降，质膜过氧化终产物MDA含量增加，对质膜产生直接的伤害作用，且随处理时间的延长，植物受伤害的程度增加。有研究表明，在低温环境下，植株体内的POD、CAT、SOD含量降低，MDA含量显著升高（Fryer，1998）。徐田军等（2012）研究了低温下聚糠萘合剂（PKN）对玉米幼苗抗氧化酶活性的影响，结果表明在低温下，PKN处理的郑单958和丰单3号的SOD、CAT、POD活性比对照分别高了292.59%、295.07%、632.98%和360.54%、265.45%、254.55%，表明PKN能提高植物的抗寒性。低温胁迫下，当玉米植株内的SOD活性下降时，膜脂过氧化产物MDA积累，电解质外渗率增加，且不耐寒品种比耐寒品种表现更为明显，因此，SOD含量的降低和MDA含量的增加可以作为玉米低温伤害程度的重要指标（孙凡等，1991）。

四、玉米耐冷性鉴定方法

耐冷性鉴定研究对于筛选优良耐冷玉米种质资源和耐冷性生理机制的研究具有重要的指导意义。在现代技术的研究中，关于鉴定玉米耐冷性的方法分为田间鉴定法和室内鉴定法两类。根据评价指标的不同，玉米萌发期耐冷性鉴定方法又可以分为直接鉴定法和间接鉴定法。

（一）田间鉴定方法

田间鉴定方法一般是调节玉米的播种日期，在自然低温胁迫的环境下，凭借相关性状在不同玉米品系之间表现出的耐冷性差异，进而完成对不同玉米品系的耐冷性鉴定与评价。例如根据玉米的相对出苗率、相对出苗指数、生长速度和产量等形态学指标的变化来衡量不同品系的耐冷性强弱。另外，也可以根据叶绿素相对含量、膜质通透性、光合作用效率等生理生化指标的变化进行耐冷性鉴定（Reena et al，1997）。虽然田间鉴定法的外界环境条件难以控制，受季节性的干扰，试验重复性较差；但是该方法更接近于大田的实际状况，与育种方法和实际生产的联系比较密切。

（二）室内鉴定方法

室内鉴定方法是指在实验室内利用人工温度调节器，通过模拟外界的低温环境，在不同温度下对不同时期的玉米植株进行耐冷性鉴定。该方法不受季节性干扰、方便、结果准确，温度条件易于调控，可以准确地对玉米各生育阶段的相关性状和生理生化指标进行耐冷性鉴定与研究。然而，室内鉴定法无法估计环境与基因型之间的互作效应。到目前为止，室内鉴定法是一种探究并了解植物耐冷性性状和机理的策略与方法。

（三）直接鉴定法

直接鉴定法主要考查种子萌发不同时期生长发育状况、生长量以及达到不同生长发育阶段的时间，如发芽率、出苗率、根长、茎长、根茎鲜重、干重等这些可以直接观察或者简单测量即可获得的指标。

（四）间接鉴定法

间接鉴定法是对与玉米耐冷性相关的生理生化指标进行测定，如相对电导率、酶活性、代谢物质含量等。这些指标的测定涉及一系列的化学和物理过程，需要借助电导率仪、分光光度计、液相色谱等仪器设备，这些试验过程相对于直接鉴定法较为繁琐，耗时较长，进行大批材料鉴定时应用起来比较困难。

五、玉米群体遗传学在耐低温相关研究中的应用

群体遗传学最早起源于英国数学家哈迪和德国医学家温伯格于1908年提出的遗传平衡定律。以后，英国数学家费希尔、遗传学家霍尔丹和美国遗传学家赖特等建立了群体遗传学的数学基础及相关计算方法，从而初步形成了群体遗传学理论体系，群体遗传学也逐步发展成为一门独立的学科。群体遗传学是研究生物群体的遗传结构和遗传结构变化规律的科学，它应用数学和统计学的原理和方法研究生物群体中基因频率和基因型频率的变化，以及影响这些变化的环境选择效应、遗传突变作用、迁移及遗传漂变等因素与遗传结构的关系，由此来探讨生物进化的机制并为育种工作提供理论基础。从某种意义上来说，生物进化就是群体遗传结构持续变化和演变的过程，因此群体遗传学理论在生物进化机制特别是种内进化机制的研究中有着重要作用。

（一）QTL定位在玉米耐低温研究中的应用

QTL是Quantitative trait locus的缩写，中文可以翻译成数量性状座位或者数量性状基因座，它指的是控制数量性状的基因在基因组中的位置。对QTL的定位必须使用遗传标记，人们通过寻找遗传标记和感兴趣的数量性状之间的联系，将一个或多个

QTL定位到位于同一染色体的遗传标记旁，换句话说，标记和QTL是连锁的。近几年QTL定位已被广泛应用在人类基因上，与疾病有关的基因定位甚多；植物上，模式植物抗逆性基因的定位较多。尽管相关控制玉米产量、品质、抗逆性及很多关键农艺性状的QTL定位研究已获得了显著的进展，然而全球范围内玉米耐冷遗传研究和数量性状基因定位报道仍旧匮乏。

Hund等（2007）通过Lo964×Lo1016所构建的168份$F_{2:4}$群体的研究发现了控制玉米苗期的4个发芽性状和2个萌发性状的20个QTL，其中处于5号染色体上的QTL被认为是一个主效QTL，萌发指数和初生根可解释的表型变异率分别为12%和14%。Leipner等（2008）对玉米收获期低温所引起的生长迟滞对玉米总产量的影响进行了研究，并将花期和苗期形态生理性状所发现的染色体区域以及它们之间的关系与此前同一群体的苗期所发现的控制光合特性和形态生理的QTL进行比较。研究发现，控制花期的QTL与控制植物株高和穗的QTL有着显著地关联性。然而，收获期与苗期QTL比较后发现，只有少数几个相同的QTL被发现。位于3号染色体上的基因多效性被发现，即在温暖环境下生长的苗期幼苗的光合作用表现对收获期的株高和部分生物质量有着明显的促进作用。遗憾的是，玉米苗期的高耐冷性似乎对产量没有明显影响。Hu等（2017）对B73×Mo17所构建的243份重组自交系进行低温下萌发力的QTL分析，结果表明，不论是在低温下（12℃/16h，18℃/8h）还是常温下（28℃/24h），两亲本之间在萌发相关性状上均表现出明显的差异。随后，发现了最适温度下控制萌发率的3个QTL和6个低温下控制萌发率的QTL，分别位于4号、5号、6号、7号和9号染色体上，单个QTL可解释的表型变异率在3.39%～11.29%范围内。此外，低温下控制主根长度的QTL分别位于4号、5号、6号和9号染色体上，单个QTL贡献率在3.96%～8.41%。Fracheboud等（2004）对一个$F_{2:3}$群体在25/22℃和15/13℃条件下的叶绿素荧光参数、CO_2交换率、芽干物质量、芽N含量进行了测定，在25/22℃和15/13℃控制条件下分别发现了18个和19个控制9种性状的显著的QTL。其中，一个光合作用相关的主要QTL被发现，低温下光合抑制的表型贡献率为37.4%，并在其他6种性状种的表达中也有明显参与，暗示了光合抑制是玉米低温生长的一个重要影响因素之一。此外，2号染色体上的一个QTL与前人研究所发现的QTL相吻合，揭示了不同玉米种质资源在耐冷方面也有相同的遗传基础。Sobkowiak等（2014）使用一个特别为玉米低温光合作用QTL定位所构建的群体进行定位，可以更直接的使现有的转录数据与前人的QTL定位结果进行更为直接的比较。耐寒性较高的ETH-DH7家系与冷敏感的ETH-DL3家系经过14h 8/6℃冷处理后，三叶期玉米第三叶的转录组活性非常强烈，且持续反应很强。在控制质膜和细胞壁表达方面发现20个基因，它们仅仅在ETH-DH7家系中被诱导表达。这些基因分别对应不同的反应，一些基因与前人研究所发现的QTL区域非常接近。Rodriguez等（2014）使用耐冷性强的EP42与冷敏感的A661杂交所构建的分离群体，进行QTL分析来揭示玉米耐冷性的遗传基础。试验是在15℃低温和25℃对照温度的条件下进行的。低温明显降低了苗期玉米的芽干重、存活率、psⅡ的电子传递效率并提高了花青素含量。在低温下和常温之间，各性状表现出了很低的相关性。试验共发现了10个QTL，其中，6个QTL控制常温下性状，4个QTL控制低温下性状，并发现在2号、4号和6号染色体区域上的低温下控制苗期玉米生长的QTL是最有可能成为未来玉米分子标记辅助育种的可能区域。

然而，也有研究发现，在田间低温条件下苗期生长的QTL与收获期QTL比较分析发现，光和相关性状和生物学相关性状如芽干重，第三叶的叶面积，C、N的浓度和C、N比，在苗期的这些性状不会造成收获期产量的提高。考虑到有收获期和苗期QTL的相互重叠，可能玉米的补偿容量非常高，以至于后期生长阶段的环境条件也许对生物质量的积累起着决定性的作用，此外，较高的叶绿程度和较高的光合利用效率也许对最终的生物质量有着副作用。造成这种现象的原因可能是耐冷性的遗传调控在不同的生长阶段可能是相互独立的，也许可以用来解释在苗期的耐冷性QTL与其他不同的生长阶段所定位到的QTL位置不同。此外，天气条件可能对玉米的生长起到主要的作用。当有严重的干旱灾害发生，干旱胁迫相关的影响因子在玉米苗期的形态建成上对产量的影响可能效应大于低温的作用。

（二）全基因组关联分析（GWAS）在玉米耐低温研究中的应用

全基因组关联分析，缩写是GWAS（Genome-wide association study），又称关联作图（AM）。全基因组关联分析技术最开始是应用于人类遗传疾病方面的研究领域，伴随着SNP（单核苷酸多态性）标记在植物中的广泛应用，关联分析成为植物中主要剖析遗传结构的方法。截至2012年，主要是研究植物中目标性状相关的候选基因（Candidate genes）所形成的一整套的分子标记（李晓阳，2018）。关联群体完全是由纯合的自交系所构成，并且分布广泛，包含多个亚群结构和不同的血缘系统（杨小红等，2007）。

关联分析按照扫描范围的限度可以分为两种途径：一种是候选基因关联分析，另一种是全基因组关联分析。前者是在基因组序列的水平上，将突变基因从种质品系资源中筛选出来。后者通过找到大量的SNP位点，对基因进行分型，找到调控表型变异的主效基因或者显著SNP位点（陈阳松，2017）。全基因组关联分析最开始是应用于人类遗传疾病方面的研究，自从Goodman等在2001年首次利用关联分析法鉴定出与玉米花期的性状变异相关的多态性位点，后来，关联分析法在植物界（自然群体或人工群体）研究试验中广泛应用。近年来，随着基因组测序工程的迅速发展，以及SNP分子遗传标记的挖掘，使得GWAS成为研究植物群体遗传变异及挖掘基因的强有力的工具（周清元等，2019）。

关联分析是一种基于连锁不平衡（LD）的用于鉴定目标性状与候选基因关系的分析方法，可分为全基因组关联分析和候选基因关联分析。与传统的连锁分析相比，关联分析具有以下优点：一是定位精度高（可达到单基因水平）；二是群体为自然群体，不需要构建专门的定位群体，故定位周期短，且具有丰富的遗传多样性；三是材料广度大，不只局限在2个亲本的后代作图群体中，可同时对多个等位基因进行检测。在玉米中，连锁分析与关联分析结合克隆到了许多与开花期、叶夹角、叶片面积和抗病性相关的基因，这些结果表明这些性状由许多微效基因控制（Tian et al，2011）。Li等（2013）利用GWAS定位到了74个SNP位点与玉米籽粒油分和脂肪酸含量相关；Strigens等（2013）利用GWAS检测到19个与玉米耐冷显著相关的SNP位点。黄娟（2013）利用GWAS的分析方法找到了43个与苗期耐冷相关的SNP位点。

在现代农业生产中，GWAS技术已经广泛应用到植株遗传控制和育种相关性状研究试验中，吴律等（2017）利用50份玉米自交系群体作为关联群体，对玉米行粒数进行GWAS分析，最后共筛选出4个与玉米行粒数显著关联的SNP位点。Huang等（2013）为了评估玉米自交系的耐冷表现，所以研究了10个耐受性指数，指的是与幼苗有关的性状在低温胁迫和对照条件下的表型变化和发芽率等10个耐冷指标，从而可以很好地将种子的苗期和萌发阶段的冷害耐受性解释出来。利用的是125个玉米自交系组成的种质群体对其进行GWAS，总共发现43个与耐冷性相关的SNPs，其中没有一个是与萌发期和幼苗期的耐冷性同时相关的。相关分析还表明，萌发期的耐冷性遗传基础与苗期不同。另外，还初步预测和研究了40个基因的功能，并根据其代谢途径分为5类，分析了候选基因在耐低温方面可能发挥的作用。Alexander等（2015）利用375份玉米自交系，在不同试验条件下，以玉米苗期生长阶段和叶绿素荧光参数作为分析指标，鉴定到了19个与耐冷性相关的标记，能够解释5.7%～52.5%的表型遗传变异。路运才等（2015）同时利用700余份玉米自交系和RILs群体，以玉米低温下萌发为指标，分别在第1号、4号、8号染色体上找到了耐低温萌发的候选基因。Hu等（2016）在8℃低温胁迫下，利用282份自交系，以发芽率、发芽50%所需天数和发芽指数作为鉴定依据，利用2 271 584个SNPs位点，共鉴定到17个相关位点，其中7个SNPs位于候选基因上，4个SNPs与候选基因距离小于366kb，最终确定了18个候选基因。Yan等（2015）利用338份测交材料，共鉴定到了32个显著位点和36个胁迫抗性相关基因，其中10个基因表达受低温胁迫诱导。

六、玉米耐冷相关基因发掘与功能研究

冷驯化涉及转录因子和效应基因的精确表达调控，这种调控发生在转录水平、转录后水平和翻译后水平。许多冷调控基因启动子区含有顺式作用元件，如脱水响应元件（A/GCCGAC）和ABA响应元件（ACGTGGC）等。此外，低温胁迫调控裂原活化蛋白激酶途径中的不同激酶的表达和活性。低温胁迫下，ROS激活AtMEKK1/ANP1（MAPKKK）-AtMKK2（MAPKK）-AtMPK4/6（MAPK）裂原活化蛋白激酶级联放大对植物冷驯化来说是必须的。

Frachebound等构建重组近交群体，并在Chr2的QTL重叠区上预测到一个可编码腺苷二磷酸葡萄糖焦磷酸化酶的候选基因*agp2*。Yang等采用cDNA-AFLP技术对玉米不同低温胁迫处理下的差异表达基因进行了分析，筛选并克隆到*ZmMAPKKK*、*MmCLC-D*和*ZmRLK* 3个抗冷相关基因的cDNA全长。部分玉米抗冷基因已经进行了转化和克隆，其抗冷性得以表达。研究结果表明将抗冷基因*ZmRLK*转化拟南芥并进行功能验证，结果表明过表达*ZmRLK*能提高植株对冷胁迫的耐受能力。采用qRT-PCR方法分析*JMJ15*基因在玉米冷响应过程中表达水平的动态变化，结果表明*JMJ15*基因为玉米冷胁迫相关基因。对转基因拟南芥与野生型拟南芥进行低温处理，结果表明转*JMJ15*基因的拟南芥比野生型拟南芥更抗冷。通过对转基因拟南芥进行表型观察及生理指标测定，结果显示在非生物胁迫下转*ZmMAPKKK*拟南芥的生长状态均好于对照；冷处理下POD、SOD、CAT、MDA的测定均表明转基因拟南芥与野生型相比更加抗逆。结果表明该基因的转入在一定程度上提高了拟南芥对低温和干旱等逆境的耐受能力。通过构建*ZmCyp40*基因的过表达载体，并获得了*ZmCyp40*基因过表达拟南芥株系。拟南芥种子萌发分析表明，过表达拟南芥对4℃处理不敏感，说明*ZmCyp40*过表达拟南芥在萌发阶段耐冷性高于突变体和野生型拟南芥。抗冻性分析表明，过表达拟南芥相比野生型和突变体有更强的抗冻性。冷相关生理指标测定结果表明，过表达*ZmCyp40*基因提高了拟南芥植株对冷胁迫的耐受力。

七、玉米耐冷组学研究

（一）RNA-seq方法在玉米抗冷研究中的应用

目前转录组测序技术已经广泛应用于医学、药物研究和农业科学等基础研究领域。玉米是我国目前种植面积最大的作物，玉米作为重要的食品、饲料和工业原料，对人类的生产和生活发挥重要作用。因此，研究玉米在特定条件下的基因表达模式，对于开发和利用玉米种质资源十分必要。

第二代DNA高通量测序技术为更好地理解低温胁迫下适应低温的分子机制、定位以及转录组测序提供强有力的工具。与基因芯片分析相比，RNA-seq分析对于低背景信号的已知的转录本和新基因更具优势，并且具有高适应性。因此，RNA-seq分析成为分析许多植物物种在不同的生物及非生物胁迫下的分子机制及转录响应的有效工具。

转录组测序成为分析不同物种在不同生物和非生物胁迫下基因表达、分子机制和转录的有效工具。已有学者将转录组测序应用到玉米低温胁迫相关基因的挖掘中。Li等（2015）在30份玉米自交系中筛选到了1份高度耐冷和1份高度冷敏感的材料，通过转录组测序来分析冷胁迫前后基因表达情况。共有19 794个表达基因被鉴定到，其中有4 550个差异表达基因，在这些差异表达基因中，948个基因是在株系间稳定差异表达的。这些基因富集在结合功能（DNA结合、ATP结合和金属离子结合）、蛋白激酶活性和肽酶活性上。He等（2016）利用转录组测序分析了低温胁迫下的玉米胚发育和损伤机制，利用5℃处理种子2h，测序分析发现，与对照相比，327个DEGs被鉴定到，15个与质膜相关的特异表达基因功能集中在脂质新陈代谢、胁迫、信号传递和转导上。这些基因在低温胁迫下大多数是下调表达。25℃复苏后，共873个DEGs被检测到，其中15个编码细胞内液泡运输蛋白基因的差异表达极其明显。Fenza等（2016）利用不同低温处理4份玉米种质：耐冷玉米自交系Picker和PR39B29、冷敏感玉米自交系Fergus和Codisco，转录组测序发现64个在耐冷自交系中差异表达的基因，而在冷敏感自交系中并未发现差异表达基因。

（二）蛋白质组学技术在玉米抗冷研究中的应用

玉米育种者面对的主要挑战是低温响应机制的复杂性。尽管广泛的研究专注于利用分离群体、表观遗传学、转录组、分子生物学来研究玉米低温胁迫，然而，玉米低温胁迫的分子机制还有待进一步的阐明。蛋白是生命的基本物质和生命活动的具体实践者。虽然转录组分析对揭示低温胁迫的分子机制非常有用，由于多种因素的存在，比如翻译后修饰等，mRNA的转录水平不能很好地预测相应蛋白质的丰度。因此，蛋白质组学的研究有助于揭示低温胁迫下玉米叶片复杂的变化，同时为玉米低温胁迫响应以及挖掘更多的冷响应基因提供了新的信息。

Zhang等（2017）利用iTRAQ技术检测低温（2℃）处理5d后矮牵牛（Petunia）幼苗蛋白谱的变化情况，结果显示2 430个蛋白被识别，低温处理后共识别117个差异丰度蛋白。通过对植物蛋白质组学的研究，不但可以发掘新的冷响应蛋白，同时在蛋白质水平增加了对低温响应机制的理解。王晓宇等（2016）为了进一步阐述玉米叶片低温胁迫响应的分子机制，基于iTRAQ策略的比较蛋白质组学用于比较低温和对照之间的差异积累蛋白质。173个DAPS被识别，其中，90个DAPS上调积累，83个DAPS下调积累。生物信息学分析表明159个DAPS注释到38个GO功能组，108个DAPS被分为20个COG类别，99个DAPS分别注释到60个KEGG代谢通路。

八、玉米抗冷栽培措施

（一）合理的耕作栽培模式

选用耐低温品种，严禁越区种植、适时播种，种子播前低温锻炼、适时播种、地膜覆盖，增施磷钾肥等栽培措施，合理耕作和田间管理，如及时除草、间苗、除蘖、垄作、秸秆还田等。

（二）抗冷性品种的选育

提高玉米的耐冷性可使玉米在早春播种，提高产量。Landi等（2004）用轮回选择方法筛选出比亲本自交系抗寒性更强的自交系，这表明利用育种方法能有效改良玉米的抗寒性。近20年来，随着植物分子生物学技术的发展和应用，对作物遗传育种产生了极其深远的影响。生物技术与常规育种技术的有机结合正孕育作物遗传育种的第三次技术突破。农作物分子育种学，已成为作物遗传育种学新的生长点，研究范围包括转基因育种和分子标记辅助育种。转基因技术的应用，使优良的基因在动植物和微生物之间进行交流，弥补某些遗传资源的不足，丰富种质库。

转基因技术在农业上取得了巨大进展，科研人员可在短时间内培育出抗冷性强的品种。目前，玉米转基因方法主要有农杆菌介导法、基因枪法、花粉管通道法、超声波介导法、电击法、阳离子转化法等，如美国得克萨斯大学试验站的Prodi Gene公司通过电击法把抗冻蛋白AFP基因导入玉米原生质中并获得表达。AFP可以降低原生质溶液的冰点、抑制重结晶、修饰胞外冰晶的生长形态、保护细胞膜系统、调节原生质体的过冷状态等，使植株具有一定的抗冷性。Georges等（2013）将人工合成的冬比目鱼抗冻蛋白基因与35S启动子和Cat基因构建成pGC250载体，通过电击法成功导入玉米细胞内。Shou等（2016）和Breusegem等（2014）分别将烟草中的MAPKKK（NPKI）、MnSOD和FeSOD基因导入玉米中，Quan等（2016）将大肠杆菌中的胆碱脱氢酶betA基因导入玉米中，都成功培育出抗冷性强的转基因玉米品种。

（三）植物保护剂的应用

低温胁迫下，精胺对作物具有保护作用，可提高玉米的抗冷性。镧系金属、壳聚糖、雄酮、Ca^{2+}、SA、GB、BRs、多效唑、嘧啶醇、乙烯利、矮壮素、肌醇、钾肥等的应用都能提高玉米的抗冷性。

第三节 小麦低温耐受性研究

东北麦区主要包括黑龙江省、吉林、辽宁全境及内蒙古东四盟地区。近10年来，东北春小麦生产主要集中在黑龙江省北部与内蒙古呼伦贝尔地区，该区地处大兴安岭沿麓，为强筋小麦优势产业带。属典型"雨养农业"旱作区，小麦生育期间降水量常年在300～400mm。耕作制度为"一年一熟"制，前茬多为大豆、油菜、玉米及休闲夏翻地等。主要以生产强筋小麦为主，年均种植面积66.67万～80.00万hm²，占东北小麦播种面积90%以上。小麦年均单产水平在3 900～4 200kg/hm²，总产一般在300万t左右。由于地处高纬度地区，受倒春寒等低温天气的影响，东北地区小麦冷害和冻害时有发生，严重影响东北地区小麦的产量。对东北地区小麦耐寒性进行系统研究，有利于小麦产量的稳定和提高。

一、低温对小麦形态的影响

低温胁迫对处于穗分化前、后期植株形态所产生的影响不一。小麦遇低温时，穗分化处于二棱期—小花分化期，或小花分化期—雌雄蕊分化期，后者受低温胁迫的影响较重。小麦各品种田间均有不同程度的冷害表现，部分叶片边缘发黄变枯，个别有红斑出现，局部坏死；甚至出现萎蔫，个别品种有叶片下垂披散现象。可见，穗分化不同阶段对低温的敏感程度不同，对品种的引进与选择时需要对其特性及栽培措施进行甄别。

孕穗期是小麦营养生长和生殖生长并进时期，含水量高，组织幼嫩，抗寒性低。若气温低于5℃，小麦就会出现幼穗死亡、白穗及半截穗的现象，影响穗粒数和籽粒产量。

旗叶作为小麦生长发育后期的主要功能叶，旗叶卷曲的小麦比旗叶不卷曲的小麦的穗粒数显著减少，单穗重明显降低，冷害导致的旗叶卷曲会对小麦产量产生不容忽视的影响。此外，温度通过影响雌雄蕊分化进而影响小麦穗粒数的形成，由于冷害导致旗叶受到伤害以及由此带来的其功能下降和同化产物积累受到影响。

二、低温对小麦生理生化的影响

（一）低温对小麦细胞膜及其相关物质的影响

植物体感受低温的部位是细胞膜，细胞膜是生物体和细胞器与环境之间的界面结构，在维持植物体正常生理生化过程中起着重要作用。前人研究结果表明，临界低温会引起膜脂的相变，使膜从流动液晶态转变为固态、凝胶态，造成膜收缩，而这种变化的结果会引起细胞膜透性的增加及膜酶和酶系功能的改变，导致细胞代谢的变化和功能紊乱，最终造成对植物体的伤害。另有研究表明，冰冻损伤不是首先引起质膜膜脂的变化，而是首先破坏了质膜上的主动运输体系，推测是ATP酶。

1. 脂肪酸的不饱和度和类型

膜脂脂肪酸的不饱和程度与小麦的抗寒性存在明显相关。这是因为增加膜脂中不饱和脂肪酸含量就可以降低相变温度，增加膜脂的流动性，从而有利于膜脂在低温下的稳定，提高小麦的抗寒性。利用抗寒性强的东农冬麦1号和抗寒性弱的济麦22的对比试验结果表明，东农冬麦1号分蘖节脂肪酸的不饱和度、不饱和脂肪酸含量/饱和脂肪酸含量和不饱和指数在室外-23.6～-18.7℃和室内-25～-20℃开始升高，与济麦22产生明显差异；进一步分析发现棕榈酸和亚麻酸比其他脂肪酸在抗寒力方面具有更大的贡献。

2. 糖蛋白的积累与分布区域的变化

膜蛋白是细胞膜的主要组成成分之一，包括糖蛋白、载体蛋白和酶等。近期，关于小麦糖蛋白和ATP酶与其抗寒性之间的关系展开了一定的研究。研究结果表明，抗寒锻炼过程中小麦幼苗细胞表面糖蛋白在内质网和核膜分布量的增加，以及糖蛋白输入胞间连丝的动态变化是与小麦植株抗寒力的提高和保持稳定密切相关的。发现低温处理后，冬小麦细胞质膜糖蛋白由颗粒状间隔分布变为分散分布于质膜之中，这种变化可能导致膜脂和膜蛋白的相互关系的改变，从而改变质膜的特性和功能，有利于保持膜的稳定性及避免细胞内结冰。采用定位电镜观察低温锻炼后小麦细胞表面糖蛋白的动态变化，发现低温诱导能够引起小麦细胞表面糖蛋白的合成积累，抗寒性强的冬小麦较非抗寒性的春小麦糖蛋白的增厚现象更明显。低温处理半冬性小麦和春性小麦后二者叶片组织细胞表面均出现一层薄糖蛋白层，结构疏松呈丝状，半冬性小麦品种的叶片组织细胞表面糖蛋白层保持时间长于春性品种。且随着处理温度的降低和处理时间的延长，细胞壁表面糖蛋白大部分脱落到细胞间隙或凝集成块状进入细胞内部。上述结果说明，低温胁迫造成小麦糖蛋白不同程度的变化（含量、位置、形状等的变化）可能是不同小麦品种抗寒性存在差异的生理原因之一。

3. 三磷酸腺苷酶活性的变化

质膜三磷酸腺苷酶（ATPase）是质子泵，在细胞代谢过程中起着重要作用，被称为植物生命活动过程的主宰酶，包括H^+-ATPase、Mg^{2+}-ATPase、Ca^{2+}-ATPase等类型。小麦低温敏感品种的叶绿体、线粒体和细胞溶质中ATP酶活性均高于耐寒品种，冷冻处理后其ATP水平下降速度大于耐寒品种。这样在低温来临时，低温敏感品种消耗较多的ATP来抵抗外界的冷胁迫。ATP消耗量大，导致呼吸底物的消耗量大，这是造成死亡的原因之一。低温胁迫下，小麦幼苗质膜Mg^{2+}-ATPase活性降低，并且推测ATPase不仅是低温伤害的初始部位，而且是低温恢复的一个前提条件。质膜Ca^{2+}-ATPase能及时反馈各种刺激引起的Ca^{2+}升高，是胞内Ca^{2+}稳态的主要维持者。低温处理降低冬小麦幼苗质膜Ca^{2+}-ATPase的活性，而抗寒锻炼可提高冬小麦幼苗质膜Ca^{2+}-ATPase在低温下的稳定性。20℃下生长的冬小麦幼苗的Ca^{2+}-ATPase活性主要定位于质膜上；小麦幼苗质膜的Ca^{2+}-ATPase在不同温度处理表现出不同的变化趋势；处理温度越低Ca^{2+}-ATPase活性降低越快，而且冬小麦比春小麦的Ca^{2+}-ATPase活性降低缓慢；还指出经抗寒锻炼的小麦幼苗，其质膜上Ca^{2+}-ATPase的活性高于未经锻炼的小麦幼苗。综上可见，低温逆境下质膜Ca^{2+}-ATPase活性的大小及其稳定性，是决定植株本身抗寒能力大小的关键，而且抗寒锻炼可提高冬小麦幼苗质膜Ca^{2+}-ATPase在低温下的稳定性。通过调控不饱和脂肪酸和膜磷脂的含量、ATP酶活性以及糖蛋白，可以一定程度上增加小麦的抗寒性。

（二）低温下小麦体内抗氧化酶系的变化

1. 超氧化物歧化酶（SOD）

SOD作为植物体内防御活性氧侵害的第一道防线，能歧化超氧阴离子自由基（O^{2-}）形成过氧化氢（H_2O_2）和O_2，从而清除O^{2-}对植物的毒害作用，维持活性氧动态平衡，保持植物的正常生长发育。逆境胁迫时植物抗逆性的高低与植物体内能否维持较高的SOD活性水平有关。低温胁迫下小麦中的SOD活性在盆栽条件下人工低温处理的结果表明，低温胁迫后拔节期小麦植株体内SOD活性升高，以增强对逆境的适应能力，且不同小麦品种对逆境的适应能力不同。小麦苗期低温胁迫下，SOD活性也表现为增加的趋势，而且小麦抗寒性越强，SOD酶活性越高，但增加幅度小于拔节期处理。前人关于自然条件下小麦不同生育时间的SOD活性的变化也展开了一定研究。小麦越冬期具体分为低温驯化阶段和封冻阶段；随着温度的降低，SOD表现为先升高后降低的趋势；在整个越冬期，表现为抗寒性强的冬麦品种SOD活性高于抗寒性弱的品种。提高寒地冬小麦返青期SOD活性，能减轻膜脂过氧化程度，增强抗寒性。越冬期的SOD活性冬性品种大于半冬性，弱春性品种表现最低；拔节期SOD活性有所增加，而后下降。同时，李晓林等（2015）认为小麦越冬期抗寒性与拔节期的抗寒性的生理机制存在差异，指出SOD可以作为小麦抗倒春寒的指标。

2. 过氧化物酶（POD）

前人关于小麦不同生育阶段POD活性变化的研究结果表明，低温驯化阶段和封冻阶段，随生育期进程的推进，POD活性呈现先升高后降低的趋势，POD活性与品种抗寒性有一定的相关性。越冬期抗寒性较强品种的POD活性低于抗寒性较弱品种，而拔节期、孕穗期和抽穗期抗寒性较强品种则反而高于抗寒性较弱品种，据此指出POD活性与田间抗寒性关系不密切。返青期返青率较低的小麦品种的POD活性比其余品种增加幅度大。人为低温处理的结果表明，不同品种在低温胁迫下POD活性表现趋势不一样，大部分品种呈现增加趋势，小部分出现降低趋势，指出POD酶活性只能作为鉴定小麦材料抗寒性的参考指标。在不同的温度胁迫下，POD活性呈现逐步降低的趋势。低温胁迫下小麦POD活性都表现为增加趋势，且增幅存在品种间差异，苗期的增加幅度小于拔节期。

3. 过氧化氢酶（CAT）

CAT的主要作用是催化H_2O_2分解为H_2O与O_2，避免H_2O_2与O_2在铁螯合物作用下反应生成有害的$-OH$，是清除过氧化氢的主要酶类。不同植物在0℃下处理3~4d，其叶片的CAT活性表现趋势存在差异。最近关于小麦的研究结果表明，低温胁迫0~24h的进程中，小麦叶片中CAT活性呈上升趋势，随胁迫程度加重，CAT变化稍缓，当-5℃处理48h后其活性显著低于对照。小麦在苗期和返青拔节期低温胁迫下，功能叶和叶鞘中的CAT活性均出现升高现象，但增幅存在基因型差异。综上可见，SOD、POD和CAT活性在低温胁迫下总体的表现趋势是一致的，但是随着胁迫程度和胁迫时间的延长，趋势便显出差异，而且研究多集中在单个酶活变化的方面，对于各种抗氧化酶综合平衡方面研究较少，有待于进一步的研究，力争从分子水平找出它们存在差异的理论基础，为小麦抗寒性的调控提供理论依据。此外，关于低温逆境下小麦抗氧化物质（主要包括抗坏血酸、维生素E及还原性谷胱甘肽等）的研究较少。

（三）低温下小麦渗透调节物质的积累

渗透调节是植物在逆境胁迫时出现的一种调节方式，由细胞生物合成和吸收累积某些物质来完成其调节过程。在逆境条件下，细胞内主动积累溶质来降低细胞液的渗透势，以防止细胞过度失水。渗透调节物质主要包括可溶性糖、可溶性蛋白、脯氨酸和甜菜碱等。

1. 可溶性糖

前人在其他植物上的研究结果表明，细胞内可溶性糖的积累可增加细胞液浓度，降低水势，它与抗寒性相关的生理生化过程，有助于抗寒性的增强；同时还具有保护蛋白质避免低温所引起的凝固作用，进一步提高植物抗寒性。近期在小麦上的研究结果表明，小麦在幼苗和拔节期遭受低温胁迫后，叶片中可溶性糖含量在冬性小麦中表现为增加趋势，春小麦中表现为降低趋势。随着胁迫时间的延长，可溶性糖含量表现为先上升后降低的趋势。随着胁迫时间的延长和胁迫强度显著增加后，小麦叶片中的可溶性糖仍表现增加的趋势，是否与可溶性糖转运途径受阻有关需进一步明确。前人关于自然生长条件下低温对小麦可溶性糖含量影响的结果表明，低温驯化阶段和封冻期，抗寒品种叶片和叶鞘的可溶性糖含量显著高于抗寒性较差的小麦品种。无论是在越冬期还是在返青期，半冬性品种的叶片可溶性糖含量均高于春性品种，而且越冬期的可溶性糖含量高于拔节期。在越冬期抗寒性强的小麦品种的可溶性糖含量都低于抗寒性弱的品种。可见，前人的研究结果存在差异，有待进一步证实。

2. 可溶性蛋白质

可溶性蛋白质的亲水性较强，能增加细胞的保水能力，从而提高植物抗寒性。前人的研究结果表明，低温胁迫对植物体内可溶性蛋白含量的影响存在两方面的作用：一方面，低温胁迫会诱导植物体内生成一些其他的可溶性蛋白，如冷响应蛋白，表现为对植物体内可溶性蛋白的正效应；另一方面，低温胁迫条件下，植物细胞产生自溶水解酶或溶酶体，释放出水解酶，加速蛋白质的分解而无等速的合成，导致蛋白质匮乏，表现为对植物体内可溶性蛋白的负效应。小麦方面的研究结果表明，苗期低温胁迫使小麦叶片中可溶性蛋白含量明显高于对照，且随温度的降低和处理时间（1～24h）的延长呈上升趋势，表现出对低温逆境的适应性。在低温胁迫3d的条件下，不同生育时期的小麦叶片可溶性蛋白含量均有明显下降，而且苗期低温处理降低的幅度大于拔节期，说明低温胁迫条件对小麦功能叶和茎内可溶性蛋白含量的影响，其负效应已远远超过正效应，导致小麦功能叶和茎内蛋白质匮乏，进而导致束缚水的含量下降以及原生质的弹性下降。低温胁迫下蛋白质含量的变化趋势在不同类型的小麦中表现不一致。小麦在自然生长条件的低温驯化期，小麦品种的可溶性蛋白的含量都表现出升高的趋势，抗寒性强的品种可溶性蛋白的含量高于抗寒性弱的品种，分蘖节的可溶性蛋白含量高于叶片，这说明在冷驯化的过程中，大量的可溶性蛋白向分蘖节处富集。可溶性蛋白质含量与冬小麦抗寒性存在较显著的相关性。

３.脯氨酸

前人对低温胁迫下植物体内脯氨酸的变化进行了大量的研究，但是结果存在争议。一种认为在低温胁迫下脯氨酸的累积能力与品种的抗寒能力呈正相关，一种认为在低温胁迫下脯氨酸的累积能力与品种的抗寒力呈负相关，指出脯氨酸累积高峰出现晚的品种，适应抗寒性强；还有认为低温胁迫下脯氨酸的累积不稳定。那么，小麦在低温胁迫下，脯氨酸呈现怎样的变化趋势呢？前人研究结果表明，低温胁迫下，小麦品种的抗冷性与脯氨酸含量呈正相关，而且升幅较高的品种抗寒性相应也较强，且随温度的降低和处理时间的延长呈上升趋势，表现出对低温逆境的适应性。低温胁迫期间，脯氨酸含量的变化存在品种间差异，半冬性小麦迅速积累脯氨酸，弱春性小麦的脯氨酸积累则较缓。在小麦自然生育期内，抗寒性强品种的脯氨酸含量明显高于抗寒性弱品种，分蘖节的脯氨酸含量显著高于叶片。而低温驯化阶段，小麦品种叶、叶鞘、分蘖节处脯氨酸含量随时间推移均呈升高趋势，同一品种各个部位脯氨酸含量差异不显著，不同品种同一部位脯氨酸含量差异也不显著，所以低温胁迫下植株体内脯氨酸含量呈增加趋势是冬小麦对低温的一种普遍反应，与抗寒性相关性不大。脯氨酸与抗寒性是否有关系有待进一步研究证实（张亚琳等，2012）。

（四）低温下小麦植株含水量的变化

低温胁迫下植物组织含水量的降低是植物对低温的一种适应，这样能减轻因细胞间或者细胞内结冰对植株造成的伤害。同时，植物保持活力也需要一定的水分含量。低温胁迫下小麦各个部位的含水量均降低，抗寒性强品种的叶片和叶鞘的含水量小于敏感品种，但是其分蘖节含水量大于敏感品种分蘖节的含水量。研究表明抗寒性较强的东农冬麦1号越冬前分蘖节的含水量均低于抗寒性弱的济麦22。相对含水量和自由水/束缚水比值更能反映出膜受损情况，更适合作为冬小麦抗寒的评价指标。保持分蘖节和植株其他部位一定含水量是提高小麦抗冻性的重要性状，但是不同抗寒性品种间含水量的高低存在争议。抗寒性小麦是如何保持较低的含水量的呢？在两个强抗寒性冬小麦品种抗寒锻炼过程中，不仅观察到质膜过滤内陷弯曲活动，还发现了两个现象：一是质膜内陷与液胞膜相连，二是质膜上的部分膜脂被释放出来，在质膜旁边形成嗜锇颗粒。在抗寒锻炼前，液泡内水流向细胞外时有可能在细胞质中发生结冰危害，而抗寒锻炼后，当内陷的质膜与液泡膜相连接时，水就可以通过这种排水渠道直接流到细胞外，从而避免水在细胞内结冰的危险（周庆鑫等，2014）。

三、小麦冷害和冻害

（一）小麦冷害概述

冷害使小麦生理活动受到障碍，严重时某些组织遭到破坏。但由于冷害是在气温0℃以上，有时甚至是在接近20℃的条件下发生的。

小麦栽培冷害一般在春季及以后时期，冷害的发生导致小麦内部细胞出现受损，小麦叶片或者根部受损或者枯死，这不仅将严重影响到小麦的产量，而且也将影响小麦的质量。随着现代化科技水平不断提高，农作物新品种不断出现，加之气候变化影响，小麦冷害现象比较常见。而小麦冷害可称之为小麦春霜冻或晚霜冻，春末温度较低时易出现，由寒冷到温暖过度时出现的霜冻，直接影响到小麦的健康成长，降低其产量。因此，积极探索小麦冷害原因与应对措施，对我国农业发展具有非常重要的现实意义（张亚琳，2013；安昕，2015；靳亚楠，2016；Guo et al，2011）。

（二）小麦冷害原因分析

1. 气候因素

随着社会经济的快速发展，全球气候普遍变暖，冬季温度逐渐增高，使得小麦生长速度快，因而为春末小麦冷害埋下了潜在隐患。春末低温时节是小麦冷害的主要发生季节，主要是春末晚霜冻引发的，此时小麦处于抽穗期，生长快，抗旱能力低，一旦出现温度降低，就会引发冷害现象，从而对小麦产量造成严重影响。

2. 耕作与施肥管理

在小麦耕作中，有的小麦播种时间早，生长快，冬前拔节。这种快速增长，使得土壤中富含的有机物量不断减少，削弱了小麦的抗旱能力。此外，由于耕作不合理，田地土块太大，不利于麦苗生根，且冷空气流入土中，更容易冻伤麦苗根。有的农民在冬前未及时施肥，当时的幼苗太小，抵抗力不强，气温下降势必会造成冷害。另外，农民不重视田间管理，很多农民受传统种植习惯影响比较大，亦或是随着经济的发展，很多农民进城务工，不重视小麦管理，因而为小麦冷害埋下了一定隐患。

3. 小麦品种因素

冬小麦品种主要包含春性、冬性及半冬性3类。品种不同，其适应区域也是有所差异的，特别是我国北方冬麦区在种植半冬性或春性小麦品种时，温度突然下降，就会直接影响到小麦健康生长，从而引发小麦冻害。

（三）小麦冻害概述

冬小麦冻害是指冬小麦越冬休眠到早春萌动受较长期0℃以下强烈低温或剧烈变温造成的伤害。冬小麦冻害是农业生产中一种严重的自然灾害，中国从南到北，寒害和冻害都经常发生，造成小麦生产巨大损失，成为农作物区域性和季节性的主要限制因素，且由于冬小麦种植界限的逐步向北向西推移，使冬小麦抗冻性的问题更为突出。研究影响冬小麦抗冻性的因素，冬小麦为抵抗低温环境在生长习性、生理生化、遗传表达等方面形成的对冻害适应和抵抗能力的机理及其相关研究的技术和方法，将有助于人们了解冬小麦抗冻机制，并使之服务于冬小麦生产实践，指导栽培，减少因冻害引发的生产损失，为选育冬小麦的抗寒（冻）品种，促进"冬麦北移"的研究推广应用，解决部分省份"一季有余、两季不足"问题，提高复种指数，促进粮食增产具有重要意义（杨宁，2018；赵虎，2019）。

1. 影响冬小麦抗冻性的因素

（1）基因型。根据小麦对低温处理要求时间的长短，将其分为强冬性、冬性、半冬性和春性4种类型，品种冬春性与越冬抗冻性密切相关，一般来说，冬性越强的品种越冬抗冻能力越强，即抗冻能力依次为强冬性品种>冬性品种>半冬性品种>春性品种。不同基因型小麦的形态指标分析，分蘖节深度对冬小麦存活率有很大的影响。一般随着品种的抗冻能力增强，分蘖节入土深度增加。幼苗茎高度越低，抗冻性越强，而麦苗分蘖力强、叶色深绿、叶片较窄的品种抗冻性较强。相同基因型的小麦，根据其生育时期不同，其抗冻能力不同，一般是越冬期、起身期、拔节期抗冻能力呈逐渐减弱的趋势。

（2）环境条件。

①温度和光照。冬小麦发生的冻害基本上分为低温型冻害和融冻型冻害两种类型。低温型冻害是指小麦在越冬期间，零下低温超过品种的临界温度，导致植株受冻死亡。融冻交替造成的冻害多发生在早春、暖冬年份，积雪消融后遇到倒春寒致使麦苗死亡。冻害危害程度主要决定于降温幅度、持续时间及霜冻来临与解冻是否突然。在作物发生霜冻之后遇上猛烈的阳光，气温回升快而高，则对作物伤害很大。学术界目前普遍认为，冬小麦所能经受的年绝对最低气温是-24～-22℃，最冷月份的平均最低气温是-12℃。在同样的生长条件下，光照条件越好，越有利于可溶性糖等抗寒物质的积累，麦苗受害率越低。研究光照及非光照条件下经低温-3℃、-4℃、-5℃下处理0～7d麦苗的存活率，结果表明光照对抗寒起关键作用。

②土壤和水分。土壤的质地和墒情对冻害程度影响较大。质地重的黏土、沙姜黑土、漏风淤土小麦冻害重，尤其是在耙地不实的情况下，冻害更重；黏壤土、壤土小

麦冻害轻。同一类型的土壤，水分含量低的受冻重，水分含量高的受冻轻，水的热容量比空气和土壤热容量大，不会使温度变化剧烈，减轻了对麦苗的损伤。土壤昼夜冰融交替，结冰时体积增大，而解冻时体积缩小，严重时会将小麦的根系提出地面，分蘖节暴露在外，使小麦干枯或受冻而死。

（3）农艺措施。

①播期、播量、播深。播期对冬小麦能否安全越冬的影响很大。冬小麦不同生育期与不同麦苗生长状况的耐寒能力差异很大，拔节后抗寒能力迅速减弱，适期播种的小麦可以充分利用冬前的有效生长积温，积累较好的营养物质，利于形成壮苗，抗寒能力强，有利于麦苗安全越冬和春后稳健生长，一般东北等地区冬小麦适宜播期为9月20—25日，播种过早，会因冬前小麦生长过旺，养分消耗过多，抗冻性减弱；播种过晚，会因越冬前生长量不足，无法安全越冬。播量也是影响抗寒的因素之一。种植密度过大，会导致麦苗单株的营养面积过小，个体发育不良，其分蘖节和叶鞘内养分含量少，抗寒能力差，特别是早播麦田，播量大，易造成大群体，麦苗旺而不壮，易受冻害，且受冻程度较重；种植密度过小，会造成返青过程中的幼苗死亡，群体数量不足，最终影响产量。因此在冬麦北移区种植冬小麦在一定密度范围适宜密植，以此来预防温度变化可能造成的产量损失。播深对抗寒的影响主要表现为分蘖节的位置，一般情况下，分蘖节深度随播种深度的变化而变化，播种过浅，分蘖节距地表近，甚至暴露于地表，受冷暖气候交替变化影响，极易发生冻害；播种过深，则出苗缓慢，消耗养分多，生育迟缓，苗细且弱，抗寒能力差，冻害亦较重。

②施肥水平、调节剂或保护物质。冬小麦种植时N、P、K肥配合，合理施用不仅改善麦苗长势，还能推迟小麦的拔节期，从而有效地避开霜冻敏感期。虽然不同元素对小麦抗寒性的影响不同，但施用适当的肥料是有益于小麦抗寒的。有学者研究结果表明，抗霜冻的小麦品种中钾含量较高。施用生长调节剂也可以提高抗寒性。研究表明，用ABA的类似物处理小麦细胞的培养物4d，小麦耐结冰能力由-8～-7℃提高到-30℃；PP333处理种子能提高小麦幼苗耐冻的能力；复硝酚钠、己酸二乙氨基乙醇酯等植物生长调节剂对小麦受冻灾后恢复生长都有明显的促进作用。此外，某些微量元素和稀土微肥对作物抗寒性有促进提高作用，如施用钼肥、硅处理能促进冬小麦壮苗、壮蘖，大幅度提高冬小麦产量，提高冬小麦的抗寒力。

2. 冬小麦抗冻性机理

（1）冻害对冬小麦的伤害机理。冻害主要是冰晶伤害。胞间结冰可使原生质严重脱水，蛋白质变性，原生质发生不可逆的凝胶化；胞内结冰对膜、细胞器产生直接破坏；解冻时温度回升快，原生质失水，组织干枯，破坏了蛋白质空间结构。

①膜伤害假说。膜是结冰伤害最敏感的部位，冰冻引起细胞的损伤主要是膜系统受到伤害。细胞内的电解质和非电解质大量外渗（外渗液中主要是K^+、Ca^{2+}、糖类）；膜脂相变使得一部分与膜结合的酶游离而失活，光合磷酸化和氧化磷酸化解偶联，ATP形成明显下降。引起代谢失调，严重时导致植株死亡。在所有的膜系统的破坏中，叶绿体膜最先受到损伤，从而使放氧受抑制，其次是液泡膜，最后是原生质膜的损伤。

②巯基假说。冰冻使植物受害是由于细胞结冰引起蛋白质损伤，当细胞内原生质遭受冰冻脱水时，随着原生质收缩，蛋白质分子相互靠近，当接近到一定程度时蛋白质分子中相邻的巯基（-SH）氧化形成二硫键（-S-S-）。解冻时蛋白质再度吸水膨胀，肽链松散，氢键断裂，二硫键仍保留，使肽链的空间位置发生变化，蛋白质的天然结构被破坏，引起细胞伤害和死亡。研究发现，冻害发生时，植物组织匀浆中-SH含量与植物的抗冻性直接相关，抗冻性较强的植物具有一定抗-SH氧化能力，可避免或减少二硫键的形成。

③结冰伤害。结冰会对植物体造成危害，但胞间结冰和胞内结冰的影响各有特点。胞间结冰使原生质过度脱水，使蛋白质变性或原生质发生不可逆的凝胶化；冰晶体对细胞造成机械损伤；解冻过快会对细胞造成损伤。胞内结冰对细胞的危害更为直接，冰晶形成和融化时对质膜与细胞器以及整个细胞质产生破坏作用，常给小麦带来致命的损伤（张亚琳，2013；姜跃，2013；彭丹丹，2013）。

（2）冬小麦对冻害的适应机理。冬小麦为了抵抗冬季冻害伤害，在生长习性和生理生化方面发生了一系列适应低温的生理生化变化，抗寒力逐渐增强。冬小麦对低温胁迫的响应是一种积极主动的应激过程，低温诱导了相关基因的表达，从而改变膜脂成分、抗氧化系统和积累渗透调节物质等，以缓解低温造成的机械伤害和生理伤害。

①含水量降低。入秋后，随着气温和土壤温度下降，根系的吸水能力减弱，组织的含水量降低，束缚水的相对含量增高，由于束缚水不易结冰，也不易流失，这样就减少了细胞结冰的可能性，同时也可防止细胞间结冰引起的原生质过度脱水。因此束缚水的相对含量与植物的抗性呈现明显的正相关。

②呼吸减弱。随温度的缓慢降低，植物的呼吸作用逐渐减弱，消耗减少，有利于糖分等的积累；呼吸微弱的植物体代谢强度减弱，抗逆性增强。

③脱落酸含量增高，生长停止，进入休眠。随着秋季日照的缩短和气温的降低，植物体内的激素发生了明显变化，主要表现为生长素和赤霉素减少，脱落酸增多并被运输到茎的尖端，抑制了细胞分裂与伸长，使生长停止，形成休眠芽。

④超微结构变化。在电镜下观察得知，在活跃生长时期，冬小麦细胞核膜有较大

的孔或口，当进入越冬季节，冬小麦的核膜口逐渐关闭，细胞核与细胞质之间物质交流停止，细胞分裂和生长活动受到抑制，植物进入休眠，其抗寒能力显著增强。

⑤保护物质累积。在温度下降过程中，一些大分子物质趋向于水解，使细胞内可溶性糖（如葡萄糖、蔗糖等）含量增加。可溶性糖是植物抵御低温的重要保护性物质，能降低冰点，提高原生质保护能力，保护蛋白质胶体不致遇冷变性凝聚。除可溶性糖以外，脂肪也是保护性物质之一，它可以集中在细胞质表层，使水分不易透过，代谢降低，细胞内不易结冰，也能防止过度脱水。

⑥低温诱导蛋白形成。植物的抗寒性是一种潜在的遗传特性，在抗寒基因表达前，植物抗寒能力仅仅是一种潜能和基础。只有经过一定时间的非冻低温（2~6℃）驯化才使植物的抗寒性增强。自从植物低温驯化过程中基因表达发生变化的观点提出后，有关抗寒分子机理的研究日新月异。试验证明，植物经低温诱导确实能活化某些特定基因并经转录翻译合成一组新蛋白，例如，拟南芥、苜蓿、油菜、菠菜等，经低温诱导后均有不同程度的新脂合成，称之为冷调节蛋白（Cold regulated protein，COP），能降低细胞液的冰点，缓冲细胞质的过度脱水。此外，低温诱导下植物还能表达多种胚胎发育晚期的丰富蛋白（Late embryogenesis abundant protein，LEAP），它们多数为高度亲水、沸水中稳定的可溶性蛋白，有利于植物在冰冻时忍受脱水胁迫，减少细胞冰冻失水（彭丹，2013）。

（3）冬小麦抗冻的生态机理。冬小麦抗冻生态问题可分为麦苗抗冻能力和环境因素两个方面（即低温、光照及气候变化等）。麦苗抗冻能力的变化主要由环境温度所决定，从而与其他几个生态因素相关联。

①光照。在田间环境中，叶片的冷伤害通常与光合过程有关。低温环境中的叶片受光可导致光合细胞器的受损，这种现象就是光合作用中的光抑制。光抑制启动了活性氧（ROS）的诱导，这个过程可能导致光合系统的退化，类囊体膜的脂质过氧化，以及碳代谢过程中酶的失活。低温对光合作用的影响，一种看法是低温直接影响了光合过程的结构和活性，另一种看法认为低温影响植物体内的其他生理过程，从而间接地影响光合作用。

②气候变化。全球气候变暖并没有使中国冬小麦冻害明显减轻，重霜冻发生的次数有增加的趋势，同时，气候变化使多年生作物越冬承受着更大的冷伤害风险。气候变暖期间仍然会出现短时间很强的低温或温度回暖，突然的天气变化使植物难以适应，遭受的危害更不稳定，例如冷冻—融化、冻雨或是寒冷冬季中积雪非常少，都可能导致植物死亡。

四、小麦抗寒性鉴定方法

（一）大田直接鉴定法

田间直接鉴定是鉴定冬小麦越冬性最基本的方法，它是通过田间多点联合鉴定，以统一标准品种作对照，用供试品种越冬存活率占对照品种越冬存活率之比表示。该方法对研究品种生态类型、地理位置及农业措施与越冬性的关系是切实可行的。但由于越冬期环境因素复杂，在年度重复鉴定中，品种的抗寒级别难以重复。进行小麦叶片逆向衰老顺序和正常衰老顺序的比较试验，发现叶片逆向衰老小麦的冠温、叶温、千粒重的变化和正常衰老小麦明显不同，其冠层较冷且结实后期倒二叶的叶温低于旗叶，千粒重大于正常衰老小麦，且增幅明显。

（二）人工模拟气候室法

利用人工冷冻技术对冬小麦分蘖节冷冻处理，根据冷冻处理后的存活率（SR）、半致死温度（LT_{50}），作为评价基因型抗冻性指标。利用生理生化指标可筛选出与田间鉴定结果密切相关的方法，主要有膜脂抗氧化指标系统、质膜透性指标系统、逆境蛋白指标系统、水分生理指标系统、生态形态指标系统。人工模拟鉴定与田间自然鉴定相比，具有快捷方便的优点，且容易重复，现在已经成为逆境胁迫重要的研究手段。但由人工模拟鉴定直接进行大田推广，有一定风险性，而且需要一定的资金和基础设施投入，也很难进行大量重复试验。因此人工模拟鉴定必须结合田间鉴定才能使结果更为准确可靠。

（三）生长恢复法

植物在不同的低温胁迫后放在适宜的条件下（温室或生长箱）测定其恢复生长的最低温度，进而确定植株的抗寒性强弱。生长恢复试验一般采用生长试验和组织褐变，冬小麦抗冻性一般采用生长恢复试验。此方法比较可靠，但花费时间较长，不能正确区分受到低温伤害的部位或器官。

（四）间接鉴定法

小麦的抗冻性可以通过越冬期间的性状，尤其是返青率来表示。但是返青率表示的是越冬性，不能完全地表示抗冻性，必须结合活力测定才是表示抗冻性的可靠方法。一般可分为测定冰冻处理后植株或器官恢复生长的能力、细胞膜特性的改变和膜结构功能的变化引起细胞代谢的改变3类。细胞膜特性的改变，一般采用质膜的完整性和质膜的细胞膜特性改变。

质膜完整性的测定方法包括：原生质体存活率、表面积增加的忍耐值（TSAI$_{50}$）、失去渗透反应能力—荧光素双醋酸酯法；质膜的分别透性包括：理化技术（电导法、电阻抗图谱法、茚三酮法、氰酸法、原子吸收光谱法、叶绿素荧光分析技术），显微技术（质壁分离法、染色法），膜成分分析法（膜脂肪酸不饱和度、磷脂量）。代谢功能改变包括：酶（TTC法、ATP酶、α-酮戊二酸氧化酶、同工酶）、渗透调节物质（包括可溶性糖、脯氨酸、可溶性蛋白、甜菜碱、甘氨酸）、抗氧化酶及非酶促系统（SOD、POD、CAT、APX、GR）、非酶功能（原生质流动）、呼吸作用（吸氧或放二氧化碳）；其他包括多冰点、高渗溶液中的发芽能力。

五、群体遗传学在小麦抗寒研究中的应用

（一）小麦抗寒QTL定位研究进展

小麦抗寒性是多基因控制的数量性状，近年来，分子生物学发展迅速且广泛应用于育种工作中，目前应用连锁分析定位出许多与小麦抗寒性相关的数量性状位点（Quantitative trait locus，QTL）。利用小麦DH群体对小麦抗寒性状相关指标半致死温度进行了QTL定位，共发现了控制半致死温度的5个主效QTL位点，分布在小麦的2A、5A、1D、6D染色体。以中国春小麦为研究材料，发现在染色体5A和5D上存在着一些等位基因可以调控小麦的抗寒能力。以DH群体为材料，对小麦冬前期、越冬期和冬后期的叶片细胞膜透性进行了QTL定位，最终发现控制小麦叶片膜透性的51个加性QTL位点。

以168个DH品系为研究材料，构建遗传连锁图谱，对小麦叶片抗寒生理性状自由水/束缚水进行QTL定位，6个环境下共检测到9个控制自由水/束缚水的加性QTLs，分布在1A、1B、1D、2A、2D、3A和5D染色体上。目前QTL定位所得位点几乎覆盖所有小麦染色体。其中5A染色体居多，现已证实，小麦5A染色体的Vrnl-Frl区段调控着小麦抗寒性。对抗寒性机制进行研究，发现了冷诱导基因家族Cor/Lea的表达。在普通小麦中，控制抗寒性的主要基因座（Fr-1和Fr-2）已被定位到第5染色体的长臂。其中Fr-2与小麦和大麦中CBFs基因簇重合，在冷适应期间直接诱导下游的Cor/Lea基因表达。在Cor/Lea和CBF基因的表达数量性状基因座（eQTL）分析中，发现了控制冷应答基因的4个eQTL，其中影响最大的主要eQTL位于染色体5A的长臂上。

在普通小麦中发挥重要作用的5ALeQTL区域与一个与耐寒性基因座（Fr-Am2）同源的区域与Einkorn报道的小麦中CBF簇的区域一致。Fr-A2中的等位基因差异可能是普通小麦耐寒程度差异的主要原因。最近研究报道，在Fr-B2的CBF簇中大量

的缺失显著降低了四倍体和六倍体小麦的耐寒性。在大麦中，染色体5A的长臂上发现了两个耐低温的QTL（Fr-H1和Fr-H2），Vrn-H1/Fr-H1基因型影响位于Fr-H2的CBF基因的表达。因此，大麦Vrn-H1/Fr-H1和Fr-H2位点在冷适应期间通过Cor/Lea基因表达发挥抗寒性。在小麦中，通过表型分析已经确定春化基因位于染色体5A（Vrn-A1）、5B（Vrn-B1）和5D（Vrn-D1）的长臂上。小麦Vrn1与大麦中的Sh2基因和黑麦中的Sp1是同源的，这两个基因与抗寒性的遗传差异有关。Vrn-A1不需要春化处理，而Vrn-B1和Vrn-D1具有短的春化要求，冬季习性基因型对于3种基因都是隐性的。二倍体小麦单基因组中的主要发育基因是Vrn-Am1和Vrn-Am2，Vrn-Am1基因表现为春季习性，而Vrn-Am2主导冬季习性。许多其他基因，包括Wlip19和Wabi5bZIP转录因子基因，有助于普通小麦的冷适应和耐寒性。这些作用于脱落酸（ABA）信号转导的转录因子与Cor/Lea基因启动子中的ABA反应元件结合。因此，ABA诱导了小麦基因表达、信号转导和抗非生物胁迫的多种基因的表达。事实上，ABA敏感性大大影响基因水平的耐寒性，并且在幼苗期小麦染色体上控制ABA敏感性的一些QTL也与Cor/Lea基因表达有关，间接与抗寒性有关。最近报告显示，幼苗期ABA敏感性的QTL也可能与抗旱性、种子休眠和收获前抗穗发芽性有关。ABA敏感性的QTL并不包括Fr-1和Fr-2，两个Fr基因座独立于ABA信号转导途径。

AB-QTL分析方法的提出，能够把QTL定位与作物育种更好地结合起来，该方法将QTL鉴定推迟到BC₂-BC₃进行，然后利用标记选择，育成一系列近等基因系。此方法首先是用育种材料与野生种杂交；用杂种与育种材料回交得到回交群体，定位不同性状的QTL，同时用标记和表现型对供体的优良等位基因进行选择；继续回交，对BC₂或BC₃群体进行分子标记辅助调查，用BC₃或BC₄家系进行QTL分析；用标记辅助选择筛选以受体遗传背景为主的含有供体优良基因的目的区域，产生近等基因系（NIL），评价NIL和亲本的农艺性状表现。利用此方法可以把综合性状较差的野生种质资源中的有利基因挖掘出来，同时把它们转移到优良栽培品种中，达到改良作物的目的。

（二）全基因组关联分析在小麦抗寒研究中的应用

全基因组关联研究（GWAS）能够对复杂性状的遗传结构进行分析。与传统的连锁图谱相比，GWAS提供了更高的分辨率和更高的水平来识别目标性状的相关基因位点，同时节省了成本和时间。小麦的连锁不平衡（LD）因其多样性高而迅速衰减。因此，需要大量的多态SNP以确保基因组的完全覆盖。通过测序（GBS）进行基因分型可产生数百万的单核苷酸多态性。近几年来随着分子标记的开发与利用，关联分析在小麦中也逐渐得到了广泛应用。采用关联分析技术研究小麦籽粒直径和磨粉品质，利用SSR标记对95份小麦品种材料进行磨粉品质和籽粒直径的关联分析，定位出多个与小麦籽粒直径和磨粉品质有明显正向效应的位点。

采用48对SSR引物和40对EST-SSR引物，对108份冬性小麦2A染色体上的SSR标记与产量相关表型变异进行了关联分析，最终发现了14个与目标性状有显著关联的SSR位点，其中有部分SSR标记同多个性状同时相关，并且检测到这些的标记基本上都在前人定位的QTL附近或区间内。利用SSR标记在旱地和水地条件下对小麦抗旱品种的株高等位变异进行筛选，分别发现了19个与小麦株高存在显著关联的分子标记，并成功发掘了小麦矮秆优异等位基因。为发掘小麦产量性状相关分子标记，利用128份来自黄淮麦区小麦品种（系）构建的自然群体为试验材料，以覆盖小麦全基因组的47个功能标记、64个SSR标记和27个EST-SSR标记检测群体基因型，结果共发现422个等位变异，其中49个与目标性状关联。

利用SNP标记对以色列128份野生二粒小麦的抗条锈基因挖掘，发现控制抗条锈的基因位点位于1B染色体短臂上，可以利用该标记对抗条锈资源进行鉴定与筛选。以205份来自中国冬麦区的小麦品种（系）为材料，利用分布于小麦全基因组的24 355个SNP标记，对小麦株高相关性状进行了关联分析，结果共发现38个与相关性状显著关联的位点，分布在2A、3A、4A、5A、1B、2B、3B、4B、3D、6D染色体上。此外，近年来，在小麦耐低磷、耐湿、赤霉病抗性等方面也均有研究。

六、小麦抗寒基因发掘与功能研究

小麦的抗寒性是由微效多基因控制的，而且它的抗寒基因只有在短日照和低温的诱导下才能表现出抗寒力。几乎小麦所有染色体都与抗寒性有关，目前小麦上大概有450个抗寒基因被分离鉴定。有前人对小麦幼小植株的抗寒性进行了研究，把抗寒基因的位点定位在染色体5A、7A、1B、2B、1D、2D、4D和5D上，其中染色体4D、5D和7A上的基因和抗寒性有关，并且有加合效应。在小麦21对染色体中，携带的位点与抗寒性关系最密切的是5A和5D染色体，并且在山羊草属品种中发现D组比A组小麦种抗寒性强。

（一）限速酶基因

植物这种适应低温的方式与多种基因的表达模式和蛋白产物的变化有关。G6PDH和6PGDH是PPP途径的限速酶，能够催化产生NADPH。正常环境下，植物中NADPH作为还原力被用于亚硝酸还原酶与谷氨酸合成酶的反应中，然而在胁追环境下，NADPH则被用于清除ROS，以维持细胞的氧化还原平衡，从而减少氧化损伤。本研究对冬小麦Dn1中胞质TaG6PDH和Ta6PGDH在低温下（5℃、0℃、−10℃、−25℃）的酶活变化及基因表达模式进行探索，结果发现，冬小麦*TaG6PDH*和*Ta6PGDH*基因响应低温胁迫，其在冻结温度（−10℃、−25℃）下无论是分蘖节还是叶片中均有较高的表达水平。但基因的转录水平升高并不意味着其蛋白产物会有相应的增加。因此，对其酶活进行了测定，叶片中TaG6PDH和Ta6PGDH酶活并无明显变化，而分蘖节中酶活在−10℃有明显升高，这是由于分蘖节是冬小麦主要的越冬器官，同时也说明胞质TaG6PDH和Ta6PGDH在冬小麦抵御寒害时发挥主要作用。另一方面，从TaG6PDH和Ta6PGDH的酶活和基因表达量变化趋势上也可看出，这两个关键酶在冬小麦抵御低温胁迫时相互协同发挥作用。

（二）碳同化关键基因

PRK蛋白质含有的核酮糖−5−磷酸、ATP结合位点和调节*TaPRK*基因的半胱氨酸残基与水稻的PRK蛋白质相似。*TaPRK*基因的5'UTR发现有许多通过调控元件控制基因表达的元件，这些调控元件可能与*TaPRK*基因表达有关，但没有直接证据证明这些元件如何调节*TaPRK*基因的表达。一般来说，*TaPRK*基因的5'UTR的调节元件通过与一些转录因子的相互作用来发挥重要的调节作用。因此，认为*TaPRK*基因可能是研究卡尔文循环中基因表达调控机制的非常好的候选者。

*TaPRK*在Dn1和J22叶片中高量表达，在分蘖节中几乎不表达。Dn1分蘖节和叶片中*TaPRK*的相对表达量随着温度降低呈现不同的趋势，在−10℃表达量最高，这与实验室前期证明−10℃是Dn1启动抗寒机制的关键温度点相一致。而J22分蘖节和叶片中*TaPRK*的相对表达量在0℃时达到峰值，比Dn1提前响应低温胁迫。总体来说，越冬期间Dn1分蘖节和叶片中*TaPRK*的相对表达量明显高于J22，进一步说明强抗寒冬小麦品种Dn1，在越冬期间碳同化效率更高，为积累更多的碳水化合物奠定了基础，在土壤封冻后叶片和地下茎均有较多的蔗糖和果糖积累，为植物越冬及返青提供重要能量保障。

（三）抗冻蛋白基因

由于很多麦类作物具有越冬特性，具备较好的抗寒基础，自1992年第一个植物抗冻蛋白在黑麦草中发现，IRI蛋白相关研究在麦类作物中陆续开展。Hon等（1995）的研究表明，经过低温驯化后的冬黑麦叶片中含有具有抑制重结晶能力的抗冻蛋白，未经低温驯化的叶片中含有类似的蛋白，却不具备抑制重结晶能力。Griffith和

Hassas等也分别在低温驯化的冬小麦和大麦叶片中发现了IRI含量的增加（Griffith et al, 2004; Hassas et al, 2011）。Tremblay等（2005）从冬小麦中分离了2个*IRI*蛋白基因，并对两个基因进行了序列结构分析和体外表达分析。对冬黑麦的研究表明，外源喷施MeJA和乙烯处理，*AFP*含量有所增加，但不受ABA调节（Yu, 2001; Yu and Griffith, 2010）。高轩（2010）也在小麦中发现*AFP*基因在MeJA和乙烯处理下表达量提高。Sandve等（2008）从黑麦草和大麦中分离了15个*IRI*蛋白基因，并对个别基因进行了体外表达和抗冻活性鉴定。Aleliunas等（2014）对黑麦草*LpIRI*基因进行了SNP多态性关联分析。Jin等（2018）在强冬性小麦中克隆了多个*IRI*基因，证明在低温胁迫下*IRI*基因表达受低温诱导，且不同成员间表达量存在差异，利用过表达证明了小麦*IRI*基因的抗冻功能。同时，还在二倍体和四倍体小麦、山羊草、偃麦草和黑麦等诸多小麦族材料中分离*IRI*基因，并对基因进行了分子进化分析，这些基因以基因家族的形式存在，且均无内含子。*IRI*基因有两个保守功能域，即LRR区和IRI区。普遍来说，这些*IRI*基因的LRR区和IRI区有很高的保守性，并且都和AFPs与冰晶的结合相关。

（四）冷诱导转录因子基因

Houde等（1995）首次在低温胁迫的小麦中分离、克隆得到一个低温特异性cDNA-*wcs120*，研究表明低温胁迫后*wcs120*的mRNA表达量增加，且其蛋白质的含量与小麦品种的耐寒能力有关。Sarhan实验室先后研究报道了小麦中存在的一系列低温诱导基因，大部分是*wcs120*家族基因（Quellet et al, 1993; Limin et al, 1995; Vazquez-Tello et al, 1998），以及低温信号转导因子（Badawi et al, 2007）和低温响应蛋白（如COR蛋白等）（Danyluk et al, 1997; Dong et al, 2002）。小麦中与低温胁迫相关的响应蛋白有Wcor14、Wcor15和Wcs19等，其中*Wcor15*基因受低温和光照的诱导，转*Wcor15*基因的烟草耐寒性有显著提高（Shimamura et al, 2006）；而*Wcor14*基因在低温胁迫4d后转录达到最大值（Valiellahi et al, 2010），*Wcs19*基因也在低温胁迫下大量积累，且可调节光合作用（Gray et al, 1997）。在随后的研究中，小麦中又分离、克隆出15个*CBF*基因（Badawi et al, 2007），其中*Wcbf2*对低温及干旱胁迫有响应，即在低温处理初期，各品种的表达量均呈增长状态，但4周之后，春小麦呈下降趋势，而冬小麦仍为持续上升（Kume et al, 2005）。低温4℃处理条件下，叶片中*TaCBFs*基因的表达均呈现先上调表达然后下调表达的趋势，均在胁迫处理4h时达到最大值，尤其是*TaCBF5*基因，在该时间的相对表达量为其初始水平的28倍。然而，*TaCBFs*基因在叶片中表达量下调趋势却不尽相同，如*TaCBF15*和*TaCBF21*

基因的表达量在处理4h之后迅速下降，而且是一种瞬时诱导表达；而$TaCBF2$基因略有下降后则基本维持在一定水平，近似于一种组成型表达。低温胁迫条件下，$TaCBFs$基因在根中的表达具有组织特异性，$TaCBF11$和$TaCBF21$基因在根中可以被低温诱导表达，而$TaCBF2$和$TaCBF11$则基本不表达。Badawi等（2008）在小麦冷驯化后的cDNA文库中发现了与拟南芥同源性分别为50%和47%的两个ICE蛋白，分别命名为TaICE41和TaICE87。研究发现只有$TaICE87$中包含对ICE1功能起决定性作用的由11个氨基酸残基组成的保守序列和N端结构域，该蛋白可调控AtCBF2和AtCBF3表达水平提高，进而提高了拟南芥的耐寒力。

七、组学研究在小麦抗寒研究中的应用

（一）转录组技术在小麦抗寒研究中的应用

转录组从广义上来说是指细胞或者组织内全部RNA的转录本，包括编码蛋白质的mRNA和非编码RNA，如rRNA、tRNA和microRNA等。转录组测序技术已被证明是一种高效的、经济和快速的基因挖掘方法，随着测序技术的发展，RNA-seq技术与其他技术相比，不仅能用于模式植物，也可以用于非模式植物，并且具有重复性好、能正确地对基因组的功能进行注释和需要背景低等优点。目前RNA-seq已广泛应用于小麦各性状研究中，如蛋白质含量相关基因、H_2O_2处理、胚乳中淀粉含量、干旱、抗赤霉病、水分胁迫等。以济麦22为试验材料，利用RNA-seq技术分析幼穗在经过0℃处理48h后与对照组相比差异表达基因。取不同处理温度下的不同抗寒性冬小麦品种进行转录组测序，研究发现低温胁迫引起苯丙氨酸代谢、谷胱甘肽代谢以及淀粉和蔗糖代谢途径发生变化。Xie等（2014）取不同处理温度下的不同抗寒性冬小麦品种进行转录组测序，研究发现低温胁迫引起苯丙氨酸代谢、谷胱甘肽代谢以及淀粉和蔗糖代谢途径发生变化。利用经冷处理的淮麦18和京核1号的根茎叶以及未经处理的茎叶分别建立cDNA文库，进行RNA-seq测序，对差异表达基因进行GO功能分类、KEGG等功能注释分析。经过冷处理的淮麦18和京核1号的根有5 429条差异基因，叶有4 652条差异基因，茎有4 147条差异基因。淮麦18正常组和处理组的根、茎、叶综合起来比较有5条差异基因，京核1号有74条差异基因。qRT-PCR分析两个品种叶片的6个基因，转录因子均在4℃处理4h时最高，功能基因迟缓增高。qRT-PCR结果与测序结论几乎相同。在GO分类中获得20条冷应答及冷调节的基因。主要集中在生物合成、新陈代谢相关的信号通路中。众所周知，生物体面对胁迫环境产生的反应主要是酶活性的变化及基础代谢。耐寒品种冷处理前后的差异基因则主要分布在次生代谢产物生物合成、运输和分解代谢、一般功能预测、能量生产和转换等。冷敏感品种则是在蛋白

翻译和分子伴侣类。利用RNA-seq技术，研究京411小麦幼苗茎基部受到4℃低温驯化28d和-5℃冷冻处理24h后基因表达谱变化，结果显示冷驯化处理28d后，小麦幼苗茎基部在转录水平上有29 066个基因表达量发生变化。差异基因主要参与合成冷相关蛋白、叶绿素a/b结合蛋白、信号转导蛋白和转录因子等；在LTA和LTAF、NTG和NTGF两组差异基因比较中，发现多个与转录因子、钙信号转导和冷诱导蛋白相关的共有差异基因。差异基因主要参与代谢通路、植物激素信号转导、淀粉和糖代谢和次级代谢物合成等代谢途径。

（二）蛋白质组学在小麦抗寒研究中的应用

蛋白质组学由蛋白质和基因组学结合而成，意指一种基因组所表达的全部蛋白质，其中包含细胞和生物所表达的所有蛋白质。蛋白质组学是在基因组学的基础上研究蛋白质的表达和功能的新兴学科，其中基因组学的全面发展是蛋白质组学产生的重要前提。从蛋白质组学研究策略的方向，可将蛋白质组学的研究内容分为表达蛋白质组学、比较蛋白质组学及临床蛋白质组学。

目前，在小麦蛋白质组学研究中主要包括组织器官、亚细胞等蛋白差异表达及响应生物与非生物胁迫差异蛋白表达等方面。小麦生产中，多数生物与非生物胁迫会对小麦的生长发育及产量造成严重影响，在不同的胁迫条件下，蛋白质的表达会有显著差异，通过蛋白质组学的研究可以深入了解小麦对这些胁迫的调节机制。结合生理学及蛋白质组学研究了小麦秋苗春化之前低温胁迫对小麦蛋白质组的影响，结果表明，抗氧化相关的蛋白及碳水化合物代谢相关的蛋白在小麦叶片中表达显著增加。通过进一步分析发现低温胁迫造成参与光合作用的蛋白表达量下降，并且明确了活性氧清除系统在小麦响应低温胁迫中具有重要作用。基于蛋白质组学的双向电泳技术研究了低温胁迫对冬小麦生长发育的影响，结果表明，低温胁迫导致光合作用相关的蛋白显著差异表达，其中卡尔文循环相关的酶显著减少，同时低温胁迫也引起了小麦细胞内氧化胁迫。研究了低温胁迫对小麦地下茎中蛋白质的影响，结果表明，鉴定到的差异蛋白主要在蛋白质水解、能量代谢、叶绿素合成等过程中行使功能。

（三）代谢组学在小麦抗寒研究中的应用

代谢组学是"组学"研究中主要领域之一，被认为是植物基因组和植物表型之间的桥梁。代谢组学是指在整体水平上研究某一生物、组织或者细胞中的所有低分子量的化合物进行定量与定性分析的一门学科，通过对生物体内代谢谱的变化规律来揭示机体对胁迫在代谢水平的应答。代谢组学技术随着数据库的不断积累和生物信息学飞快发展，已广泛应用于多种植物多种性状的研究中。它能够鉴定出单一、少量的及中间代谢物，从多种层面，多种角度解析植物当下的生理特征。代谢组学对于植物抗寒性研究已广泛应用于拟南芥、水稻、铁皮石斛等，但在小麦中的研究还并不多见。利用广泛靶向代谢组学技术，研究京411小麦幼苗茎基部经过4℃低温驯化28d和-5℃冷冻处理24h后代谢谱变化，结果显示经过4℃低温驯化处理28d幼苗（LTA）与20℃正常培养28d幼苗（NTG）相比，共有86个代谢物上调、137个下调。差异代谢物主要包括糖类、黄酮类、有机酸和植物激素等，其中多种糖类发生明显变化，如棉籽糖、海藻糖、果糖和甘露糖等，且棉籽糖增加129.44倍；共筛选出25种氨基酸类差异代谢物，其中脯氨酸增加11.81倍。差异代谢物主要参与精氨酸和脯氨酸代谢、半乳糖代谢和植物次级代谢物合成等代谢通路；对LTA和NTG幼苗分别进行-5℃冷冻处理24h后，找到8个共有差异代谢物，包括脱落酸和茉莉酸、异亮氨酸等。并发现外源喷洒ABA能够提高小麦幼苗抗寒性，但抗寒性不同的品种间最适浓度不同。

（四）脂质组学在小麦抗寒研究中的应用

低温是导致小麦减产的主要因素之一，提高小麦的抗寒能力有助于实现高产、稳产的目标。调节生物膜状态，提高膜在低温下的流动性是植物适应温度变化的重要机制之一。脂质组学分析表明，低温处理后，大部分磷脂和甘油酯的含量增加，而MGDG含量减少。对每种脂质的脂肪酸组分进行分析发现，36：6-MGDG的含量在低温处理后下降。36：6-DGDG含量增加的同时，34：3-DGDG减少。C36-PC积累量明显高于C34-PC，其中36：4和36：5和36：6-PC积累量显著增加。PG脂肪酸组分大部分是34：4，34：4-PG含量减少，而34：3-PG和34：2-PG含量增加。18：3/16：0-DAG、18：3/18：2-DAG和18：3/18：3-DAG含量增加，此外，18：3/16：0-DAG在生长后期含量比18：2/16：0-DAG多，18：3/16：0-DAG增加幅度显著。脂质代谢途径受低温调控，低温促进多不饱和脂肪酸合成。进一步分析小麦低温适应关键脂质的含量变化，将为揭示脂质参与小麦抗寒调控机理奠定基础。

八、小麦抗寒栽培措施

（一）抵御冷害的措施

1.培育优质麦苗，提高小麦抗寒能力

栽培过程中，选择合适的耐冷类型品种，对于早熟品种或冷害多发地区，更要选择抗障碍类冷害品种。在播种前，要增加土壤肥力，耕作时要确保田地平整，确保精

耕细作，尽可能地平、土细。在选种时，要注意精挑细选，做好发芽试验；同时通过拌种、浸种及晾晒等，提高种子防御能力。在播种过程中，要掌握播种深度、时间及播种量等各个环节，全面做好小麦播种。

2. 加强小麦"旺苗"的管理

如果播种较早，容易形成旺苗，但是这种旺苗现象一般都是一种假象，如果冬前不及时管理，到越冬前或者越冬后就会形成弱苗，这就是人们常说的"麦无二旺"，因此，越冬前的麦苗应当对旺苗进行管理。

3. 农业措施

春季时要对麦田加强管理，提高小麦免疫力。小麦浆水要恰到好处，进行合理灌溉，科学合理进行叶面喷肥，通常要在孕穗期到灌浆期阶段进行叶面喷肥以及外源激素的使用，增强春晚霜冻造成的冷害抵抗能力。

4. 遭遇冷害后的补救措施

在小麦栽培中，冷害严重的麦田，小麦主茎与大部分蘖被冻死，要及时为麦田增施氮素化肥结合浇灌，促进春季分蘖的快速增长，增加小麦成穗数，确保小麦产量。一般每亩麦田施10~15kg尿素，尽量采用开沟施肥，增强肥效。

一般受冻田，主要指小麦叶片被冻枯，没有出现死蘖。在早春时期，要及早划锄麦田，增强地温，促进麦苗返青，同时还要及时为叶面进行喷肥，在麦苗起身期增加追肥浇水，以此提高分蘖成穗率。

5. 小麦中后期生长阶段，加强肥水管理

麦田出现冷害后，其植株体养分消耗就会增加，在中后期生长阶段极易出现早衰现象。因此，在春季首次追肥时，要根据麦苗生长发育实际情况，在拔节或挑旗期，要适量喷施氮肥或磷酸二氢钾等，促进穗粒增长，提高穗粒重量。

6. 有效预防小麦病虫害

在小麦平均市尺单行螨量达到200头时，要及时喷洒农药防治小麦病虫草害。用浓度为1.8%的虫螨克乳油或浓度为20%的扫螨净喷雾防治小麦红蜘蛛。如果麦田出现杂草，其药剂主要有浓度为75%的巨星干燥悬浮剂，72%的2，4-D定酯乳油，10%的旋锄可湿性粉剂等，及时喷洒防治。针对小麦穗蚜，在田间百株蚜量达到800头以上时，其益害比低于1∶150，可选用吡虫啉或啶虫脒等喷雾药剂进行防治。

（二）抵御冻害的措施

1. 引种驯化、杂交育种

抗冻性是植物在对低温长期的适应过程中，通过自身的变异和自然的选择获得的遗传特性。鉴定筛选出抗冻能力强的冬小麦品种，是解决生产上冬小麦冻害问题的重要途径，小麦抗寒性是由多基因控制的性状。用不同抗寒能力的品种杂交，杂种F_1的抗寒能力介于双亲之间而偏向于抗寒性强的亲本。有时抗寒性也表现超亲遗传，如用低度抗寒品种与中度抗寒品种杂交，后代出现了抗寒性很强的个体。在小麦的近缘中，黑麦是抗寒性较强的禾本科植物之一，所以冬性黑麦和小麦的杂交，对选育抗寒性强的冬小麦品种具有重要意义。

2. 抗冻锻炼

在霜冻到来之前，缓慢降低温度，使小麦逐渐完成适应低温的一系列代谢变化，增强抗冻能力，经过抗冻锻炼后，细胞内的糖含量大量增加，束缚水与自由水比值增大，原生质的黏度、弹性增大，代谢活动减弱，膜中不饱和脂肪酸增多，膜脂相变温度降低，抗性增强。

3. 农业措施

适时播种，控制播量，镇压耙糖，培土，增施磷钾肥、厩肥，熏烟，冬灌，盖草，地膜覆盖等都可起到保护小麦、预防寒害的作用。其他措施，如寒潮来临前禁止使用化学除草剂，在低温条件下使用化学除草剂会产生药害；还可关注气象预报，喷施叶面肥，改善小麦田间气候，缓冲寒流强度；在农田进行农林间作；将草肥施在麦垄内，提高地表附近的温度；在种植行向上，以南北行为主。

4. 抗寒剂的使用

用植物生长调节剂处理小麦，可以提高小麦的抗冻性。在生产上用矮壮素（CCC）处理小麦可提高其抗寒性。

5. 冻害发生以后的补救措施

小麦是具有分蘖特性的作物，遭受冻害的麦田不会冻死全部分蘖，没有冻死的小麦蘖芽仍然可以分蘖成穗，通过加强管理，仍可获得好的收成。一旦发生冻害，可通过及时中耕，喷施叶面肥及生长调节剂，浇水追肥，做好病虫害防治，改种其他作物，及时补救，把灾害降到最低程度。

第四节　粮食作物低温耐受性研究展望

东北地区主要粮食作物以玉米和水稻为主，小麦的种植虽然面积较少，但对于特定地区和特定小麦品种仍有相当一部分市场。在一些地区，科研人员已经逐步探索出小麦与其他作物轮作或间作的栽培模式，为东北地区种植模式的多样化作出了贡献。针对东北地区主要粮食作物低温耐受研究，已经开展了各个层面上的具体工作，为东北地区粮食作物抗低温分子机制的明确、前沿技术的应用以及抗低温栽培技术的推广奠定了坚实的基础，同样也为东北地区粮食安全提供了强有力的保障。

随着分子生物学技术的不断发展和完善，基因编辑技术、高通量测序技术、转录组、代谢组、脂质组等组学技术均已逐渐应用到粮食作物功能基因基础研究甚至应用研究中。以CRISPR/Cas9为代表的基因编辑技术近10年来以井喷式的方式发展，目前几乎已经可以利用该技术实现任何位置的任何碱基的定点替换，也可以进行功能基因重要区段的定点修饰，结合转基因技术的使用，该技术未来将有更大的创新应用空间。水稻是公认的禾本科模式植物之一，是应用此项技术最为成熟的作物。随着玉米和小麦遗传转化技术的突破，在玉米和小麦中也陆续有该技术的应用报道。在3种作物的耐冷功能基因研究中也已有很多利用该技术的报道，但多数仍然局限于单个基因的敲除和编辑，未来的发展方向必然会像模式植物拟南芥一样，利用此项技术实现多基因突变或多基因编辑，从而达到更加理想的性状改造的效果。抗寒性是多基因控制的数量性状，未来可以利用基因编辑技术对控制此性状的多个基因进行编辑，为粮食作物抗寒基础研究及基因工程改造奠定基础（Guo et al，2011；Jin et al，2018）。

第三章　果树低温耐受性研究

　　我国果树资源极其丰富，自然条件优越，栽培历史悠久，可栽培的果树种类占世界的82%，水果产量和面积均居世界第一位。2010年，我国水果种植面积为$1.113\,95\times10^7hm^2$，总产量达到$1.224\,639\times10^8t$，水果的总播种面积占农作物的比重为32.22%，果品贸易为$6.588\,0\times10^8$美元，果品年产值约3.5×10^{13}元，在国内种植业中居第三位，占经济总量的0.4%，从业人员达9×10^7余人（束怀瑞，2012）。如今，我国果树产业迅猛发展，产业结构不断升级，为农民提供了大量的就业岗位，对我国国民经济的发展作出了重要贡献，具有显著的经济效益、生态效益和社会效益。

　　低温迫害，是全球果树生产中常见的自然灾害之一。果树一般多为多年生乔木或灌木，因自身不能移动而受低温迫害影响严重，低温迫害是影响果树引种和栽培的限制因子。我国东北地区地处寒温带，冬季寒冷干燥，持续低温天气频发对果树生产影响尤其大，几乎每年都发生不同程度的伤害，给生产带来很大损失（赵德英等，2010）。

　　低温对果树的影响体现在多个层面，包括果树生长状况、形态学变化及生理特性等，且果树抗寒性是果树对低温环境长期适应而形成的一种遗传特性，抗寒性高低因不同品种、不同器官和组织而异，是果树抗寒基因的表达等一系列作用的综合结果。目前，我国学者已提出很多有效的适宜东北地区果树抗寒防御的措施，积累了大量宝贵的防寒经验，成果丰硕。因此，了解低温对果树生长的影响，建立有效的果树抗寒性评价方法，找出评价果树抗寒性的最敏感的指标，解析果树应对低温胁迫的分子机理尤为重要，总结针对东北地区的果树防寒措施尤为关键。基于此，本章将从如下4个方面对果树抗寒性研究进展做一总结。

第一节　果树低温耐受性研究

一、低温迫害对果树的影响

低温迫害的种类按温度分为冷害和冻害，冷害是指0℃以上低温，冻害指0℃以下低温，按低温对果树的影响类型分为冷害、霜冻、抽条和雪害。东北地区果树遭受多种低温迫害，严重影响果树的生长发育、细胞形态结构和生理指标等。

（一）低温对果树生长发育的影响

低温对果树的生长发育有显著的影响，虽然适量的低温利于果树度过休眠和翌年的开花结实，但过低的低温会对果树的生长发育造成不良的影响。果树的低温伤害主要有冷害、霜冻、抽条和雪害等（赵德英等，2010）。冷害是指植物在生长发育过程中，受到高于0℃而低于其所处阶段最适温度的低温伤害现象。霜冻是指在生长季节，由于温度降至0℃以下，水汽凝结成霜，致使树体幼嫩部分结冰受冻的现象。霜冻有早霜冻和晚霜冻之分，若发生在早春，则为晚霜冻或春霜冻，若发生在晚秋，则为初霜冻或秋霜冻。初春或晚秋时节，树体正处于生长发育的初期或末期，如遇到较为严重的霜冻，很容易使树体受到伤害。霜冻会对幼嫩器官或组织造成伤害，例如晚霜冻害会造成花器脱落，嫩芽变褐干枯，幼果变小或畸形，甚至脱落（王进超，2008）。果树在初春受低温伤害后，很容易发生枝条抽条现象，即在早春土壤温度较低时，幼龄果树的枝条因蒸腾失水加剧，根系吸水能力不足导致的枝条脱水、皱缩和干枯萎蔫现象（王国盟，2008），抽条现象是我国东北干旱地区果树生产中的一大问题。霜冻后，最易发生抽条，由于地温偏低，果树根系的吸水力下降，随着地上部蒸腾的不断加强，叶片或嫩芽组织失水过多，长时间的生理干旱造成幼嫩组织失水枯死，导致果树抽生的新枝减少，影响了树冠的扩大和早期产量的形成（李春牛等，2010）。

（二）低温对果树形态学的影响

果树在低温条件下，自身形态会产生一些变化以适应低温环境。细胞结构与组织内细胞种类所占比例与抗寒性密切相关。研究人员提出，果树的组织形态与抗寒性的关系能很好地反映细胞、组织在低温条件下的变化，因此，可根据细胞形态、组织评价果树的抗寒力的大小（孟庆瑞，2002）。

Li等（1978）认为，射线细胞具有过冷却能力，能较好地防止细胞结冰。皮层细胞一般由活细胞构成，抗性较弱，而木质部细胞大都具有较厚的细胞壁，可避免结冰对原生质体的伤害，故可以用植物组织中皮层与木质部的比例衡量一种植物或器官的抗寒性。黄义江等（1982）发现抗寒性强的苹果树大都萌芽较早，气孔开放较大，休眠时间较长，生长后期气孔开放度减小，蒸腾作用较弱；保卫细胞及栅栏细胞小而细长，其内叶绿体数目较多。郭修武等（1989）等对葡萄根系抗寒研究结果也证实了前人的结论，研究表明抗寒品种根系细胞结构中，皮层细胞和射线细胞所占比例低，木质部所占比率高；根系导管小且分布密度较低，同时细胞体积小且表面积大，霜冻时细胞内的水分可以经过较短距离流出细胞，从而避免细胞内结冰。另外，低温胁迫使植物细胞、组织的原生质体孤立、分离。大量学者研究证明，低温条件下植物细胞出现原生质体孤立，并出现质壁分离现象。黄义江等（1982）提出抗寒性较强的苹果树种较早的出现了质壁分离现象，是植物组织对低温胁迫环境的一种适应，原生质体的孤立存在阻断了共质体的连续性，有利于减轻霜冻时细胞内气温的波动。姚胜蕊等（1991）对越冬时桃花芽进行观察，也发现了低温使质壁分离、原生质体孤立的现象，其中大久保桃出现质壁分离早且分离程度深，说明大久保桃树较其他桃树品种抗寒性强。大量研究表明叶片细胞结构紧密度（Cell tense ratio，CTR），即栅栏组织和下部紧密组织厚与叶片厚的比值，也与果树抗寒性息息相关，可作为植物抗寒性的一个鉴定指标。尹立荣（1990）等对葡萄叶片、枝条组织结构与抗寒性关系进行研究表明，枝条木栓层越厚，木栓化程度越高，则抗寒性越强。此外，抗寒品种的叶片栅栏组织排列紧密，海绵组织排列较松弛。

（三）低温对果树生理特性的影响

低温条件下，为适应环境，果树体内会产生一系列的生理物质变化，这是果树抗寒性获得的重要途径。

1. 含水量与果树抗寒性

果树抗寒性与组织中水分含量关系密切，果树在低温胁迫下含水量逐渐减少，特别是自由水和束缚水的相对比值减少。其中自由水是可以自由移动、蒸发和结冰；束缚水是细胞内亲水性大分子物质强行结合的水，对保证原生质体稳定性具重要作用。沈洪波等（1983）认为，果树遭受冻害时，胞内结冰对细胞的损伤最大，因此当低温来临时果树体内主动减少自由水含量，增加束缚水含量，这是果树避冻的重要机制。张文娥（2007）对葡萄枝条水分含量变化与抗寒性鉴定研究中也证实了这一点，发现自由水含量低，束缚水含量高的植物的抗寒性强，反之则抗寒性弱。但是孟庆瑞

（2002）对杏树的抗寒研究表明，在休眠期的杏树枝条组织含水量品种之间有差异但差异不显著。因此，束缚水与自由水的比值与抗寒性强弱有明显关系，比值越大的抗寒力越强。

2. 细胞膜通透性与果树抗寒性

生物膜是植物细胞与外界进行物质和信息交换的重要结构，果树遭受低温伤害时，首先作用于质膜，果树的细胞膜遭受迫害，膜系统受损，原本具有选择性的细胞膜透性改变。

Lyons（1975）提出的"膜相变寒害假说"认为，低温时，生物膜由液相转变为固相，流动性降低，膜质脂肪酸链的无序状态发生改变，膜上出现孔道或裂口，细胞液外渗增加。此后大量试验结果表明，植物抗寒能力的提高与细胞膜的相变温度密切相关，细胞膜相变温度较低，则抗寒性越强。果树在抗寒锻炼中，膜脂的不饱和度越高，则品种的抗寒性越强。张永和等（1998）利用此法对幼龄苹果树抗寒力进行了鉴定，表明膜质中不饱和脂肪酸与饱和脂肪酸的比值越高，或者脂肪酸不饱和度越大，则苹果幼苗的抗寒性就越强。一般认为，细胞膜中一定数量的膜磷脂与不饱和脂肪酸，对防止膜相变，维持细胞膜正常的物质运输功能有很重要的作用。冬季低温下，植物组织中膜质的脂肪酸不饱和度以及种子中亚麻酸、亚油酸含量都与抗寒性呈正相关，这一结论在许多植物中都得到了验证（佘文琴和刘星辉，1995；刘星辉等，1996；李荣富等，1997）。

低温引起的果树细胞膜选择透性的丧失会导致胞内电解质大量外渗，组织电导率相应升高，因此，常把相对电导率来作为果树抗寒重要衡量指标之一。因此，抗寒性较强的果树品种相对电导率较低，而抗寒性弱的则反之（朱志玉，2002）。在果树抗寒研究中，准确测定果树的低温半致死温度（LT_{50}），即伤害度达到50%时所对应的温度，在理论研究和实践应用中具有很重要的作用。低温半致死温度（LT_{50}）是以当伤害度达到一半时的处理温度作为植物组织的低温半致死温度，但在实际操作过程中误差极大，不能准确反映植物组织的抗寒性，研究发现，组织相对电导率与温度之间的关系呈"S"形曲线，其关系符合Logistic方程，运用数学方法，求出曲线的拐点所对应的温度，即为半致死温度。牛立新和张延龙（1996）、曲柏宏（1998）、沙广利等（2000）先后用相对电导率法测定苹果砧木抗寒性，得到一致结果，细胞溶液电导率可以较好地反映组织受伤害程度的大小，经低温胁迫后细胞溶液电导率越大，则品种抗寒性越弱。王善广等（2000）等通过电导法对98个李品种枝条的抗寒力测定，将98个李品种分成不同的抗寒类型，测定结果同实际情况相一致。王文举等（2007）以1年生葡萄休眠枝为试验材料，应用电导法研究了7个鲜食葡萄品种在不同低温下细胞膜通透性的变化，并配合Logistic方程求出拐点值，测定LT_{50}。结果表明，低温处理下，鲜食葡萄组织电解质渗出率呈"S"形曲线增长，温度在$-25 \sim -15$℃时，随着温度的下降，葡萄组织电解质渗出率有1个急剧升高的敏感区域，葡萄LT_{50}为$-19.72 \sim -13.9$℃。

3. 保护酶与果树抗寒性

在低温胁迫下会加剧膜脂过氧化的作用，体内活性氧和H_2O_2便开始大量积累，首先受伤害的是膜系统。膜系统的破坏会产生大量丙二醛（Malondialdehyde，MDA）它对质膜有毒害作用，它是细胞膜被破坏的标志性物质。大量研究证明，在低温条件下植物内的MDA的含量增加。曹建东等（2010）和马媛（2012）等对果树的抗寒研究也发现，MDA含量高且增加幅度小，则其抗寒性强；MDA含量低且增加幅度大，则其抗寒性弱。因此可以通过测定细胞膜脂过氧化的程度来评价果树抗寒性。

除终产物MDA外，植物在低温胁迫过程中会产生自由基，自由基的积累导致细胞内活性氧的产生和清除平衡遭到破坏，从而引发或加剧膜脂过氧化，从而引起膜上蛋白质聚合和变性，降低了膜的流动性，膜的通透性增强，细胞膜受到了伤害。果树体内亦是如此，为消除活性氧的氧化作用，自身会产生一套自我保护的抗氧化酶机制，如超氧化物歧化酶（Superoxide dismutase，SOD）、过氧化物酶（Peroxidase，POD）和过氧化氢酶（Catalase，CAT）等。近年来，研究人员已在多种植物中证实SOD、POD和CAT 3种酶与植物的抗寒性有关，它们能够调节细胞膜的透性，维持自身的正常代谢，保护细胞膜的结构和功能稳定（欧欢和林敏娟，2016）。

SOD是酶防御系统中的最主要的保护酶。大量学者研究发现，植物在不同条件、不同物种、不同发育时期及不同器官发生胁迫后，其体内SOD活性有升有降，且呈现出抗性强品种活性高于抗性弱品种的现象。即当SOD活性降低，植物抗寒性减弱；反之，SOD活性升高，植物抗寒性增强。大量学者研究表明，植物在低温胁迫下SOD活性均呈下降趋势。李凯（2015）等对葡萄抗寒性研究发现，随着温度下降SOD活性的整体趋势为先升高—下降—升高。因此不同植物SOD活性与抗寒性不同。

POD催化由过氧化氢参与的各种还原剂的氧化反应，能够在逆境下清除植物体内的活性氧，可以减少OH^-的形成，维持体内的一个相对平衡，可以减轻对植物造成的伤害，在植物应对低温胁迫作用重大。大量研究表明，植物在低温条件下POD随温度的下降其含量增加。鲁金星等（2016）通过对不同砧木和酿酒品种进行抗寒性测定，发现在一定温度限度内枝条POD活性与其抗寒性成正比。

CAT同样也是细胞逆境下酶保护系统的组成部分之一，其主要是将产生过量的

H_2O_2转化为H_2O和O_2，这样可以减轻H_2O_2对细胞造成的伤害。王淑杰等（2000）在对葡萄低温处理的研究中发现，抗寒性强的品种CAT活性高，抗寒性差的品种酶活性低。

通常对于3种保护酶的研究是同时进行的。刘伟等研究发现，抗寒性强的葡萄品种的SOD、POD和CAT酶活性高，随着时间和温度的变化下降缓慢，而抗寒性差的品种酶活性低，随着时间和温度的变化下降剧烈（孟庆瑞，2002）。王华等（2000）研究表明，花蕾期、开花盛期不同的杏品种在低温胁迫下，SOD活性先上升后下降，抗寒性强的意大利7号品种SOD活性最大，抗寒性弱的径阳梅杏品种SOD活性最小，并且抗寒性强的意大利7号SOD活性的上升幅度大于抗寒性弱的径阳梅杏品种。油桃花器官各部分保护酶在低温胁迫前期均逐渐升高，当达到一定的临界低温后呈现下降的趋势。这表明，花器官内保护酶的存在和活性的升高减轻了由膜脂过氧化引起的伤害，是植物组织提高抗寒性、免遭低温伤害的重要原因（杨春祥等，2005）。总之，植物生理指标对植物抗寒的研究具有重要意义，每一项生理指标的改变将会影响植物抗寒性的变化，尤其保护酶的含量与果树抗寒性密切相关，保护酶活性的高低可以判断果树抗寒性的高低。

4.渗透调节物质与果树抗寒性

渗透调节是植物对逆境条件下的适应性，植物通过自身的防御系统来控制代谢，通过渗透调节物质来适应逆境带来的伤害。大量研究已证明，植物在低温条件下，植物细胞会失去大量的水分，植物的生长将会受到影响，但是植物在生长过程中会自身诱导产生一些渗透调节物质，以提高植物细胞液浓度，降低细胞的渗透势，植物就可以从外界吸收水分，维持正常的代谢生长。果树遭遇低温时，体内会主动积累各种渗透调节物质，赋予果树渗透调节的能力，如脯氨酸、可溶性糖、可溶性蛋白等。这些小分子物质的主动积累不仅会提高细胞溶液的渗透势，降低水势，减少低温下细胞内水分的流失，还有许多其他的生理功能（张丁有，2015）。因此可以通过研究果树的渗透调节来确定植物抗寒力的大小。

脯氨酸广泛存在于植物体内，在逆境条件如低温、干旱、高温、病害及环境污染等都会造成植物体内脯氨酸含量的增加。逆境胁迫下脯氨酸大量积累可以帮助植物恢复生长，脯氨酸的作用是调节和维护结构中融冻后原生质与环境的渗透平衡，防止水分散失，促进蛋白质与水的结合，增加蛋白质的可溶性。此外，脯氨酸还可以作为植物细胞内碳水化合物的来源，是一种酶和细胞结构的保护剂，有学者指出脯氨酸的抗胁迫功能是通过保护植物体内线粒体电子传递链来实现的，它还可以诱导各种保护蛋白、泛酸、抗氧化酶和脱水素等保护物质的合成（Khed et al，2003）。研究发现在越冬条件下，多年生植物，如杨树、水杉、银杏、瑞香以及冬小麦等体内有大量脯氨酸积累（欧欢和林敏娟，2016）。王燕凌等（2006）研究表明，3个葡萄品种在整个越冬前低温锻炼期间，脯氨酸含量均随着温度的降低呈上升趋势，且低温锻炼中期是脯氨酸积累的有效时期，说明脯氨酸与葡萄的耐寒性关系密切，低温锻炼诱导了脯氨酸的积累，从而提高了葡萄的耐寒性。陈钰等（2007）对杏品种抗寒性研究发现，在低温条件下一年生休眠枝上叶芽中游离脯氨酸含量的增加，与品种的抗寒性强弱呈正相关。因此植物体内的脯氨酸含量也可作为植物抗寒性的重要指标（欧欢和林敏娟，2016）。因此，脯氨酸含量可以作为鉴定果树抗寒性的指标之一。

可溶性糖是植物体内的重要代谢产物，包括蔗糖、葡萄糖、半乳糖等，可通过提高细胞的渗透势进而降低细胞内水势达到保水的效果，降低冰点，也可以缓和细胞质过度脱水，对细胞起到保护作用。糖还能通过提供碳源和代谢底物来诱导其他相关抗寒的生理生化过程，增强抗寒性。大量研究表明，植物内的可溶性糖随着温度的降低其含量增加。和红云等（2007）提出，植物体内的可溶性糖能直接与细胞组分分子相连接，作为一种结构物质而存在，对细胞膜和酶起到稳定的作用。刘畅（2013）对苹果树进行抗寒性研究得出，植物体内的可溶性糖含量高，抗寒性较强。王淑杰等（1996）在葡萄抗寒研究中也证实了这点，结果表明抗寒性强的葡萄品种可溶性糖含量高于抗寒性差的葡萄品种，无论品种的抗寒性强弱如何，可溶性糖均随温度下降而增加，抗寒性强的品种增加幅度大。因此可溶性糖也是抗寒性研究的重要的生理指标。

可溶性蛋白是亲水胶体，在植物抗性中主要起保护作用，能增强细胞的保水能力，降低原生质因结冰而导致对植物的伤害，因此低温胁迫下植物体内可溶性蛋白质含量增加，有利于增强植物抗寒性。许多抗寒性研究表明，可溶性蛋白的含量随温度降低呈递增趋势，且抗寒性强的品种较抗寒性弱的增幅大。梁锁兴等（2015）和高京草等（2010）分别对平欧榛和红枣等果树研究表明，在低温条件下，果树体内的可溶性蛋白质的含量都是增加的。对杏、葡萄等果树的研究均表明，抗寒性强的品种可溶性蛋白的含量高，且抗寒性强的品种随着温度的降低可溶性蛋白增加幅度大，抗寒性差的品种增加幅度小（冯建灿，2002）。杨向娜等（2006）研究发现，可溶性蛋白与仁用杏抗寒性间呈正相关关系，抗寒性强的品种可溶性蛋白含量均高于抗寒性弱的品种。因此，果树的可溶性蛋白含量可以作为一个重要的抗寒生理指标。

5. 电阻抗与果树抗寒性

在20世纪80年代，电阻抗图谱法（Electrical Impedance Spectroscopy，EIS）成为测定植物抗寒性的方法，EIS法可以非破坏性的测定组织的胞内电阻、胞外电阻和膜变化（张钢等，2005）。张海旺（2014）利用EIS法测定桃树的抗寒性表明，随着抗寒性的增强，在相同频率下电抗值降低，电阻值增大，在抗寒锻炼末期抗寒性强的品种EIS弧大于抗寒性较弱品种的EIS弧。张军（2009）等用EIS法对刺槐种质资源抗寒性研究得出，胞外电阻率是最适用的一个参数，能够较好反映出不同种质资源抗寒能力。张海旺（2014）利用EIS法测定桃树的抗寒性还表明，在桃树抗寒锻炼后期和脱锻炼前期抗寒性较强时，用EIS法测得10个品种抗寒性，与生产上各品种抗寒性强弱表现一致。但是近年来利用EIS研究植物抗寒性较少，对电阻抗参数的生理意义仍不太清楚，需要对不同的植物种类和不同的植物组织进行深入探究，使该方法日益完善。因此可以利用EIS研究果树的抗寒性，该方法也可能成为果树其他生理研究方法之一（欧欢和林敏娟，2016）。

6. 内源激素与果树抗寒性

植物激素与果树抗寒性关系密切，罗正荣（1989）等认为，植物激素与植物抗寒性的关系主要体现在两个方面，一方面，植物激素可以诱导一些抗寒基因的表达；另一方面，植物激素可以保护生物膜免受伤害。这些植物激素包括脱落酸、赤霉素、茉莉酸、油菜素内酯和多胺等。

在各类激素中，研究较多的是ABA，尤其是ABA对植物抗寒性作用已被许多研究者公认（彭艳华等，1992）。低温逆境下，植物体内会大量积累ABA，促进气孔关闭和水分吸收，诱导特异蛋白的合成，调整保卫细胞离子通道，增强抗逆能力（Morillon and Chrispeels，2001）。ABA可以降低膜相变温度，避免细胞膜在较低温度下受冻害，从而保证了细胞膜正常的生理功能，提高植物的抗寒性（李荣富等，1996）。许多试验证实内源激素ABA水平的提高以及外源ABA的使用能提高植物的抗寒力，曲凌慧等（2009）研究表明，低温条件下3个葡萄品种叶片中ABA含量呈现先升高后降低的趋势。此外，外施ABA也可以增强果树的抗寒力，同时还可促进休眠、降低冬芽和枝条含水量。针对白杏ABA与抗寒性的研究也指出，不同浓度ABA处理均提高了白杏枝条体内的ABA含量，显著降低了白杏枝条的休眠，还可降低半致死温度（杨文莉等，2018）。

学者们在最初研究抗寒相关激素时选择的是GA，果树抗寒力的获得与该激素含量下降有关，GA可使果树长势减弱。在杏树等多种果树上通常抗寒性强的品种GAs含量低于抗寒性弱的（郑元，2007）。马凤新和杨建民（1997）等研究发现GA$_3$可延迟杏树落叶，使树体贮藏营养增加，花芽生长发育充实，抗寒力提高。在某些果树中，对抗寒锻炼起作用的是ABA与GA类激素的比例，随着ABA/GA的比值升高，抗冷性逐渐增强，而在解除低温锻炼期间，随着ABA/GA的比值下降，抗冷性也逐渐减弱。ABA/GA比值增高时，低温半致死温度也会相应增加。曲凌慧等（2009）以抗寒性不同的3个葡萄品种为试材，研究发现，抗寒性强的品种贝达叶片中ABA/GA大于抗寒性差的品种梅鹿辄。可见，低温时植物的内源激素会发生变化，生长抑制类激素含量升高，生长促进类激素含量降低。

JA也是果树抗寒性获得中的重要一员。以核桃为例，新梢在15cm时，用多效JA喷施，能减缓新梢长势，提升枝条可溶性糖含量，避免越冬抽条（刘树岐，2016）。

BR是一种新型植物内源激素，广泛存在于植物界，其具有高效、广谱、无毒的特点，被称为"第六大类激素"。从20世纪70年代被发现以来，关于BR的研究一直在进行，并取得了许多成果。总结BR的生理功能主要有如下几点：一是促进细胞分裂和伸长，研究表明BR可以增强植物细胞内DNA聚合酶和RNA聚合酶的活性，在分子水平上增加了DNA的含量，蛋白质转录功能增强，蛋白质合成加快。BR还能促进细胞质膜ATP酶活性，进而使质膜分泌H^+增多，酸化细胞壁，促进细胞伸长（Takasuto et al，1983）。二是促进光合作用，增加作物产量。三是提高植物的抗逆性。BR与植物抗逆性有很大的关系，主要体现在抗冷性、抗干旱、抗病害、抗盐害、抗除草剂、抗药害等方面（王忠，2000）。油菜素内酯与抗寒性的相关报道主要集中在蔬菜作物和大田作物上，关于BR对花生、茄子、黄瓜、玉米、小麦、水稻等作物抗寒性的影响均有报道，近年来关于BR在果树上应用的报道逐渐增多，在核果类和仁果类以及一些小浆果中得到了广泛的应用，并取得了一定效果。BR对果树生长的影响主要体现在它能调节果树的营养生长，提高果树坐果率和增进果实品质。许绍惠等（1991）在白皮松幼苗上施用BR后也发现，BR对白皮松幼苗抗寒性有一定的影响，研究还发现BR提高了对低温比较敏感的叶绿素b的含量，降低了叶绿素a/b值，统计发现越冬后的幼苗保存率提高14.6%。邹养军等（2001）对旱塬红富士花后喷施芸薹素叶面微肥结果表明，芸薹素叶面微肥具有提高果实果形指数、促进春梢停长的作用，显著提高了果实品质。白建军（2008）等在早春用BR处理大扁杏，结果表明，芸薹素内酯溶液可以提高低温胁迫后花器官中脯氨酸含量，抑制脂膜过氧化作用，有效降低了花器官中MDA的含量，所以适宜浓度的BR可以有效防御早春大扁杏的低温伤害。马丽娜等（2012）在葡萄转色前用外源2,4-表油菜素内酯处理，结果表明油菜素内酯促进了葡萄成熟和花色苷合成。然而，关于BR对果树抗寒的分子机理相关研究尚缺乏，有待进一步探究。

此外，多胺与果树抗寒性也有关系，它可以清除活性氧自由基，调节某些蛋白质合成的启动作用，多胺自身也是一种膜稳定剂，通过这些综合效应来提高果树抗寒力（林定波等，1994）。

二、果树抗寒性鉴定方法

果树抗寒性是指果树在低温条件下的抵抗能力，与抗寒基因的表达与外界的环境条件和果树发育的内生节奏、生理状况有密切关系，因此研究抗寒性的评价方法，找出评价抗寒性最敏感的指标，对防止果树寒害的发生，以抗寒品种作为核心种质培育新的抗寒品种具有重要的意义，可为优良品种的区域化栽培和抗寒育种提供基本的理论依据。

研究者已在果树种质资源的抗寒性鉴定与评价方面做了大量工作，张文娥等（2009）就以枝条自然失水速率和枝条冷冻处理后的电导率、萌芽率为评价指标，综合评价了葡萄属12个种45份种质资源的抗寒性。结果表明，在被测45份材料中，以山葡萄株系华县-47抗寒性最强，欧洲葡萄品种红地球抗寒性最差。刘威生等（1999）发现36个李品种的抗寒性表现出丰富的多样性，且多数李品种对低温的适应能力较强，起源地的生态条件与品种的抗寒性密切相关。同样，杏品种资源（张军科等，1999）、苹果种质资源（宋洪伟等，1998）等多种果树品种的抗寒性也已得到鉴定与研究。研究方法主要有以下几种。

（一）田间自然鉴定法

在田间的自然条件下，研究人员通过对果树植株受冻程度进行的直接观察而得知果树抗寒性的方法即为田间自然鉴定法。

（二）组织褐变法

与田间自然鉴定法类似，组织褐变法是在自然低温条件下或经低温处理后，经过一定的温育期，观测果树受害组织变褐程度，以此作为检验植株抗寒性的依据。高爱农等（2000）利用51个苹果品种枝条为试材，研究组织褐变法与抗寒性的关系，结果表明，温度越低，枝条褐变程度越重。

（三）生长恢复法

生长恢复法是根据在自然环境或人工处理条件下，果树受低温胁迫后恢复生长或形成愈伤组织的能力来判断其抗寒性，是鉴定果树抗寒性较为传统的一种方法。牛立新和张延龙（1996）应用生长恢复法对28个苹果品种或优系的抗寒性进行测定，指出恢复生长法与电导法在苹果抗寒性鉴定上具有很好的一致性（赵德英等，2010）。此种鉴定方法操作简便，结果较为清晰。

（四）电解质渗出率法

果树受到低温危害时，细胞的质膜透性增大，电解质外渗，电导率不同程度加大，由于这种变化明显地出现在外部形态变化之前，因而电导率可作为果树抗寒性评价指标。吴经柔和张之菱（1990）利用电导值结合复回归计算法，使之成为更符合果树抗寒性大小的鉴定指标。牛立新和张延龙（1996）、曲柏宏（1998）、沙广利等（2000）先后用电导法测定苹果砧木抗寒性，得到一致结果，经低温冷冻导电性越大，细胞膜受到伤害越重，其抗寒力越弱。Deans等（1995）研究表明，通过延长冰冻处理后的温育时间以及高温水处理时间，可提高电解质外渗量，改善数据的可靠性。因此，通过测定果树各组织在低温胁迫后的电解质渗透情况可评价其抗寒性差异。

电导法具有灵敏度高、操作简单等优点，能够将植株的抗寒性以量化的数字表现出来，准确性也较高，可对不同植株品种的抗寒性进行分析，也可作为衡量抗寒性强弱的常用方法。但电导法也存在一定的缺点，就是在进行低温处理时，需要具备能达到稳定低温的大型试验设备，如高低温试验箱等，同时对果树材料的数量和人力要求较高（付晓，2017）。

（五）活体电阻法

植物细胞间隙和细胞壁中的液体是电流通道，膜透出的电解质多，电阻就小，所以膜伤害与电阻成反比。由于膜对低频电流几乎是绝缘的，因而利用低频电流和高频电流测得的电阻比率可作为伤害指标。成明昊等（1982）通过测定枝干的电阻值来鉴定苹果的抗寒性，表明电阻值随着树体抗寒性的增强而升高，与苹果的抗寒性呈正相关。初步认为活体电阻法可作为果树树体抗寒性间接鉴定的手段之一。

（六）叶绿素荧光法

近年来，叶绿素荧光技术（Chlorophyll Fluorescence Measurements，CF法）在植物抗逆性的研究领域逐渐增多，低温通过削弱植物利用光能的能力，造成光能过剩，抑制叶黄素循环参与的非光化能量耗散或抑制蛋白修复循环，从而提高植物对光抑制的敏感性（Owuist et al，1992）。有学者认为，叶绿素荧光参数Fv/Fm与电解质渗漏率负相关，可作为鉴定植物抗寒性的另一种指标（Gilles and Binder，1997）。

（七）热分析法

许多植物的芽和茎抵御低温逆境的一个重要机理是通过组织水分的过冷却来避

寒。这种过冷却能用热分析法测定（Quamme，1974），是快速估测特殊组织抗寒性的实用方法。

（八）膜脂脂肪酸法

植物在抗寒锻炼过程中，膜脂脂肪酸的不饱和度相应增加，膜脂的不饱和度与品种的抗寒性呈正相关。多数学者认为，膜脂脂肪酸的不饱和度增高，膜的相变温度降低，使膜在低温下保持流动性和柔韧性，以利低温下正常功能的执行和避免膜脂固化造成膜的伤害。张永和等（1998）利用此法对幼龄苹果树抗寒力进行了鉴定，证明不饱和脂肪酸与饱和脂肪酸的比值或不饱和度与抗寒性呈正相关。

（九）组织细胞结构观察法

抗寒性的解剖结构是个体发育过程中为适应环境而长期形成的，抗寒性鉴定的主要部位是叶肉组织。通过对叶片角质层细胞数量、角质层厚度、栅栏组织厚度、海绵组织厚度、叶片厚度等指标的观测，可按照一定的比值来鉴定果树的抗寒性。黄义江等（1982）研究指出，抗寒力强的苹果品种生长早期气孔开放较大，晚期则较小，保卫细胞及栅栏细胞较小，栅栏细胞较细长，其内叶绿体数目较多。

（十）生理生化指标测定法

果树在低温条件下，会发生一系列生理生化指标的变化，通过对果树枝条的含水量，SOD、POD和CAT等保护酶的含量，脯氨酸、可溶性糖和可溶性蛋白质等渗透调节物质的含量，相对电导率和一些光合作用相关物质的含量的测定，可用来预测果树的抗寒性。综合利用多个生理指标来评价不同果树品种的抗寒性差异简单有效。

（十一）酶活性测定法

近年来学者们围绕着酶与果树抗寒性的关系作了大量研究工作，指出ATP酶、过氧化物酶、核糖核酸酶、淀粉酶及蔗糖酶、IAA氧化酶、CAT、SOD、乳酪脱氢酶、磷酸酯酶D、谷胱甘肽还原酶等各种酶或同工酶的量变与果树抗寒性均有一定关系。Levitt（1980）认为，冷害能引起细胞内部一些细胞器膜的酶消解，活性增强，即通过提高能量释放来抵御寒冷侵袭。在苹果树上发现低温锻炼可导致ATP酶活力的变化。

（十二）色价法

果树对寒冷时期低温的反应会产生一系列的生理生化变化，花青素的合成是这一系列变化的结果之一。于泽源和张英臣（1999）试验证明，在秋冬时期随着温度的降低，苹果树一年生枝条皮部花青素含量增加2～5倍，抗寒品种比不抗寒品种花青素的积累快且含量高。苹果品种抗寒力程度与枝条皮部花青素含量之间呈正相关。本方法则根据苹果抗寒力强弱与一年生枝条皮部花青素的含量呈正相关的关系，采用色价法测定不同苹果品种枝条皮部花青素的含量，鉴定出不同苹果品种的抗寒力。花青素含量可作为鉴定苹果抗寒性的一种有效手段。

（十三）同工酶技术

同工酶在抗寒锻炼中表现不同的形态。应用同工酶技术也可以分析鉴定苹果树的抗寒性。吴经柔和张之菱（1990）曾对38个不同抗寒性的苹果品种的过氧化物酶同工酶谱进行分析，证明抗寒品种有两条明显的抗寒酶带，而不抗寒品种只有一条不抗寒酶带。此特性在枝条皮部、叶柄及芽的酶谱分析中均一致，且稳定性强，因此可利用同工酶技术鉴别苹果品种的抗寒性。

（十四）综合评价法

植物的抗寒性受很多因素影响，孤立地用单一指标很难反映植物的抗寒本质。综合评价法包括隶属函数法、分级评价法、直接比较法和主成分分析法等，利用多个形态、生理等指标的测量结果，采用生物统计学分析的方法加以分析，可以在一定程度上克服单指标鉴定的不足。高爱农等（2000）利用电导法、恢复生长法、组织褐变法及Logistic法对部分苹果品种的抗寒力进行了测定，指出用以上几种方法测定苹果树的抗寒力总趋势基本一致，将几种方法结合会更准确地评价苹果树抗寒力，鉴定方法更科学（赵德英等，2010）。罗尧幸等（2018）通过对7个鲜食葡萄品种的1年生枝条为材料，测定不同试材在不同低温处理下的相对电导率、可溶性蛋白、可溶性糖、游离脯氨酸、丙二醛含量和过氧化物酶活性等抗寒性相关指标，应用隶属函数法综合评价了7个不同葡萄品种的抗寒性，结果表明不同葡萄品种间的抗寒性存在差异。欧欢等（2018）对6个扁桃花蕾在低温胁迫下的电导率、可溶性蛋白质、可溶性糖、淀粉和脯氨酸含量的变化，利用Logistic方程和模糊隶属函数法综合评价扁桃花蕾在低温胁迫下抗寒性的大小，结果表明，在低温胁迫下抗寒性与电导率呈显著性负相关，与脯氨酸含量呈显著性正相关，与可溶性蛋白质和淀粉含量不相关。孙世航（2018）利用相对电导率和生理生化指标综合评价了不同猕猴桃种质资源的抗寒性，建立了猕猴桃抗寒性评价方法体系，效果较好。

三、果树抗寒分子机制研究进展

果树抗寒能力的获得，主要原因是果树在低温胁迫下体内冷应答基因被激活，此过程又叫做冷驯化过程，冷驯化能诱导和增强一些基因的表达，从而引起了果树自身生理生化的变化。近年来，关于果树抗寒机理等领域已经开展很多工作，并取得了长足的进展。随着分子生物学的应用和发展，部分果树品种的抗寒基因被鉴别出来，如山葡萄、苹果等。除了传统选育抗寒育种外，外源基因的导入也已成为提高植物抗逆性的必要手段，因此，深入了解果树抗寒相关基因必不可缺（靳志飞和吴明华，2019）。对果树冷胁迫下分子应答机制的研究表明，果树的抗寒性是由许多基因共同控制的，根据基因产物的不同可将其分为两大类：一类为功能基因，编码的产物在胁迫过程中直接发挥作用，产物包括可溶性糖、脯氨酸及其他渗透调节物质，抗冻蛋白和LEA蛋白（Late embriogenesis abundant protein）等功能蛋白质；活性氧清除酶类等毒性降解物。另一类为调节基因，其产物参与调控下游基因表达、信号转导等过程，包括参与胁迫信号转导的蛋白激酶，以及参与胁迫信号转导的转录因子家族（靳志飞和吴明华，2019）。

（一）果树抗寒功能基因

1. *AFP*基因

抗冻蛋白（Anti-freeze Protein，AFP）属于低温诱导蛋白，能阻止生物体体液内冰核的形成与生长，从而维持体液呈非冰冻的状态。AFPs最初是从极区海鱼中发现的，在鱼类和昆虫类中研究较深入。植物AFP的研究较晚，Urrutia等（1992）也在多种植物中发现了AFPs的存在。这些抗冻蛋白都具有热滞效应，冰晶形态效应和抑制重结晶效应。作用原理不同是AFP与其他冷诱导蛋白的基本区别。抗冻蛋白与冷诱导蛋白相似，均具有亲水性和热稳定性，在转基因植物体内的抗冻蛋白，只在温度低于4℃的诱导下才能检测到表达产物。米宝琴等（2015）研究发现，山葡萄中抗冻性蛋白基因与低温胁迫有关，可能编码耐寒相关的代谢物质，从而提高山葡萄的抗寒性。

2. *LEA*和*COR*基因

LEA蛋白普遍存在于各类植物中，是种子在胚胎发育后期高度表达的一种具有高度亲水性的蛋白质。LEA蛋白不仅能在种子中积累，在营养组织和花粉管中也均有表达（刘贝贝等，2017）。LEA蛋白的亲水性和其氨基酸组成有关，其中甘氨酸、丝氨酸、苏氨酸、丙氨酸含量较高，半胱氨酸和色氨酸的含量较低或没有，这些特点与其功能密切相关（刘贝贝等，2017）。LEA蛋白在保证植物的正常生长发育以及对逆境胁迫抗性方面发挥重要的作用。植物体在低温胁迫下，能检测到其LEA蛋白的表达量有所提高（Grelet et al，2005）。目前研究认为，LEA蛋白的作用机制可能是通过与游离水分子结合，形成一个保护性膜来维持亚细胞结构和生物大分子结构的完整，从而使其发挥正常功能（Maurel and Chrispeels，2001）。冷诱导基因COR（Cold-regulated genes）基因编码的COR类蛋白是目前研究较为清楚的LEA蛋白。COR基因的启动子区域含有"CCGAC"5个碱基核心序列的脱水反应元件DRE（Dehydration-responsive element）。当植物体受到寒冷胁迫时，DRE作为顺式作用元件，能够激活COR基因的表达，从而提高植物的抗寒能力。也有的COR基因上有CRT（C-repeat）和DRE（Dehydration-respon sive element）2个顺式作用元件，并且上游转录因子能结合在这2个顺式作用元件上，诱导COR基因的表达，进而提高植物的抗寒性。Porat等（2002）从葡萄柚中获得了COR15基因，该基因编码15.1kDa的蛋白质COR15。范高韬等（2015）利用转录组技术鉴定出一个名为VvCOR27的抗寒候选基因，并将VvCOR27超表达的转基因拟南芥株系做了耐寒检测，结果表明，VvCOR27参与了植株对低温胁迫的响应，并对植物的耐寒性具有正调控作用。

3. HSP基因

热休克蛋白（Heatshockprotein，HSP）是一类功能性相关蛋白质，当植物HSP基因的表达量与细胞受到不同的非生物及生物胁迫刺激有关，相关研究已在拟南芥（Cheong et al，2002）及水稻（Swindell et al，2007）中报道。在胁迫条件下，HSP蛋白能够通过重新构建正常的蛋白构象体，从而维持植物细胞体内平衡而发挥作用。米宝琴等（2015）的研究结果也表明，HSPs家族与山葡萄的抗寒反应有关，山葡萄体内的Hsp17.4和Hsp60等某些HSPs属于下调基因，而Hsp18.2和Hsp21等则属于上调基因，并由此可以推断，山葡萄中HSP基因家族的功能差异性可能与进化过程中对冷应激反应的不同而引起的。

（二）果树抗寒调控基因

植物在感受和传导寒冷信号的过程中，有多种调控基因参与编码产生信号传递因子和调控蛋白，包括各种转录因子（Hughes and Dunn，1996）。转录因子是能够与真核基因启动子区域中顺式作用元件发生特异性结合，并对下游基因表达起调控作用的DNA结合蛋白，是转录起始所需的辅助因子，激活或抑制基因转录（刘强等，2000）。近年来，研究比较多的与植物抗逆相关的转录因子分别为NAC类转录因子、

WRKY类转录因子、bZIP类转录因子、MYB类转录因子、AP2/EREBP类转录因子（Singh et al，2002）。含有AP2/EREBP结构域的转录因子广泛存在于各种植物中，如拟南芥、番茄、水稻、葡萄等，与细胞生长发育和逆境信号的传递有关。而在果树逆境胁迫中研究最多的就是AP2/EREBP家族中的CBF类转录因子。

1. CBF（C-repeat Binding Factor）转录因子

1997年Stockinger在研究拟南芥低温驯化期间如何调节*COR*基因表达的分子机理时，从拟南芥cDNA文库中首次克隆出一段cDNA序列，这种cDNA能编码一种转录激活因子，并能与CRT/DRE（C-repeat/Dehydration-responsive element）结合，这段cDNA序列被命名为CBF1（CRT/DRE-binding factor）（臧建磊等，2011）。继CBF1转录因子后，在拟南芥中又相继发现了CBF2、CBF3和CBF4这3种转录因子，它们共同构成一个小的*CBF*基因家族（Stockinger et al，2001）。CBF1、CBF2、CBF3也被称为DREB1，DREB1在低温下大量表达且不依赖ABA（冯勋伟和才宏伟，2014）。DREB1转录因子能激活启动子中含有CRT/DRE元件的一系列基因的表达，如*RD29A*、*COR15a*、*RAB18*、*ERD11*等。

*CBF*基因家族是低温胁迫影响最直接的基因之一，该基因家族的表达产物都能在低温胁迫中发挥功能，从而提高树体的抗寒性（Stockinger et al，2001）。CBF1转录激活因子就像是一个总开关，综合激活冷驯化反应的多种组成因子。目前人们已经从其他植物如小麦、烟草、结缕草、大豆、茶树中克隆*CBF*同源基因（林茂和闫海霞，2008）。在果树中研究成果也颇多，Champ等（2007）对枳*PtCBF*基因在冷处理条件下的表达情况进行了研究，发现低温胁迫可诱导*PtCBF*基因的表达，但同时也发现，在枳的不同组织器官中，*PtCBF*基因对低温诱导的响应不同，如叶片的*PtCBF*的表达量在低温胁迫处理1h后达到最大值。金万梅（2017）等将拟南芥的*CBF1*基因导入到草莓中，发现在低温胁迫的条件下，导入拟南芥*CBF1*基因草莓植株的抵抗力有所提高。Siddiqua等（2011）通过对葡萄*CBF*基因家族进行研究发现，在低温胁迫下，*CBF1*和*CBF4*基因的表达量都有所提高。Tillett等（2012）也发现*VvCBF4*在葡萄中过量表达后，在提高转基因植株的耐寒性提高的同时植株高度出现明显的降低。Xiao等（2006）分离了欧亚种葡萄与河岸葡萄的CBF/DREB1-like基因*CBF1-4*，发现低温处理后*CZBF4*表达量上升且能够维持一定的水平，据此推测其可能与葡萄抗寒力相关。

2. ICE（Inducer of CBF expression）转录因子

bHLH家族参与许多物种的非生物胁迫耐受性调节，如Wang等（2018）对94个葡萄*bHLH*基因进行基因组鉴定及系统发育分析以评估这些基因之间的关系，并分析了94个葡萄*bHLH*基因在寒冷胁迫条件下的各种组织表达模式，鉴定了可能与花色素苷和黄酮醇生物合成相关的3个葡萄*bHLH*基因，从而确定了*bHLH*转录因子与葡萄耐寒性的潜在相关性。其中，研究最多的为ICE转录因子，ICE转录因子是在低温胁迫下能特异地与*CBF*的启动子序列相结合，诱导*CBF*基因表达，进一步激活下游的抗寒关键基因*COR*上调表达从而提高植物的抗寒能力。在正常温度环境下，ICE蛋白以非活化状态存在，而当植物面临低温胁迫时，ICE蛋白或与之有作用的蛋白被激活，可识别*CBF/DREB*基因的启动子，进而诱导*CBF/DREB*基因的转录（Gilmour et al，1998）。Li等（2014）等从玫瑰香葡萄中克隆得到了*ICE1*基因，并通过拟南芥转基因系统验证了其在低温胁迫响应中的功能。Xu等（2014）通过对该基因的两个同源物*VaICE1*和*VaICE2*与其他植物*ICE1*基因的比对分析表明，*VaICE1*和*VaICE2*在控制抗寒性表达的早期过程中起关键调节剂的作用，并且调节影响CBF通路上的各种低温相关基因的表达水平；通过将*VaICE1*克隆到含有CaMV35S启动子的载体pCAMBIA1300中构建过表达载体，并在烟草中进一步得到验证（Dong et al，2013）。

3. WRKY转录因子

WRKY转录因子家族的N端具有保守的WRKY氨基酸序列、C端具有保守的Cx4-5Cx22-23HxH或Cx7Cx23HxC锌指结构。*WRKY*基因具有很多的功能，其中主要功能是调控植物的抗病性和抗逆性。罗昌国等（2013）研究发现，湖北海棠*MhWRKY40b*基因受寒冷胁迫的诱导时，其表达上调，相对表达量最高达20倍以上。这表明*MhWRKY40b*可能在这些冷害胁迫反应中起到了重要调控作用。苏梦雨等（2019）克隆获得苹果*MdWRKY35*转录因子，且该转录因子在低温胁迫下表达上调，但*MdWRKY35*响应低温胁迫的机制仍需进一步研究。目前，针对东北地区其他果树的WRKY转录因子与果树抗寒性的关系研究尚少。

四、东北地区果树抗寒措施概述

我国果树栽培大多数都是露地种植，受到自然因素的影响比较大。越冬期间，如果出现持续低温或异常低温，都容易引起寒害的发生，不利于果树的高产稳产。尤其在东北地区，持续发生的低温雨雪天气容易造成果树受冻或生长缓慢，因此，做好果树抗寒防冻工作至关重要。学者和果农们一直在探索我国东北地区的果树抗寒栽培与防御低温迫害的措施，积累了大量宝贵的防寒经验和技术，成果丰硕。总结针对东北地区的果树防寒措施，主要包括以下几个方面。

（一）果树低温迫害类型

果实一般为多年生物种，各个组织器官之间质地差异较大，因此各个组织器官应对低温的抵御能力差异较大。按照组织器官，果树低温迫害的类型有以下几种。

1. 嫩枝

嫩枝停止生长较晚，发育不成熟的嫩枝，其组织不充实，保护性组织不发达，容易受冻害而干枯死亡。

2. 枝条

发育正常的枝条，其耐寒力虽然比嫩叶强，但是在温度太低时也会发生损害，尤其是冻害。有些枝条外表看起来没有什么变化，但发芽迟，叶片瘦小或畸形，生长不正常，剖开木质部色泽变褐，之后形成黑心，便是受了冻害。

3. 枝杈

受冻枝杈的皮层往往下陷或开裂，内部由褐色变为黑色，组织死亡，严重时大枝条也相继死亡。

4. 根茎

果树受低温伤害尤其冻害后，根茎皮层变成黑色死亡，轻则发生在局部，重则形成黑环，包围干周，导致整棵植株死亡。

5. 根系冻害

在地下生长的根系，受低温影响不容易被发现，但严重影响地上部分的生长。表现在春季萌芽晚或不整齐，在放叶后又出现干缩等现象。刨出根系，会发现外部皮层变为褐色，皮层与木质部分离，甚至脱落。

6. 花芽冻害

在早春，因为花芽解除休眠早，当春季气温上升，而又出现霜冻时，花芽便会遭受霜冻等低温迫害。花芽受冻后，春天不萌动，用手轻轻一碰就脱落，严重时全部花芽受冻死亡；冻害轻者发芽晚，生长畸形，内部组织变褐，使花器发育迟缓或呈畸形，影响授粉和结果，造成严重减产。花芽越冬时，分化程度越深、越完全，则越不抗寒；腋花芽萌发晚，则比顶花芽抗寒力强。

7. 枝（叶）芽冻害

枝（叶）芽更易受低温影响，在冬末早春时发生最多，深冬或初冬发生比较少。受冻比较轻时，髓部和鳞片基部变为褐色，严重时干枯死亡。

（二）预防果树低温迫害的技术措施

果树在秋季时，是自身丰富的养分出现回流的阶段，也是果树本身储存养分的重要阶段，可为冬季抵御低温提供养分。做好果树的御寒措施，对提高果树的产量和质量至关重要。具体措施如下。

1. 选择抗寒性强的树种

果树品种和冻害有着密切的关系，不同树种抗寒能力也不同，相同树种不同品种，抗寒能力也不尽相同。建园时，必须充分考虑这些因素，尤其是东北地区，属于寒温带，要根据当地的气候条件，按照"因地制宜，适地适树"的原则，选择抗寒能力强的砧木、树种和品种。同时，在果园高接换头改造的过程中，也要选择适合当地抗寒能力强的品种。

2. 合理建园选址

新建植的果园，要充分考虑地形和地势对果树冻害的影响。地形低凹或阴坡，秋季降温早，春季升温缓慢，冬季夜间停积冷空气，积温比较低，容易引发果树冻害。所以要尽可能选择背风向阳、地势比较高、排水良好、风力小和土层厚的地方栽植果树。

3. 加强栽培管理

适宜的栽培管理也可以有效地防止果树冻害的发生。果树生长后期，应该注重肥料的补充，这时应该少施或者不施氮肥，多施磷钾肥，促使果树提前结束生长。增施钾肥不仅为果树提供养分，还能提高叶片光合效能促进物质的积累，提高根系细胞液中钾离子的浓度，枝条木质化，使树中庸健壮，冰点下降，适时进入休眠，从而增强果树的抗寒能力。

4. 根外追肥

果实采后要及时在根外追肥，恢复树势。

5. 覆盖保温

在果树行间覆盖作物秸秆、树叶或在果树周围1m的直径范围内铺设地膜等，既可以保墒，又能提高果园地温。覆盖时，最好把秸秆截成20cm左右长的小段，这样便于翻埋，腐烂后也是良好的有机肥。

6. 根颈培土

针对果树根颈部容易受冻的特点，可以在进入冬季时，在树盘周围培覆厚土层，这样有保护树盘的作用。培土时，应该视果树的大小而定，一般为树盘直径的1.0~1.5倍，培土厚度在15~20cm。但是不要在树盘上取土，以防根系裸露受冻害，培土要干、细。等到翌年早春气温回升时，如果防寒土层内温度高于10℃，则要及时把培土扒开，第一次扒土一半，第二次全部扒除。也可以在大冻到来前，用稻草绳缠主干、主枝，或用稻草捆好包裹树主干。

7. 干刷白

冬季树干刷白也可以防冻，因为晴天可以反射太阳光，减少晴天吸收的太阳热，缩小冻害前后的温度差和树干上的昼夜温差，可以防御或者减轻冻害。对果树主干，特别是离地0.5m的主干，可以用生石灰1.5kg、食盐0.2kg、硫黄粉0.3kg、油脂少许、水5kg，拌成糊状溶液制成涂白剂，涂抹在果树树干上，这样可以防止和减轻冻害。同时，还能防止病菌侵入，减少越冬病虫源。

8. 冻前灌水或冻时喷水防寒

利用水结冰降温时放出大量潜热的原理，在封冻前土壤"夜冻昼化"时对果树进行灌水或在冻害将发生时喷水，使地温保持相对稳定，从而减轻冻害。同时灌水还能起到冬水春用，防止春旱的作用。灌水一般要在晴朗干燥天气的上午进行，以入夜前水分全部渗入地下为准。

9. 熏烟防冻

可以根据气象预报，在天气急剧降温的夜间采用熏烟防冻法。燃料以锯末、糠壳和碎秸秆为好。在午夜12时左右点燃，注意控制火势，以暗火浓烟为好。一般1hm²果园可以点45～60个燃火点，使烟雾全覆果园，以减缓地面散热降温，并增加空气中的热量。根据测定，熏烟法一般可以使气温提高3～4℃。熏烟适宜在没有风的情况下进行，熏烟时注意要有人看护，以防火灾。

10. 喷布抑蒸保温剂

在寒冷初期，可以人工树冠喷布抑蒸保温剂，增强抗寒性，使叶面覆盖一层薄膜，抑制水分蒸散，减少叶面细胞失水，有利于维持叶细胞的正常生理机能，进而起到防冻的效果，但果树会发生轻度的落叶现象。

11. 树冠防寒

对幼树和衰弱的树，可以用稻草、薄膜等覆盖树冠，保护树体；对匍匐生长的果树，要先把枝蔓扎成束慢慢压回地面，再覆土防寒，厚度为20cm左右。对树势良好的果树，可以在冬季管理时结合修剪，及时把弱枝、枯枝、病虫枝和迟发嫩梢剪除，这样能增强树体养分积累，确保果树安全越冬。

12. 雪天防寒

下大雪时，要及时摇落树上的积雪，以免积雪压断树枝。但千万不要用竹棍敲打积雪，以免损枝伤叶，造成伤口而降低果树的抗寒力。树盘周围的积雪要及时扒开，推出园外。

（三）提高果树抗寒性途径

1. 利用基因工程选育果树抗寒品种

通常选育果树抗寒品种主要采用常规杂交育种的方法，但是利用常规育种方法存在抗寒性资源不足、选择周期长等缺点，很难满足生产上对果树抗寒品种的迫切需要。随着生物技术的发展和广泛应用，对抗寒分子机理的认识不断加深，人们开始采用基因工程手段培育抗寒新品种。将抗冻蛋白基因、冷诱导基因、脂肪酸去饱和酶基因、抗氧化酶活性基因以及渗透调节相关酶基因中的一种或几种导入果树中，获得转基因植株，均可以提高果树的抗寒性。金万梅等（2017）利用根瘤农杆菌介导的遗传转化方法，将拟南芥*CBF1*基因导入草莓中，提高了草莓对低温胁迫的抵抗力。袁红燕（2013）通过农杆菌介导法，将山葡萄*ICE*基因转到美人指葡萄中，也可显著提高美人指葡萄的抗寒性。因此，利用基因工程手段，选育果树抗寒新种质或新品种对东北地区的果树栽培有重要的意义。

2. 施加底肥和向叶面喷施肥料

在秋季给果树施底肥至关重要，底肥能够为果树花芽分化、抵抗寒冬、储存养分奠定坚实的基础。倘若冬季施肥土地已经冻住，地下的温度也在不断降低，这样对于分解肥料和根部的吸收极其不利，加上冬季树叶掉落，养分的循环已经不再进行，这样对于养分的转换和储存极其不利（秦德明和陶俊，2015）。因此，冬季不适合施肥。倘若春季施肥则会损失树体储存的养分，因此，春季不适合对果树施底肥。在该阶段，树体正是一个储备养分的重要时期，施底肥能够更好地促使果树叶片的光合效能进一步提高，推进营养的储蓄，确保花芽更加丰满、花芽分化良好，树体储存足够的营养（杨平，2019）。果树储存充足营养的同时，拥有高品质的花芽，不仅可以确保果树果实品质及产量的提高，而且可以增强树体的抗冻能力，为果树的产量和质量提高奠定良好的基础（孙立众和王立军，2019）。

除施加底肥外，还可向叶面喷施叶面肥来延迟叶片衰老，加强果树长势及结实率，提高树体自身的免疫，延迟果树树叶掉落的时间。向叶面喷施肥料有利于肥料均匀分散，从而促进肥料作用的充分发挥，取得很好的效果（秦德明和陶俊，2015）。不仅节省了工作量还节省了时间，促进果树的生长。通过相关的技术，给果树补充适量的营养成分，使得花芽更加丰满，增强树体营养的回流，促进养分的储蓄。

3. 喷施外源抗寒物质

在低温天气来临之前，喷施一些具有抗寒效果的外源物质，可以提高果树在低温下的抵抗能力。目前国内外关于抗寒物质的研究报道比较多，总结已经发现的各种外源抗寒物质，可以发现它们大都可以归为3类：植物激素类物质、非激素有机化合物类物质、非激素无机化合物类物质（黄翔，2008）。目前研究较多的具有抗寒性的植物激素类物质主要有脱落酸（ABA）、多效唑（PP333）、油菜素内酯（BR）、烯效唑、6-苄基腺嘌呤（6-BA）等；非激素有机类物质主要有水杨酸（SA）、黄腐酸（FA）、甜菜碱（BT）、壳聚糖（CTS）、茉莉酸（JA）等；非激素无机类物质主要有$CaCl_2$、KCl、Zn、Cu、Mn等。

外施ABA可以诱导内源ABA水平的提高，这在多种植物上已被证实。郑元（2007）研究表明，外源喷施ABA能诱导内源ABA增加，抑制GA_3的形成，使ABA/GA_3值增大、SOD和POD酶的活性增强、可溶性糖含量增加和MDA含量降低，导致质膜通透性减小、膜结构的完整性得到保护，使电解质渗出率减小、半致死温度降低，从而提高仁用杏树开花坐果期的抗寒性。秋季树冠喷施50~100mg/L的GA_3可延迟杏树落叶，增加树体贮藏营养，从而提高花芽的抗寒力。芽膨大期喷施18mg/LABA，可在不影响仁用杏树花蕾、花朵和幼果发育进程的情况下，提高抗寒力（魏安智等，2008；王连荣和刘铁铮，2010）。

水杨酸（Salicylic acid，SA），又名邻羟基苯甲酸，是植物体内的一种小分子酚类物质，许多研究表明SA在植物生长、发育、成熟、衰老调控及抗逆诱导等方面，具有广泛的生理作用，近年来，关于SA与植物抗逆性关系的研究越来越多。在抗寒性研究方面，有试验表明SA处理能诱导产热，而植物产热对防御低温危害有一定的作用。所以有学者认为SA与植物抗寒性提高有一定关系，多为外源喷施。此后许多学者的研究证实了这个观点，王丽（2005）采用不同浓度梯度的SA喷施葡萄叶片，结果表明，外源SA能明显提高全球红葡萄幼苗在抗寒锻炼期间根茎中SOD和POD酶活性，降低质膜透性和MDA含量，增强了幼苗的抗寒性。张俊环等（2014）给杏树骆驼黄品种的显蕾期花枝喷施外源SA，结果表明，低温条件下，SA预处理的杏花在低温胁迫期间抗氧化酶活性较对照组的材料增强，MDA含量比对照有明显降低且相对稳定，且CBF的表达量明显高于对照组，因此，适宜浓度的外源SA可能是通过调控低温下杏花中CBF转录因子的表达，增强细胞的抗氧化酶活性，减轻低温造成的膜脂过氧化伤害，从而在一定程度上增强了杏花的抗寒性。此外，还有许多试验研究表明SA能提高玉米、番茄、油桃、草莓、茶树等大田作物和经济作物的抗冷性。总结前人的试验结果，孟雪娇等（2010）认为，SA提高植物抗寒性主要是通过以下两个方面实现的，一是低温时SA可通过减轻植物细胞的结构变化而增强其抗寒性；二是SA可通过调节抗氧化酶活性、清除活性氧、减少细胞渗透物质的外渗和提高光合作用来增强植物的耐寒性。但外源施加SA以提高果树抗寒性的机制相关研究尚缺乏。

油菜素内酯（Brassinolide，BR）是一种新型植物内源激素，BR与果树抗寒性密切相关。但除却内源BR对果树抗寒性的影响较大外，外源喷施BR也可增强果树御寒能力。近年来，关于BR在果树上应用的报道也比较多，在核果类和仁果类以及一些小浆果中得到了广泛的应用，并取得了一定效果。BR对果树生长的影响主要作用体现在它能调节果树的营养生长，提高果树坐果率和增进果实品质。邹养军等（2001）对旱塬红富士花后喷施BR叶面微肥结果表明，BR叶面微肥具有提高果实果形指数、促进春梢停长的作用，显著提高了果实品质。马丽娜等（2012）在葡萄转色前用外源BR处理，结果表明BR促进了葡萄成熟和花色苷合成。刘德兵等（2008）等用不同浓度的BR处理香蕉幼苗，然后进行低温胁迫处理，结果表明喷施BR后，细胞电解质外渗显著降低，叶片中MDA含量增加速率减缓，并且可溶性糖和可溶性蛋白的含量也得到提高，叶片萎蔫面积和死亡率均降低，可见适宜浓度的BR能显著提高香蕉幼苗的抗寒性。白建军（2008）等在早春用BR处理大扁杏，结果表明，芸薹素内酯溶液可以提高低温胁迫后花器官中脯氨酸含量，抑制脂膜过氧化作用，有效降低了花器官中MDA的含量，所以适宜浓度的BR可以有效防御早春大扁杏的低温伤害。但BR与抗寒性的分子机制相关报道主要集中在蔬菜作物和大田作物上，关于BR对果树抗寒性的分子机制报道不多，有待进一步探究。

钙作为一种大量营养元素，在果树的生长发育过程中起着重要的作用。首先钙作为一种很重要的细胞结构组成成分，参与了细胞壁和细胞膜的组成，钙增加了果树器官或组织的机械强度（刘秀春，2004）。Ca^{2+}作为一种细胞膜保护剂，能防止细胞和液泡中物质外渗，提高抗氧化酶活性，增强细胞膜的流动性和机械强度，提高细胞活性（Poovaiah，1993）。钙还可以减少自由基对膜系统的损伤，延缓果实的衰老（关军锋，1999）。钙还参与了植物体内的信号转导过程，关于钙的信号转导作用以及与植物抗逆性的关系的研究，已取得了一定成果，尤其是钙信使系统中Ca^{2+}信号的产生机理及特异性，成为当前植物营养生理研究的热门领域。Rasmusesm早在1970年就明确指出，Ca^{2+}是调节细胞多种功能的第二信使。大量研究表明，当果树遭受逆境胁迫时，细胞质中Ca^{2+}浓度会迅速增加（Knight，2000），启动一些抗性基因的表达，诱导产生钙调蛋白（CaM），CaM可以提高抗氧化酶活性，从而有利于细胞清除活性氧和自由基，提高果树对逆境的适应性（宗会和胡文玉，2000）。

氯化钙作为一种价格较为低廉的抗寒性物质，近年来在果树上的应用也越来越广，关于其提高作物抗寒性的报道也比较多。康国章等（2002）在香蕉上的研究也表明，$CaCl_2$可提高香蕉幼苗低温锻炼期间叶片POD酶活性，细胞电解质外渗量下降，增加了渗透调节物质的积累，叶绿素降解减少，从而减轻低温伤害。王丽（2005）探讨了外源氯化钙对不同葡萄种抗寒性的影响，结果表明，外源$CaCl_2$对葡萄的根、茎的质膜相对透性、可溶性糖含量、脯氨酸含量、MDA含量和SOD、POD活性等影响，可缓解低温对葡萄幼苗生长的抑制。可见，$CaCl_2$是一种有效的抗寒物质。

4. 加强田间管理

科学有效的田间管理也是影响果树抗寒性的因素之一。在经常遭受霜冻的地区，建园定植时要选用抗寒性较强的砧木和品种，园址选择背风向阳、地势平坦的地块，避免在地势低洼的山谷及迎风河谷建园。施肥时不可过量施用氮肥，以免树体虚旺徒长，致使秋梢生长不充实，还应增施有机肥和复合肥，补充磷钾肥及其他大量元素。冬季修剪时还应及时疏除病枝、老枝，减少树冠郁闭，改善果园的光照透风条件，霜冻发生时可减少冷空气在果园的聚积。需要在土地结冻之前对土壤进行翻转，增强土壤的疏松程度，促进果树根部的新根大量生长（秦德明和陶俊，2015）。疏松土壤不仅有利于雨水或者雪的积聚，为果树的生长提供充足的水分，而且有利于除掉各种藏于地底下或者地面上的害虫，降低害虫对果树的破坏程度，提高果树的总体产量和果实的质量（孙立众和王立军，2019）。

此外，在冬季对果树进行灌溉也可增强果树抗寒性，因为水分是果树生长的基础养分之一，这样既可以给果树提供充足的水分，还能促进根部生长，促进果树发育，使果树在翌年生长茂盛，使果树更加防冻（孙立众和王立军，2019）。早春果树萌动前灌水，也可以降低地温，延迟根系发育，延缓树体萌芽，萌芽后至开花前，再灌水2～3次，可推迟花期2～3d（温吉华和高坤金，2004）。灌水可以增加近地面层空气湿度，由于水的热容量较高，会使白天的增温幅度和夜间的降温幅度变得缓和。此外，灌水后土壤导热率提高，降温时土壤深层热量可以迅速上传。唐慧锋等（2004）等对果园进行行内畦灌和树冠喷水，使3个苹果品种的初花期较对照推迟了3d，表明早春即在花前供水能推迟苹果的花期，使苹果花朵免受霜冻。

铺盖地膜也是增强果树抗寒性的有效策略之一。果树的生长与土壤的温度有很大的关系，土壤温度的提升，不管是对树体根部的生长还是对肥料作用的发挥都起到了至关重要的作用，铺盖地膜有利于保存土壤的温度，保留土壤中的水分，促进土壤中肥料的解析，为果树的生长提供基础条件（王位泰等，2011）。因此，为了使果树在春季免受低温冻害和晚霜冻的侵害，在果园管理中，可对果树采取铺盖地膜的措施，以此来提高地面温度，保留水分和养分，促进果树的生长，从而提高果树的产量和质量（孙立众和王立军，2019）。

调节果园小气候，提高温度也是抵御低温迫害的有效途径。此方法主要是通过一些应急措施，如熏烟、喷水、扰动空气等措施来改善果园小气候，达到防御霜冻等低温迫害的目的。熏烟是霜冻防御中比较古老的方法之一，熏烟法对于辐射霜冻有较好的预防效果，而对平流霜冻和平流辐射霜冻防治效果较差。一般在晴朗无风的夜晚，当最低气温降至作物所能忍受的临界温度前1~2℃时，燃放烟幕，直至清晨日出后1~2h结束。烟幕能吸收地面长波辐射，减小地面辐射散热，减慢了地面降温速度；烟堆的燃烧还可以释放部分热量，提高近地层空气温度，增温效果1~3℃；此外烟雾中的亲水性微粒还可以作为凝结核，吸附大气中的水分，水汽聚集凝结会放出大量潜热，从而缓和了空气的降温幅度（张丁有，2015）。随着科技的发展，近年来国外许多果园采用了一些比较先进的防霜技术，比如应用太阳能热水系统、微波发射、生物化学方法除霜和机械气流扰动等。太阳能热水系统首先应用于葡萄园防霜，设备主要由一种内部装有水的黑色聚合物材料构成，该材料具有很强的太阳能吸收能力，加热后试验效果表明，该装置可以显著提高葡萄园树盘的蓄热能力，有霜时使其上方空气温度提高1℃；裸地上的蓄热能力比有草覆盖的地面提高38.5%，放热提高32%。

（四）果树遭受低温迫害后的补救措施

低温迫害是农业气象灾害的一种，在我国辽宁、吉林、黑龙江和内蒙古东部等东北地区等较寒冷地区，果树冻害发生频率高，对生产影响严重。当果树遭受不可抗拒的低温迫害后，为最大程度地降低低温气候对果树生长发育及结实的影响，需要对迫害后的果树及时进行树体恢复等补救措施，具体措施有如下几个方面。

1. 及时排水

果树遭遇低温迫害，尤其是冻害后，应及时排水，可缓和迫害影响，减轻损失。重冻树在萌芽后，更要注意土壤水分的管理，夏涝、伏旱都不利于植株生长的恢复。

2. 保护未受冻叶片

果树受冻后，叶片表现比较快，对已经确认枯死的叶片要及时摘除，并尽量保护好没有冻死的叶片，增强树的光合作用，制造出更多的营养，使树体尽快得到恢复。

3. 合理修剪

果树发生冻害后，枝干表现比较迟，当年不适宜马上做大幅度修剪，以免加重受损程度。适宜的修剪应在春季萌芽时进行，坚持"重伤重截，轻伤轻剪"的原则。如果因为冰雪压断枝条，应该及时捆扎，并设立支柱或吊枝固定，尽量保留和挽救伤枝。修剪时要选择晴朗天气，一般短截应该剪到健康部位以下2cm左右。重截或回缩到主枝、副主枝时，应该依据树冠基枝状况，选留合理适当的壮芽，在芽上2cm处锯断，重新培养主枝、副主枝。如果主干及主枝皮层开裂，整个树冠冻死时，可以在嫁接口上适当位置锯断主干，重新萌发枝蘖，形成主干。锯口要平，用75%酒精消毒，再用波尔多浆或黄泥牛粪浆等保护剂涂上。修剪后，新芽萌发杂乱繁多，应该及时减芽摘心，尽早恢复树冠。

4. 合理施肥和及时喷叶面肥

对轻微受损的果树，可及时喷施叶面肥。因为寒露风、晨霜或倒春寒引起的叶片黄化、卷缩，可以立即选用绿芬威、绿风95、植物防冻剂、过磷酸钙浸出液或磷酸二氢钾加尿素作为叶面肥，喷施2～3次。注意，施用浓度应该稍低于平常施用浓度（吕凯，2012）。

果树受低温迫害后，应该早施春肥，第1次以速效氮为主，最好是稀薄人粪；第2次春肥可以加适量的过磷酸钙，可以用0.3%～0.5%的尿素加1%过磷酸钙浸出液及4%草木灰浸出液进行根外追肥，并适当提前施稳果肥，增加磷钾肥。

5. 中耕培土

及时中耕培土，保持树干湿度，提高地温，引根深扎。入春后，要注意排水。

6. 保根

果实多为多年生植物，经历低温迫害后的枝叶严重萎蔫的果树要首先保根，应该加强果树灌溉，中耕松土，并在树盘上覆盖厚层稻草。同时，摘除或打落枯萎叶片、轻截失水的末端枯枝，确保地上地下部位的水分供应平衡，保证根系不受影响。

7. 及时防治病虫害

果树受低温迫害后，长势较差，在早春要及时喷石硫合剂，消灭病菌；也应及时施有机肥，以防涝防旱和进行病虫害防治。果树受冻后，容易发生树脂病（流胶病），可以在5月中旬和9月中旬刮去病皮，用75%酒精涂洗后，再涂抹58%甲霜灵锰锌100倍液，或80%赛得福20倍液，或64%杀毒矾20倍液，或牛粪、黄泥加适量毛发混合剂，效果都很理想。另外，要及时防治蚜虫、螨类和蛾蝶类害虫，保护新梢的顺利生长，以利树冠的恢复。

8. 花果管理

对因花芽受冻而开花量减少的果树，要采取保花、保果措施，如加强肥水管理、人工授粉等，尽量提高坐果率。对冻后的树体生长失去平衡造成大量花果及枝梢徒长的，应该疏花疏果。疏除部分结果母枝，减少花量，稳果后应该进行疏果。对过多梢芽，要及时抹除，增加营养物质的积累，促进枝芽成熟，增强树势。

第二节 葡萄低温耐受性研究

葡萄属于葡萄科（Vitaceae）葡萄属（*Vitis*），为多年生落叶藤本植物，葡萄不仅口味鲜美，而且成熟的果实中还含有15%~25%的糖类和有益于人体的营养物质（韩瑶，2018）。据有关文献记载，葡萄是世界上栽培历史最早，分布面积最广泛的果树之一。葡萄本属含有70多个种，在我国生长的约有35个。葡萄起源于北美洲和欧亚大陆，是全球五大果树之一，目前用于栽培的品种主要来自部分欧美杂交种和一些抗性较好的欧亚种（付晓，2017）。

一般情况下，在冬季空气温度低于-15℃时，葡萄植株就可能会发生冻害，最终导致葡萄产区整体产量降低，葡萄浆果果实品质差，更有可能造成葡萄整株的死亡，一旦发生这样的情况，葡萄的栽培者就会受到巨大的经济损失。根据国家农业部统计，我国葡萄的栽培面积和产量近年来增加迅速，截至2015年面积和产量分别为$7.99 \times 10^5 hm^2$和$1.37 \times 10^7 t$（刘凤之，2017）。

东北地区是我国7个葡萄集中栽培区之一，属于典型的大陆性季风气候，冬春气候十分寒冷并且十分干旱，对葡萄葡的引种栽培、果实的品质产生及葡萄越冬影响巨大，且势必造成严重的人力和经济损失。低温严重限制了我国东北地区葡萄产业的发展，因此，了解葡萄响应低温胁迫的生理生化及分子机制，总结葡萄抗旱育种概况及抗寒措施，探索提高葡萄抗寒能力的有效途径，培育抗寒性强的优良葡萄品种，对东北地区葡萄产业发展具有重要的理论与实践意义。

一、葡萄低温迫害概述

（一）葡萄低温迫害成因

冬季的持续低温，尤其在我国东北地区，冬季常低温积雪，葡萄在低温环境下各组织遭受不同程度的伤害，导致其体内生理水平发生变化，影响其后期生长和结实，对葡萄伤害严重。

（二）葡萄不同部位对低温的适应性

研究表明，不同种群的葡萄品种具有不同的抗寒能力，美洲种抗寒能力最强，欧美杂交种较强，欧亚种最弱。其次不同葡萄的组织也具备不同的抗寒能力，例如枝、芽、叶及根系之间的抗寒性同样存在一定的差异（付晓，2017）。

1. 枝

生长季节的葡萄枝条一般不耐寒冷，一般来说，在0℃以下，枝条就会随着温度的降低，其节间颜色也发生改变，不同品种表现出本品种特有的颜色。枝条一旦受冻，其维管层细胞和初皮部冻死后便不能自我修复。枝条受冻由外向内开始，当初皮部内层受冻，木质部也开始受到伤害，接着髓部开始逐渐向外扩散。

2. 芽

葡萄在遭遇低温冻害时，芽是最先感受到低温的器官。首先，芽内部开始变色，逐渐干枯死亡，花芽的抗寒性比较弱，一般常常在春季回暖时遭遇低温冻害。如果葡萄的芽遭遇低温冻害，翌年则不萌发。芽耐低温的能力与根系和枝条比，相对较弱，受到伤害后的恢复能力较差（付晓，2017）。

3. 根

葡萄作为深根性的果树，具有十分发达的根系，其根富含肉质，具有导管小而密的特点，髓射线化等特点，有大量丰富的营养物质，如碳水化合物、蛋白质等。这些营养物质在冬季寒潮来临之前，在组织中大量积累，有利于葡萄根系的越冬。根系在相对适宜的环境条件下，整年都可生长，冬季的低温会使根系处于一种休眠状态，但并不会对树体造成不可逆转的伤害。葡萄根系由须根和多年生骨干根组成。在比较深厚而且疏松的土壤中，葡萄的根系分布比较深，根系的分布与葡萄抗寒性关联很大。不同葡萄品种之间根系的抗寒力是有所不同的，研究表明，同样低温胁迫下，某些粗根为主的葡萄品种抗寒能力较强，而河岸葡萄根系分布较浅，抗寒能力比较弱。因此，在我国北方地区，尽量选择根系分布较深的砧木栽培（付晓，2017）。

（三）葡萄低温胁迫下的形态学特征

果树不同组织当受到冻害时，均有不同表现，不同年生的葡萄枝条抗寒能力也会有所不同。崔方（2008）以黑龙江省哈尔滨地区的几个鲜食葡萄品种为试材，通过对叶片和枝条形态结构的观测，发现葡萄抗寒性与自身形态结构特性有关，葡萄叶片CTR值越大、栅栏组织整齐而排列紧密，品种抗寒性越强；葡萄枝条木质部所占比例越高、导管小且分布密度低的品种抗寒性越强。葡萄叶片解剖结构各层次的厚度与葡萄种类、品种的抗性都有一定的关系（贺普超，1999）。叶片解剖结构抗寒性鉴定的主要部位是叶肉组织。王丽雪（1990）对葡萄叶片组织结构与抗寒性关系进行研究表明，抗寒性强的品种叶片栅栏组织排列紧密且较厚，海绵组织排列松弛且较薄。也有指出抗寒性强的品种栅栏组织和海绵组织细胞下栅栏组织占叶厚的比例大。葡萄枝条是葡萄越冬的主要器官之一，葡萄枝条的成熟度及其内部解剖结构与葡萄越冬性有着显著相关性。抗寒性强的品种组织结构比较紧密，导管小而密度低且射线发达；在对根系解剖结构的研究中发现了相同的规律，但其相关性不如枝条强（李荣富，1995）。尹立荣（1994）等的研究发现抗寒性强的葡萄品种，其枝条木栓层厚，细胞层数多，木栓化程度高。根系的抗寒力远比成熟枝条弱，而其又是主要的越冬器官之一。李丙智等（1994）研究指出，田间植株出现冻害与根系受冻关系密切，而与枝条关系不大。另有人研究，叶片组织结构与葡萄品种的抗寒性没有明显的相关性（李晓燕，1995；李荣富；1997）。郭修武（1994）等对葡萄根系抗寒研究表明，抗寒品种皮层在根系结构中所占比率低，木质部所占比率高且皮层细胞和射线细胞小，导管小且密度低。细胞体积小则表面积大，有利于胞内的水分经较短距离迁移出细胞，不造成细胞内结冰。葡萄的芽组成复杂，除冬芽、夏芽外，冬芽还有主、副芽之分（贺普超，1994），另外不同种类的葡萄枝条节间的长度相差很大，不同节位上的芽萌芽力也不同。主、副芽的区分对研究不同品种抗寒性的大小关系，副芽比主芽更耐寒（牛立新，1991）。因此，不同葡萄品种的不同组织在低温下的结构特征各异，且与抗寒性密切相关，可作为评价葡萄抗寒性的依据之一。

二、低温对葡萄生理特性的影响

（一）含水量

葡萄含水量特别是自由水含量低，细胞液浓度高，保水能力强，代谢活动弱，有利于抗冻。葡萄在外界温度开始降低时，葡萄植株的活动开始减弱，从而葡萄植株体内的含水量逐渐下降，束缚水升高，自由水相对减少，因此葡萄枝条组织内的细胞液浓度就会升高，保水能力增强，生理活动开始减弱，这种含水量低意味着容易结冰的自由水含量少，可减轻组织结冰给葡萄带来的危害。当冬季气温下降到0℃以下时，细胞间隙的自由水便开始结冰，而束缚水的冰点在-25～-20℃。因此当束缚水的相对含量较高，自由水的相对含量较低时，结冰温度相应降低。相反，当自由水/束缚水比值高时，葡萄组织或器官代谢活动旺盛，生长较快，抗寒性差（崔方，2008）。多个研究也证实了这一观点，如张昂（2008）研究表明，当葡萄进入休眠状态后，随着休眠状态的加深葡萄枝芽的自由水含量下降，束缚水含量升高，总含水量较低，当休眠期结束后葡萄枝芽内的自由水则开始升高，总含水量处于上升状态。

（二）质膜渗透性

细胞质膜是组织细胞对外界低温环境反应最为敏感的部位，同样也是植株受到冻害的最初部位。当温度降低到一定程度时，细胞膜的透性发生改变，细胞膜内，大量的可溶性物质渗出，细胞膜内和细胞膜外的离子失衡，从而导致细胞生理生化和功能发生改变。研究表明，低温下，抗寒性强的鲜食葡萄品种质膜透性改变的幅度较抗寒性弱的品种小。同时，低温胁迫产生的程度和持续时间与葡萄电解质渗出有直接影响，因此利用与质膜渗透性相关的指标，相对电导率和Logistic方程计算植物半致死温度（LT_{50}），被认定是一种评价植物抗寒性大小的常用方法。崔方（2008）针对葡萄枝条的渗透情况研究发现，随低温胁迫加剧，葡萄枝条相对电导率增加，并根据电解质外渗透规律得出的各个品种的半致死温度的高低，进一步证实了它们之间的抗寒性的强弱，以贝达为对照的几个葡萄品种的抗寒性的强弱顺序为：贝达>京秀>京亚>U-尼昆>白鸡心。

（三）抗氧化酶

植物受到低温胁迫时，呼吸作用与其活性氧化系统均与植物抗寒力相关。随着低温的发生，植物的呼吸作用也会发生改变，抗寒能力不同，呼吸作用改变的幅度也会有所不同，同样的低温下，抗寒性强的葡萄品种其呼吸作用改变的幅度也相对的较大。有研究证实了这点，发现当外界环境发生变化如秋冬光照和温度发生下降时，葡萄枝条中POD活性逐渐提高，其中抗寒性强的葡萄品种的增长幅度较大；在越冬期间葡萄枝条中的SOD活性先升高后下降；外界温度下降CAT活性逐渐升高休眠结束后迅速下降。张昂（2008）也发现，在越冬后期葡萄枝芽中SOD活性逐渐下降，之后开始升高；葡萄枝芽中POD活性在解除休眠过程中呈现先下降后上升的变化趋势；而在休眠过程中葡萄枝芽的CAT活性逐渐升高，并且之后保持较高的活性。范宗民等（2020）测定了葡萄品种赤霞珠在低温下的抗氧化酶含量，结果表明随着处理温度的下降，所有处理枝条相对CAT活性呈增加趋势；POD活性先上升后下降；SOD活性呈"升高—降低—升高—降低"的变化趋势。综上所述，因测量方法等原因，单一的某一抗氧化物含量并不能完全反映葡萄或其他果树的抗寒性，仍需结合其他指标综合评价果树的抗寒性。

（四）渗透调节物质

渗透调节是植物对逆境条件下的适应性，植物通过自身的防御系统来控制代谢，通过渗透调节物质来适应逆境带来的伤害。大量研究表明，脯氨酸、可溶性糖和可溶性蛋白等物质含量的变化与葡萄的抗寒性有关。王燕凌等（2006）研究表明，3个葡萄品种在整个越冬前低温锻炼期间，脯氨酸含量均随着温度的降低呈上升趋势，且低温锻炼中期是脯氨酸积累的有效时期，说明脯氨酸与葡萄的耐寒性关系密切，低温锻炼诱导了脯氨酸的积累，从而提高了葡萄的耐寒性。王淑杰等（1996）在葡萄抗寒研究中表明，抗寒性强的葡萄品种可溶性糖含量高于抗寒性差的葡萄品种，无论品种的抗寒性强弱如何，可溶性糖均随温度下降而增加，抗寒性强的品种增加幅度大。对葡萄的可溶性蛋白测定结果表明，抗寒性强的品种可溶性蛋白的含量高，且抗寒性强的品种随着温度的降低可溶性蛋白增加幅度大，抗寒性差的品种增加幅度小（冯建灿，2002）。崔方（2008）综合测定了葡萄在低温胁迫前后的3种渗透物质含量的变化，表明游离脯氨酸含量变化与温度的变化呈现正相关，贝达及4个鲜食葡萄品种的抗寒性强弱依次为：贝达>京秀>京亚>U-尼昆>白鸡心；抗寒性高的京亚、京秀、贝达葡萄在各个时期保持较高的可溶性糖含量，而抗寒性较弱的U-尼昆、白鸡心葡萄可溶性糖含量相比较低；不同时期抗寒性强的贝达葡萄的蛋白含量均最高，其次是京秀，京亚和白鸡心，U-尼昆的含量最低。因此，渗透调节物质脯氨酸、可溶性糖和可溶性蛋白的含量变化可作为判断葡萄抗寒性的依据。

三、葡萄抗寒分子生物学研究进展

果树抗寒能力的获得，主要原因是果树在低温胁迫下体内冷应答基因被激活，此过程又叫做冷驯化过程，冷驯化能诱导和增强一些基因的表达，从而引起了果树自身生理生化的变化。果树抗寒基因主要为调控基因和功能基因，其中调控基因主要通过调控基因的表达、信号转导来提高植物的抗寒能力，如CBF（C-repeat binding factor）转录因子、ICE（Inducer of CBF expression）、ERF（Ethylene-responsive factor）和MYB转录因子（邢卉阳，2019）；而功能基因发挥作用的主要途径是在细胞内部编号产生亲水性多肽，组成α-螺旋二级结构，在细胞受到低温伤害时稳定细胞膜的脂质从而保护磷脂双分子层，防止电解质流失，如冷诱导基因COR（Cold-regulated genes）编码的COR类蛋白。目前果树在此方面的研究成果多集中在对葡萄的抗寒性研究中，具体结果如下。

（一）CBF

葡萄CBF转录因子是研究最为透彻的抗寒基因对象，早在多年前，Xiao等（2006）分离了欧亚种葡萄与河岸葡萄的CBF/DREB1-like基因CBF1-4，发现低温处理后CZBF1-4表达量上升且能够维持一定的水平，据此推测其可能与葡萄抗寒相关。随后，金万梅等（2008）对红地球葡萄中的*DREB1b*基因过表达，结果表明红地球的抗寒性有所提高。Siddiqua等（2011）通过对葡萄*CBF*基因家族进行研究发现，在低温胁迫下，*CBF1*和*CBF4*基因的表达量都有所提高。Tillett等（2012）也发现*VvCBF4*在葡萄中过量表达后，在提高转基因植株耐寒性的同时植株高度出现明显的降低。王法微等（2013）研究发现，低温胁迫下*CBF1*在抗寒性强的山葡萄中表达量增加，而在抗寒性弱的葡萄中表达量无明显变化，*VaCBF1*在根、茎、叶和叶柄下冷应激均呈现依赖性上调表达；霞多丽的茎尖、幼叶、幼芽和嫩茎在低温时均有*CBF1-3*基因表达，且基因的表达量在不同的时间段差异显著。刘洋（2014）构建了双优*CBF1*基因的表达载体pBI121-ViCBF1，并成功转化到巨峰中。Karimi等（2015）在低温胁迫下对河岸葡萄、Khalili-Danedar和霞多丽的*CBF1/2/3/4*基因的表达进行比较分析，最终得出结论，抗寒性强的品种中*CBF*基因的表达量均比不抗寒品种高。以上针对葡萄*CBF*的研究阐释了*CBF*基因家族在葡萄抗寒性获得中发挥的重要作用，可作为标记基因用于葡萄抗寒性的鉴定。

（二）COR

CBF转录因子可以直接与*COR*基因的启动子区域含有"CCGAC"5个碱基核心序列的脱水反应元件DRE（Dehydration-responsive element）相结合，从而激活*COR*基因的表达，从而提高植物的抗寒能力。刘更森等（2014）对葡萄冷适应蛋白基因*Vvcor1*进行克隆，证明该基因的表达提高了贝达葡萄的低温胁迫响应能力。Xu等（2014）研究发现，两种葡萄*bHLHs*作为对冷应激反应的正调节，调节*COR*基因的表达水平，这反过来又赋予冷胁迫的耐受性。范高韬等（2015）对玫瑰香低温胁迫进行转录组分析，筛选出一个抗寒性候选基因*VvCOR27*，其在拟南芥株系中的过表达提高了植株抗寒性，*VvCOR2*作为正调节因子增强了植株对冷胁迫的耐受能力。

（三）bHLH/ICE

CBF作为转录因子，也受到其他调控基因的调控。其中，研究最多的为ICE转录因子，ICE转录因子是在低温胁迫下能特异地与*CBF*的启动子序列相结合，诱导*CBF*基因表达，进一步激活下游的抗寒关键基因*COR*上调表达，从而提高植物的抗寒能力，这三者介导的抗寒调控通路可用ICE-CBF-COR转录级联反应表示。ICE转录因子属于bHLH家族，该家族成员参与许多物种的非生物胁迫耐受性调节，如Wang等（2018）对94个葡萄*bHLH*基因进行基因组鉴定及系统发育分析以评估这些基因之间的关系，并分析了94个葡萄*bHLH*基因在寒冷胁迫条件下的各种组织表达模式，鉴定了可能与花色素苷和黄酮醇生物合成相关的3个葡萄*bHLH*基因，从而确定了bHLH转录因子与葡萄耐寒性的潜在相关性。在正常温度环境下，ICE蛋白以非活化状态存在，而当植物面临低温胁迫时，ICE蛋白或与之有作用的蛋白被激活，可识别*CBF/DREB*基因的启动子，进而诱导*CBF/DREB*基因的转录（Gilmour et al，1998）。Li等（2014）从玫瑰香葡萄中克隆得到了*ICE1*基因，并通过拟南芥转基因系统验证了其在低温胁迫响应中的功能。Xu等（2014）通过对该基因的两个同源物*VaICE1*和*VaICE2*与其他植物*ICE1*基因的比对分析表明，*VaICE1*和*VaICE2*在控制抗寒性表达的早期过程中起关键调节剂的作用，并且调节影响CBF通路上的各种低温相关基因的表达水平；通过将*VaICE1*克隆到含有CaMV35S启动子的载体pCAMBIA1300中构建过表达载体，并在烟草中进一步得到验证（Dong et al，2013）。

（四）ERF

ERF转录因子是AP2/ERF大家族中的一个大的亚家族，孙小明（2016）在山葡萄和玫瑰香中克隆了ERF转录因子基因*ERF057*和*ERF080*，并在拟南芥中过表达这两种基因，使拟南芥的抗寒性明显提高。于冬冬（2016）通过农杆菌介导法将脱水诱导早期应答基因家族的*VaERD15*转入红地球葡萄原胚团中，结果显示低温处理时间越长，*VaERD15*基因的表达量也随之增加，说明葡萄*VaERD15*基因的表达受到低温胁迫的诱导。Seonae等（2016）对早熟坎贝尔（Campbell Early）进行冷胁迫处理，通过转录组及基因结构表达分析发现*2OG*基因在葡萄抗寒机制中起到重要作用。Dai等（2016）对华东葡萄（*Vitis pseudoreticulata*）研究发现，其*VpPR4-1*基因受低温诱导。

（五）MYB

MYB类转录因子家族是指含有MYB结构域的一类转录因子，也是植物应答低温逆境的关键转录因子之一。Xin等（2013）通过对山葡萄和玫瑰香冷处理和对照的转录组测序，发现了如合成与降解酶基因、谷胱甘肽巯基转移酶基因以及MYB转录因子等，这些基因在冷处理山葡萄中表达量比对照高。Sun等（2018）从山葡萄中分离并鉴定出MYB类转录因子基因编码的GARP型转录因子命名为VaAQUILO，并验证了AQUILO在山葡萄与欧亚种葡萄中都受低温诱导，其过表达可显著提高转基因拟南芥和山葡萄愈伤组织的抗寒性，AQUILO通过促进渗透保护物质的积累来提高耐冷性。

（六）组学技术在葡萄抗寒性的研究进展

新兴分子生物技术的发展推动着葡萄抗寒分子机制研究的进步。Deng等（2017）采用基于iTRAQ的比较蛋白质组学分析方法，通过对耐寒葡萄品种山葡萄（*Vitis amurensis*）和冷敏葡萄品种玫瑰香（*Vitis vinifera cv.Muscat hamburg*）进行冷应答蛋白鉴定，发现参与光合作用、淀粉和蔗糖代谢的蛋白质对刺激的响应（如富含甘氨酸的RNA结合蛋白、钙调蛋白、WSI18蛋白等）进行的信号转导可能对葡萄起到抵御寒冷的重要作用。Xu等（2014a，2014b）对山葡萄转录组数据分析，得到大量的冷相关基因和转录因子，包括MAPK1、MAPK2、热激蛋白、富含半胱氨酸蛋白激酶受体、ICE1、泛素结合酶、bHLH和MYB类转录因子等。Londo等（2018）对5个不同品种葡萄的全转录组基因表达模式进行了分析，发现与对照相比两种胁迫下，基因的表达模式明显不同，但低温和冷冻胁迫下的基因表达模式也存在明显差异，差异基因主要来源于乙烯信号转导、ABA信号转导、AP2/ERF、WRKY和NAC转录因子家族以及淀粉、蔗糖、半乳糖途径的基因。由此可见，组学的发展与利用为充分挖掘葡萄抗寒关键基因提供了技术手段与保障。

综上所述，世界上对葡萄的抗寒机理和抗寒相关通路的研究不断增加，但是仍有部分通路尚未完善，部分抗寒相关基因、蛋白等尚未找到，有些基因、蛋白质等参与抗寒通路的具体机制尚不清晰，对其抗寒性的研究仍不能停止（邢卉阳，2019）。

四、葡萄抗寒性评价及种质资源

（一）葡萄抗寒性的鉴定方法

研究者已在果树种质资源的抗寒性鉴定与评价方面做了大量工作，尤其在葡萄抗寒性评价上成果较多，例如张文娥等（2009）就以枝条自然失水速率和枝条冷冻处理后的电导率、萌芽率为评价指标，综合评价了葡萄属12个种45份种质资源的抗寒性。结果表明，在被测45份材料中，以山葡萄株系华县-47抗寒性最强，欧洲葡萄品种红地球抗寒性最差。研究方法主要有以下几种（付晓，2017）。

1. 室外鉴定法

在田间的自然条件下，对植株受冻程度进行观察鉴定。

2. 组织变褐法

组织变褐法是根据植物枝条在受冻害后，观察其褐变程度，来确定对应的抗寒性。可通过观察葡萄一年生的枝条在受冻害后，其次生木质部颜色发生改变部分与整个枝条横截面的比例来作为鉴定指标。

3. 恢复生长法

低温处理后的葡萄枝条，其组织经过恢复后，使其在适宜的条件下萌芽，以对应的萌芽率来鉴定葡萄的抗寒性。这种鉴定方法操作简便，结果较为清晰，也可以作为植物抗寒性鉴定的重要指标。

4. 低温—伤害度LT-I回归直线

以差热分析法（DTA）测定植株抗寒能力，是比较常用的方法。有研究表明，通常植物组织在0℃时就开始结冰并同时伴随放热，叫做高温散热。某些木本植物在经过低温时，材料在程序控制人工气候室内，随着不断地降温，可在数据结果中发现，产生多次的放热，首先开始是在零下几度，为细胞外结冰，然后有些植株在全部放热的过程中，对应的温度可达到-45℃以下，称为低温放热。在此过程中对应的温度，叫做深过冷温度。在此过程中，细胞内结成冰晶造成细胞的机械化损伤，从而造成组织死亡。

5. 电导法

植物的细胞是属于半透性的生物膜，在逆境条件下，膜系统稳定性会发生改变，利用这个特性，可间接反映出植株对应的抗寒性。植物组织受到低温胁迫时，其透性就会增大，细胞内的各种可溶性物质，如电解质，将会有不同程度的外渗，膜受到的伤害越大，电解质的渗出率就越大（曲柏宏等，1998）。试验中，可用电导仪来测定植物组织细胞在受冻后的电解质外渗率，进而判定植物的抗寒性，并可拟合Logistic方程，确立半致死温度。电导法具有灵敏度高，操作简单等优点，能够将植株的抗寒性以量化的数字表现出来，准确性也较高，可对不同植株品种的抗寒性进行分析，是果树衡量抗寒性强弱的最常用方法。

6. 综合评价法

在对植物抗寒性进行鉴定时，通常需要采用适宜的研究方法，也要建立准确的数量化指标。近年来，研究者通过对植物生态形态对低温胁迫的反应，进行研究，结合生物技术研究方法，对植物体在低温胁迫下各部分进行分析，根据其细胞学特性，确定了某些直接或者间接反映植物抗寒性的鉴定指标。指标包括细胞结构、半致死温度LT$_{50}$、可溶性蛋白质、可溶性糖、游离脯氨酸等。通过这些指标对葡萄抗寒性进行综合评价行之有效。

崔方（2008）以黑龙江省哈尔滨地区的几个鲜食葡萄品种为试材，通过对叶片和枝条形态结构的观测，发现葡萄抗寒性与自身形态结构特性有关，葡萄叶片CTR值越大、栅栏组织整齐而排列紧密品种抗寒性越强；测定了不同低温梯度处理下的葡萄枝条的相对电导率和枝条萌芽率，研究的葡萄品种的抗寒性的强弱顺序为：贝达>京秀>京亚>U-尼昆>白鸡心；测定了多个生理指标并进行综合评价，结果表明，除自由水与束缚水的比值与抗寒性呈负相关外，其他生理指标（包括可溶性糖、可溶性蛋白质、游离脯氨酸、膜质脂肪酸）均呈正相关，以上指标均可作为鉴别葡萄抗寒性强弱的有效指标。付晓（2017）对45份鲜食葡萄品种的枝条抗寒性进行评价，选用试材为一年生休眠枝条，采用差热分析法（DTA），确立枝条初皮部和木质部的LT-I曲线，计算各个关键温度点并计算综合隶属度，根据综合隶属度分析比较不同品种间的抗寒性，结果表明，随着温度的降低，枝条在逐步放热，即初皮部和木质部逐步放热死亡，抗寒性强的品种随着温度的降低放热程度比较小，抗寒性弱的品种放热程度较大。范宗民等（2020）对不同砧木的赤霞珠葡萄枝条进行抗寒性综合评价，结果表明，随着处理温度的下降，所有处理枝条相对电导率值、MDA含量、可溶性蛋白含量、CAT活性呈增加趋势，但增加幅度不同；游离脯氨酸含量、可溶性糖含量、POD活性先上升后下降；SOD活性呈"升高—降低—升高—降低"的变化趋势；综合分析得出6种供试葡萄枝条耐寒性由高到低依次为CS/5BB、CS/SO4、CS/5C、CS/140R、CS/kangzhen3、CS。

（二）葡萄抗寒种质资源的研究和利用

1. 葡萄抗寒种质资源

抗寒种质资源的发掘是葡萄抗寒育种的基础。世界葡萄种类大概可分为欧亚种葡萄（*Vitis vihifera* L.）、河岸葡萄（*V.riparia* Michx.或*V.vulpiua* L.）、美洲葡萄（*V.labrusca* L.）、沙地葡萄（*V.rupestris* Scheele）、山葡萄（*V.amureusis* Rupr.）、婴奥葡萄（*V.thunbergii* Sieb.et Zucc.）等。据Alleweldt（1990）《温带果树及坚果作物种质资源》一书中介绍，属于抗寒性强的葡萄种主要有河岸葡萄（*V.riparia* Michx.）、美洲葡萄（*V.labrusca* L.）和山葡萄（*V.amurensis* Rupr）。由于原产于中国的大量野生种研究起步较晚，Alleweldt仅列出了山葡萄，根据贺普超（1982，1989）等的研究，婴奥葡萄野生于中国华北、华中、华南及朝鲜、日本，抗寒力较强，在华北可露地越冬，果实小，酸涩，果枝率高，果穗数多。中国科学院北京植物园最先利用其作为抗寒育种的亲本。抗寒性强、在抗寒育种中具有利用价值的品种还有夏葡萄（*V.aestivalis* Michx.）、甜冬葡萄（*V.cinerea*）、燕山葡萄（*V.yeshanensis*）、霜葡萄（*V.cordfolia* Michx.）和蓝葡萄（*V.bicolor* Auth.）等（崔方，2008）。

2. 葡萄抗寒育种成就

近两个世纪以来，葡萄抗寒种质资源的发掘和抗寒理论的研究不断深入，葡萄抗寒育种已取得了许多成绩。葡萄抗寒育种遍布美国、加拿大、法国、苏联、日本、中国还有欧洲一些其他国家等许多葡萄生产大国。北美东部是最早进行葡萄抗寒育种的地区。这一地区主要利用美洲葡萄、河岸葡萄、沙地葡萄等野生种选育大果型、品质优良的类型进行驯化或种间杂交，选育抗逆性强的品种以抵御严寒。在19世纪上半叶，主要育出了如伊莎贝拉（Isabella，1818）、卡托巴（Catawba，1823）和康可（Concord，1849）等。20世纪后，美国东部葡萄抗寒育种集中在纽约农业试验站和阿肯色州立大学。从1890—1996年，纽约农业试验站培育出了一系列抗寒性强或较强的葡萄品种，其中抗寒性强或较强的有核鲜食品种有Ontario、金玫瑰（Golden Muscat）、Buffalo、Alden、Bath等，无核鲜食品种有Concord Seedless、喜乐无核（Himrod）、Romulus、布朗无核（Bronx Seedless）、Suffolk Red、康能无核（Canadice）（Pool RM，1977；Reisch BI，1997）等，酿造品种有Canada Muscat、纽约玫瑰（New York Muscat）、Cayuga White、Horizon（Reisch B.，1983；Reisch BI，1986）、Traminette（Reisch BI，1997）等一大批鲜食、酿酒品种。

目前加拿大种植的用于酿制白葡萄酒的法美杂种品种主要有Vignoles（Ravat 51）、Aurore（Seibel 5279）、Seyval（Seyve Villard 5-276）和Vidal Blanc（Vidal256）等，酿制红葡萄酒的主要有De Chaunac（Seibel 9549）、Marechal Foch（Kuhlmann 188-2）、Chancellor（Seibel 7053）等（Cahoon，1996）。一些法美杂交品种如Marechal Foch、Chancellor、Aurore、De Chaunac、Baco noir等可抗-32～-31℃的低温（Bordelon，1997）。

苏联大部分地区冬季寒冷，所以很早开展了抗寒品种的选育工作。20世纪初，米丘林第1个采用山葡萄作抗寒育种亲本，与河岸葡萄、美洲葡萄、欧亚种葡萄等杂交，培育出俄罗斯康可、小铁蛋、米丘林小无核等抗寒品种和北极、布杜尔等抗寒砧木品种。俄罗斯康可能抵御-30℃低温，布杜尔的根系可抗-16℃的土壤低温。苏联育成的早紫、北方晚红蜜等山欧杂交品种，在国际葡萄酒评比中多次得到金奖、银奖。

日本的大井上康、井川秀雄等用它们与欧亚种四倍体品种杂交，培育出以巨峰、先锋，红富士为代表的巨峰系品种。巨峰系品种的抗寒性普遍强于欧亚种，其中泽登晴雄以奥林匹亚和大粒Fredonia杂交育成的蜜汁，在我国东北地区表现抗寒、抗病，果实成熟早，品质好，已经大面积推广。

中国虽然拥有丰富的抗寒种质资源，但中国葡萄抗寒育种起步较晚，始于20世纪50年代，主要是以山葡萄为抗寒亲本，以欧亚种、欧美杂种为优良品质亲本。如中国科学院北京植物园、吉林省果树所、中国农业科学院果树研究所在20世纪50年代从欧山杂种一代中选育的北醇、公酿1号、公酿2号、黑山、山玫瑰等。它们抗寒，出汁率高，丰产，可酿造甜红葡萄酒，在我国很多地区种植表现良好。20世纪80—90年代，辽宁省熊岳农业学校、中国农业科学院特产研究所、黑龙江省齐齐哈尔园艺研究所、内蒙古农业科学院园艺研究所又分别从山欧、山欧美杂种二代中选育出抗寒酿酒品种熊岳白（王中英，1997）、左红一（宋润刚，1999）和鲜食品种玫瑰红（陈辉，1997）、内醇丰（张淑芳，1996）等，其中左红一在吉林省吉林市极端最低气温-39.8～-30.6℃的情况下，连续7年露地越冬无冻害。在山欧三代杂种中，黑龙江省齐齐哈尔园艺研究所选出了可在当地不下架越冬的鲜食优系90-1-20。

总之，世界各国在葡萄抗寒育种方面已做了大量工作而且正在向更尖端科技的方向研究发展，坚信，在不懈努力下，必将涌现出更多更好的抗寒新品种，但在短暂时间内彻底解决我国北方寒冷地区葡萄生产的寒害问题还不现实（崔方，2008）。

五、东北地区葡萄抗寒措施

为保证葡萄在我国东北地区顺利越冬并保证葡萄质量和产量，选择合适的葡萄栽培品种和栽培地点是葡萄种植者需要首要考虑的问题。同时，后期葡萄生长的养护，如修剪、灌溉、施肥等方面也同样影响着葡萄抗寒能力。因此，科学有效的抗寒措施是确保东北地区葡萄栽培的重中之重。

为充分保证使得葡萄树体得到较好的光照，平衡生殖生长和营养生长，应该采用合适的树体架势，增加枝条的营养水平使得其具有较好的成熟度，这样有益于提高树体的抗寒性。而修剪时期的选择对树体抗寒性的影响不是很大。

施肥和灌溉也是影响葡萄生长和抗寒能力的关键因素。冬灌可提高葡萄植株冬季的抗寒能力，有研究表明，对红地球、无核白鸡也、里扎马特等品种在入冬前进行冬灌，其翌年春季基本可以正常生长，而未冬灌的越冬后则表现为严重的冻害。以上均说明，有效的栽培管理措施可提高葡萄植株的抗寒能力（付晓，2017）。

葡萄塑料膜覆盖防寒也是东北地区确保葡萄安全越冬的措施之一。在对葡萄进行防寒处理中常用的塑料膜有乙烯醋酸-乙烯（EVA）、聚氯乙烯（PVC）和聚乙烯（PE）膜等。具体操作流程为冬季葡萄冬剪下架以后进行埋土，之后在土堆上面覆塑料膜，此法可保护葡萄根系的正常发育。研究表明，通过简易覆盖处理以后葡萄植株的地温值比埋土高，且翌年葡萄枝芽萌发情况、枝条生长情况和结果情况均显著高于其他处理。

因此，选育抗寒性强的优良的葡萄栽培品种是确保东北地区葡萄安全越冬的首要

前提，另外，配合有效的防寒栽培措施，将对我国东北地区葡萄产业发展提供有效的
技术保障。

第三节　苹果低温耐受性研究

　　苹果（*Malus* spp.）属于蔷薇科苹果亚科（*Maloideae*），是世界上最重要的果树
作物之一。我国苹果产业在世界苹果产业中具有重要地位，是世界上最大的苹果生产
国和消费国，苹果的种植面积和产量均占世界的40%以上。苹果产业是我国目前农业
种植结构调整中的重要组成成分，在促进农民增收、改善农村经济发展和促进农业
产业化方面起着重要的作用。据农业部统计，2008年世界苹果栽培面积和产量分别
为$4.847\,6 \times 10^6 hm^2$和$6.960\,34 \times 10^7 t$，我国苹果栽培面积已达$1.992\,3 \times 10^6 hm^2$，占世界
总面积的41.09%，全国水果总面积的18.56%，总产量达$2.984\,66 \times 10^7 t$，占世界总产
量的42.88%，全国水果总产量的26.32%，均居世界苹果生产和全国水果生产第一位
（王金政等，2010）。

　　在全球气候变化的大背景下，我国主要苹果产区冬季及早春增暖趋势越来越明
显，暖冬、暖春年份增多，且年际间气温波动幅度增大，果树物候期提前，导致果树
抗寒能力下降。在春季气温回升加快的同时，易出现大幅降温过程，致使果树遭受晚
霜冻害的风险加大。因此总结苹果抗寒相关研究进展，对果树的安全生产具有重要的
现实意义（张丁友，2015）。

一、东北地区苹果品种分布

　　按照我国果树带划分，东北苹果产区位于温带落叶果树带、干寒落叶果树带和
耐寒落叶果树带（张玉星，2011）。按照苹果产区的划分则归属于环渤海产区的近海
区和东北小苹果产区（束怀瑞，1999）。在这个区域，除近海区的辽西和辽南部分县
（区）为传统优质大苹果的适生区或次生区外，其他区域均为年均温度8℃以下、1月
平均温度-12℃以下、绝对最低温-30℃以下的高寒地区，越冬伤害成为东北绝大多数
苹果产区制约产业发展的限制因子。

　　苹果产业在东北地区的发展历程中经常遭受低温伤害，而造成伤害的部位除地上
部的果树枝干、花芽和幼果外，根颈冻害和根系冻害则是影响树体发育的主要原因。

筛选培育抗寒苹果种质是实现东北地区苹果栽培体制变革的关键之一（宣景宏等，2015）。

（一）辽宁近海优质大苹果栽培适宜区

环渤海近海区的部分县（区）是传统优质大苹果的栽培适宜区，也是农业农村部规划的优势产区，包括绥中、兴城、盖州、瓦房店和普兰店等县（区）及邻近区域。该区域年均温度9℃左右，1月平均温度-8℃左右，最冷月极端低温-20℃左右。经各地调查，主要栽培品种为红富士、金冠元帅系和国光、华红等品种。近年来寒富苹果在该地区大量栽培，已成为辽宁省苹果栽培中的第二大品种。该地区主要应用以山定子为基砧的乔砧苗木（即大苹果品种/山定子砧木的砧穗组合）。为了提高植株的抗寒性，绥中和瓦房店等县（区）有部分红富士苹果种植户，先栽植以山定子为基砧的国光苗木，成活后再高位嫁接红富士，进行乔砧栽培（即红富士/国光/山定子的砧穗组合）（宣景宏等，2015）。

（二）辽宁中北部优质大苹果栽培次适宜区

该区域主要包括大石桥、兴城以北，除抚顺、铁岭和本溪等高寒山区以外的广大区域，主要气候特点为年均温度8～10℃，1月平均温度-12～-10℃，最冷月极端低温-30～-25℃，无霜期150d以上地区。这些区域经历了大苹果引种试栽、推广的曲折发展过程，由于低温冻害频发，树体越冬受冻导致死树毁园现象时有发生。寒富苹果育成后，经过各地引种试栽取得成功，扩大了辽宁省苹果的适宜栽培区域，使优质大苹果在辽宁省的发展面积迅速扩大，在应用了'寒富'/GM256/山定子的砧穗组合后，该品种已成为沈阳、鞍山、辽阳、锦州、丹东及营口、朝阳、阜新部分县（区）的主栽品种，也将改变辽宁省乃至全国苹果优势区的区划（宣景宏等，2014）。

（三）东北部小苹果栽培区

该地区主要包括辽宁东北部的抚顺、本溪和铁岭的高海拔山区及吉林的公主岭、延边和通化，黑龙江东南部及内蒙古东南部的赤峰和通辽等地区。年均温度5℃左右，1月平均温度-15～-13℃，最冷月极端低温-37～-33℃，无霜期130d左右。此地区栽培的苹果多为寒地苹果，该品种在寒冷地区不加以任何人工保护措施，能够在陆地正常生长、结果的果树。寒地苹果是我国寒冷地区果树生产上最为重要的树种，多为苹果与海棠果人工杂交一代，统称为抗寒小苹果（冯闯，2016）。目前生产上品种达10余种。主要栽植小苹果类型和少部分抗寒的大苹果品种。如吉林省南部主栽品种为金红（张连喜，2014）。黑龙江省牡丹江地区的主栽品种以金红、龙丰、七月鲜和龙冠为主，局部适宜小气候条件下新苹、新帅、寒富等有零星栽培（顾广军等，2014）。在内蒙古自治区通辽市栽培的品种有黄太平、金红和塞外红、海棠等（叶秀云等，2010）。辽宁省北部高寒山区除上述地区栽植的各种中小型苹果品种外，在小气候较好的区域也有寒富、沈红等品种栽培成功的典型（王永俊，2013；曲世鹏和黄均百，2011）。在小苹果栽培区，应用的砧穗组合通常为苹果品种/山定子的乔砧栽培，小气候较好区域也有苹果品种/GM256/山定子的砧穗组合。然而，寒冷地区由于冬季漫长、气候严寒，极易造成苹果树露地越冬冻害发生，这是制约寒地苹果产业发展的重要因素。大约10年一个周期发生大冻害，就会给苹果生产造成严重损失（冯闯，2016）。因此，培育抗寒性强品种、开展苹果抗寒性研究一直是寒冷地区果树科研的主要方向。

二、苹果生理指标与抗寒性

在植物组织受到低温胁迫时，植物体内积累的大量可溶性糖对植物的抗寒性也存在着重要的影响，可溶性糖对植物抗寒性的影响主要体现在3个方面：一是可溶性糖含量的增加可以降低结冰点，使细胞的保水能力得到增强；二是可溶性糖的代谢可以产生其他提高抗寒性物质，也可以为细胞代谢提供能源；三是可溶性糖对细胞内的细胞器及生物膜可以提供保护作用。通过可溶性糖的变化分析植物抗寒性已经成为最常用的方法之一，在苹果等果树的抗寒性研究上得到了广泛的应用（高木旺，2017）。刘畅（2013）对苹果进行抗寒性研究得出，植物体内的可溶性糖含量高，抗寒性较强。

在植物受到低温胁迫等外界逆境环境的伤害时，会导致细胞无法及时清除自身产生的自由基致其失衡，从而使细胞膜上的膜脂产生过氧化作用生成MDA，因此，MDA含量变化是植物细胞质膜过氧化程度大小的体现。MDA含量升高，说明植物细胞质膜过氧化程度高，细胞膜受到的伤害就越严重。因此，MDA也就成为衡量植物抗寒性的重要指标之一。在对苹果砧木的抗寒性作综合性评价时，研究人员对7个苹果砧木进行梯度低温处理后发现，MDA的含量都随着温度降低而升高，其中在降温降到最低温度-35℃时，7个品种MDA含量按从小到大的排列顺序分别是GM256<SH1<SH38<SH40<SH6<T337<M26。但MDA变化率却与MDA含量变化相反，且-35℃后各砧木的枝条MDA含量整体上呈现下滑趋势。

牛立新和张延龙（1996）、曲柏宏（1998）、沙广利等（2000）先后用相对电导率法测定苹果砧木抗寒性，得到一致结果，细胞溶液电导率可以较好地反映组织受伤害程度的大小，经低温胁迫后细胞溶液电导率越大，则品种抗寒性越弱。

综上，这些生理指标的变化都与苹果抗寒性密切相关，可作为苹果抗寒性鉴定的依据之一。

三、苹果抗寒分子生物学研究进展

苹果抗寒能力的获得，主要原因是苹果在低温胁迫下体内冷应答基因被激活，此过程又叫做冷驯化过程，冷驯化能诱导和增强一些基因的表达，从而引起苹果自身生理生化的变化。近年来，关于苹果抗寒机理等领域已经开展一些工作。随着分子生物学的应用和发展，苹果的抗寒基因也逐渐被鉴别出来。

赵玲玲（2007）克隆获得苹果的多胺生物合成的关键酶基因*MdSAMDC2*，该基因的表达能够被低温诱导上调，并通过在烟草中过表达证明了*MdSAMDC2*的抗寒作用。此外，该研究还从苹果中克隆到*MdICE1*基因，并对其表达和功能进行了初步研究，转基因研究表明*MdICE1*过量表达可以提高烟草的耐寒能力。冯晓明（2011）从嘎拉苹果中筛选得到一个低温响应基因*MdCIbHLH1*，并通过农杆菌介导的方法将该基因转入苹果愈伤、烟草、拟南芥以及苹果组培苗中，对*MdCIbHLH1*基因的功能进行了研究，结果表明，*MdCIbHLH1*过表达提高了转基因植株的低温抗性，说明该基因与低温抗性有关。苏梦雨等（2019）克隆获得MdWRKY35转录因子，且该转录因子在低温胁迫下表达上调，但*MdWRKY35*基因响应低温胁迫的机制仍需进一步研究。

此外，高通量测序技术也广泛应用于苹果的抗寒性研究中去。杜凡（2014）选择较耐寒的苹果砧木品种Mailing26（M.26），利用Solexa高通量测序技术对冷处理的幼苗进行转录组测序分析，筛选出表达量显著变化的基因，对这些基因进行生物信息学分析和注释，从中寻找新的抗寒基因，克隆获得苹果新抗逆基因*MdTLP7*（Tubby-like protein7），该基因的表达量在4℃冷处理6h时显著上调表达，参与了苹果响应冷胁迫的调控。

四、抗寒苹果资源的研究与评价

（一）苹果抗寒资源

山定子（*Malus baccata* Borkh，又名山荆子）作为我国北方常用的苹果砧，其种内变异类型较多，一般分为北方种群与南方种群。通过调查东北地区抗寒性极强的山定子野生种群，认为北方山定子起源于我国大兴安岭，主要分布于我国东北，在朝鲜北部和苏联西伯利亚等地均有分布，有阔叶山定子、椭圆山定子和库页岛山定子、茹可夫斯基山定子等变种和亚种，种内或不同亚种间变异类型较多，有的变异类型已直接用作砧木或杂交育种亲本（杨锋等，2011）。平邑甜茶（*Malus hupehensis* Rehd.）作为苹果砧木在山东等地早已应用，沈阳农业大学引入沈阳地区已有30年以上，一直作为研究细胞学、胚胎学及分子生物学的试验材料，在经历了几十年频发的周期性冻害后树体发育良好，表现出良好的适应性，目前已经开始作为抗寒苹果基砧及适应区域方面的研究。从20世纪90年代开始，曾尝试利用平邑甜茶的无融合生殖特性，与抗寒矮化种质资源扎矮76进行杂交，选育无融合生殖实生矮化苹果砧木，并获得有希望的100多个杂交后代单株（宣景宏等，2011）。

其中国家寒地果树圃（公主岭），保存330余份寒地苹果资源。通过30余年对大小兴安岭及长白山地区的野生及农家品种资源进行考察与收集、鉴定评价出高抗寒苹果资源110份，培育出抗寒苹果品种金红、绿香蕉、GM-256C砧木等14个，为寒地苹果产业的科研与生产等方面都作出了极大的贡献（王永俊，2013）。

（二）苹果抗寒的选育与应用

自20世纪50年代开始，我国引入了很多M系、MM系等矮化砧，但是在东北等冷凉地区，这些类型不能适应冬季气候寒冷、生育期短的自然条件，矮化砧木的抗寒性成为冷凉地区苹果矮化密植栽培的重要限制因素（赵德英等，2013）。吉林农业大学选育的苹果矮化砧木63-2-19抗寒力极强，可耐-36.5℃的低温；吉林省农业科学院果树研究所选出的矮化砧木GM256在生产上已广泛应用；中国农业科学院果树研究所以山定子和金红与M9杂交，培育出CX系列苹果矮化砧，其中CX3抗寒能力远远超过M26；辽宁省果树科学研究所选育的77-34和辽砧2号矮化砧木也具有较强的抗寒性，其中77-34在新疆奎屯和黑龙江省林口县露地栽培均能安全越冬，无冻害发生（卜庆雁等，2005）。辽宁省自1965年开始在大连、营口、葫芦岛、锦州和朝阳等地尝试应用矮化中间砧进行苹果矮化栽培，但由于冻害、适应性及管理因素等原因，没有形成栽培规模（赵德英等，2013）。特别是凌海市三台子镇70hm²的M9、M7自根砧红富士苹果园，在2000—2001年的大冻害中全部死亡。寒富苹果的成功问世，扩大了辽宁省大苹果的栽培区域，特别是沈阳地区应用寒富/GM256/山定子的砧穗组合以来，苹果矮化砧木在辽宁省的应用面积不断增加。李荣富等在内蒙古赤峰市的研究结果表明，77-34和GM256是寒地苹果栽培优良的矮化中间砧，其与基砧黄海棠和山定子嫁接亲和性良好（李荣富等，2004；宣景宏等，2015）。

（三）抗寒性评价方法

苹果抗寒性是指果树在低温条件下的抵抗能力，与抗寒基因的表达与外界的环境条件和果树发育的内生节奏、生理状况有密切关系，因此研究抗寒性的评价方法，找出评价抗寒性最敏感的指标，对防止果树寒害的发生，以抗寒品种作为核心种质培育新的抗寒品种具有重要的意义，可为优良品种的区域化栽培和抗寒育种提供基本的理论依据。

研究者已在苹果种质资源的抗寒性鉴定与评价方面做了大量工作，苹果种质资源的抗寒性也已得到鉴定与研究（宋洪伟等，1998）。牛立新和张延龙（1996）应用生长恢复法对28个苹果品种或优系的抗寒性进行测定，指出恢复生长法与电导法在苹果抗寒性鉴定上具有很好的一致性。高爱农等（2000）利用51个苹果品种枝条为试材，采用电导法、恢复生长法、组织褐变法及Logistic方程法对部分苹果品种的抗寒力进行了测定，结果表明，温度越低，枝条褐变程度越重。刘畅等（2014）对T337、GM256、P1、MMlll、辽砧2号、GM310、MD001、Pajamal、Pajama2和山定子等10种砧木的相对电导率、丙二醛（MDA）含量、超氧化物歧化酶（SOD）活性、过氧化物酶（POD）活性、过氧化氢酶（CAT）活性5个不同生理生化指标进行主成分分析，计算主成分特征值和贡献率，评价了相对电导率、丙二醛（MDA）两个综合指标的贡献率分别为43.766 6%、35.789 2%，累计贡献率达到79.555 8%，所以可以用这两个综合指标进行参试品种间的抗寒力综合评价，得出抗寒性排序，山定子为1.649 4，以下依次MD001为1.282 3，GM256为1.038 4，GM310为0.614 5，辽砧2号为0.545 2，T337为0.069 3，其他为负值。赵同生等（2018）应用恢复生长法和组织褐变法比较了9种苹果矮化砧木的抗寒性，结果表明，9种矮化砧木萌芽率和冻害指数在各个降温阶段的差异明显，GM256、辽砧2号和77-34的萌芽率相对较高，降低幅度小；各矮化砧木的冻害指数随着处理温度降低而增加，以SH18和SH3冻害指数最大。通过隶属函数法计算各矮化砧木萌芽率和冻害指数的平均隶属度，得出9种矮化砧木的抗寒性强弱顺序为辽砧2号>GM256>77-34>Mark>SH6>SH40>SH38>SH18>SH3。

五、东北地区苹果低温迫害预防策略

（一）选择抗寒性强的苹果栽培品种

苹果种质资源丰富，品种和冻害有着密切的关系，相同树种不同品种的抗寒能力也不尽相同。建园时，必须充分考虑这些因素，尤其是东北地区，属于寒温带，要根据当地的气候条件，按照"因地制宜，适地适树"的原则，选择抗寒能力强的砧木、树种和品种。

（二）选好适宜的地块，挑选壮苗

在建园选址时，尽量选择小气候相对较好的山地南坡，最好避开山顶和谷底，山顶土层薄且风大，不利于保水，而谷底涝洼易招霜冻，都不利于树体生长。选择山地中段，土层深厚、水分适宜、可灌可排、光照充足，适宜东北地区苹果栽植。如果在平地建园，一定挑台田栽植，以利排水升温。还要配以完整的水利系统，特别要保证排水渠道畅通，做到涝可排、旱可灌。在果树的四周设置防护林带，乔、灌木相间，防风效果好。选用这样的砧穗组合一级标准的壮苗，粗度要在1cm以上、高度在100cm以上、须根发达、生长良好、无伤损和病虫害。良地壮苗，是东北地区苹果抗寒的重要保证。

（三）科学栽植，强树抗寒

苹果定植的头年入冬前，要按设计的行株距挖好定植穴，栽植时苗木要采取分类、根系修剪、泡苗、蘸生根粉和杀菌剂、挂黄泥浆等技术措施。定植后，苗木要立即定干，并且在树盘处覆膜，以减少水分散失。此外，树苗上套塑料袋也是保水促长的方法，袋长为30～50cm、宽8～10cm，下端开口，套袋后底口扎紧。当新梢长至3cm时，开始除去塑料袋。先拆袋的上口，逐日下抽，最后抽掉袋。这样栽植的苹果树成活率高，长势良好，利于抗寒。

（四）控制产量，合理负载

后期管理过程中，必须要对苹果进行严格的疏花疏果，才能达到理想的果实品质。而生产中，很多果农过分追求产量，留果量过高，以致不但使果品质量下降，而且不利于树体的营养贮存，使果树的抗寒性、抗病性下降，这也是东北地区多种苹果结果期受冻害的主要原因之一。建议对于盛果期寒富苹果树，亩产量一般应控制在2 500～3 000kg。这样降低苹果负载，既有利于生产优质果品，又有利于健壮树体、抗寒防病。

（五）平衡施肥，贮存营养

施肥分追施速效化肥和施用基肥（有机肥）两个方面。在生产中，果农追肥往往喜欢追施以尿素、磷酸二铵为主的氮肥，而施用的磷、钾肥及钙、铁、硼、锌、镁等微肥很少。这样施肥，如果在干旱季节很容易产生缺素症，出现新梢黄化、小叶等现象；如果是雨量充沛的季节，则导致树体枝条疯长，却不充实，木质化程度低。树体进入结果期，需要大量有机营养，而很多果农不重视秋施基肥，导致树体营养匮乏。建议平衡施肥，既要追施速效化肥，又要在早秋施用有机肥；既要施用一定量的氮肥，更要平衡施用磷、钾肥及其他微肥。平衡施肥才能保证树势中庸健壮，枝条、花芽生长充实，利于抗寒，减少花芽和枝条冻害的发生。

（六）防寒防霜，保花保果

东北地区常有低温霜雪天气，很多苹果已能安全越冬，但倒春寒等突发天气可能会对小树、弱树、花芽等幼嫩组织或器官造成一定程度冻害，如果处理不当，对当年的苹果质量和产量都会产生不良影响。加强肥水管理和病虫害防治、合理负载、增强树势，都是提高果树抗寒性的首要措施。除此之外，还要特别做一些防寒工作。入冬之前灌封冻水，做防寒埂或于树干根颈处埋小土堆，树干涂白（药剂可采用生石灰或普通涂料加石硫合剂），树体喷防寒剂，早春熏烟防霜冻等措施，都能有效提高树体抗寒能力，减少树体枝干和花芽冻害的发生（王永俊，2013）。

第四节　梨低温耐受性研究

低温迫害是东北地区梨栽培发展的主要限制因子，影响着梨品种的区域分布，因此，了解梨的抗寒性相关研究进展尤为重要。

梨属植物的性状遗传与苹果属植物有相似的地方，但又不尽相同。以往学者对梨的性状遗传研究多集中在经济学性状上，进行抗寒性遗传研究的较少。大量研究是针对梨具有优良抗寒性的育种选择品种开展的。如蒲富慎（1979）指出，在秋子梨类的京白梨、南果梨与西洋梨杂交时，抗寒力介于秋子梨和西洋梨之间。贾立邦（1983）对酸梨锅子、谢花甜、南果梨、11号、大梨、353、407、5-7-4-2、磨盘、苹果梨、早酥、金花、金川、苍溪等的 F_1 抗寒力的研究。郭映智等（1980）对茄梨、客发、巴梨、冰糖、香水、冬果、库尔勒香梨、栖霞大香水、雪花梨及慈梨的子代抗寒力的研究。顾模等（1980）对小香水、秋子梨、八里香、谢花甜、南果梨、青皮洋梨、身不知、朝鲜洋梨、秋白梨和鸭梨子代抗寒力的研究，均证明双亲组合过程中，抗寒力表现为以基因加性效应为主的数量性状遗传，亲本中秋子梨基因占有成分的多少与其子代抗寒力的强弱呈正相关；在F₁中表现为抗寒力的普遍下降，并向弱的方向呈单向回归。郭映智（1980）认为含有洋梨和秋子梨基因的亲本，其子代抗寒力均强，而洋梨和秋子梨基因成分的多少与子代抗寒力的强弱有关。沙广利等（1996）的结果表明，抗寒力遗传趋中变异，有超亲植株出现。李志英等（1997）认为，南果梨F₁抗寒力的传递力强，是一个非常好的抗寒母本。

为了确定不同种梨的适宜栽植区，进行品种抗寒性的准确评价十分必要。针对梨的抗寒性评价也开展了一些研究，如曲柏宏和李玉梅（2006）以东北延边地区的不同梨品种为试材，通过测定可溶性糖、游离脯氨酸、可溶性蛋白质等渗透调节物质和束缚水/自由水比值，分析了不同梨品种的抗寒性差异，结果表明，不同梨品种的相对电导率和伤害率与温度呈极显著负相关，梨树品种抗寒性由强到弱的顺序为大香水＞秋子梨＞南果梨＞早酥梨＞小香水＞谢花甜＞苹果梨。王玮等（2015）以一年生梨苗休眠枝条为试材，应用电导法研究了7个梨品种在不同低温下细胞膜透性的变化，配合Logistic方程，求得半致死温度（LT₅₀），并与低温处理下的冻害指数进行相关性比较，结果表明，供试梨枝条不同低温处理下电解质渗出率增加呈S形曲线，与相应的低温呈极显著负相关；供试梨品种的半致死温度为在−41.1～−30.3℃；供试梨品种的抗寒力大小为：苹果梨＞甘梨早8＞中梨1号＞美人＞玉露香＞黄冠＞丰水。

第五节　软枣猕猴桃低温耐受性研究

软枣猕猴桃 [*Actinidia arguta* （Sieb.& Zucc）Planch ex Miq.] 为猕猴桃科（Actinidiaceae）猕猴桃属（*Actinidia*）多年生落叶藤本植物。全世界猕猴桃属植物共有66种，我国分布有62种，种质资源极为丰富。软枣猕猴桃是9种光果猕猴桃种类之一，被誉为第四代"水果之王"。因其独特的营养保健价值，被誉为世界之珍果。软枣猕猴桃广泛分布于我国的南北山区，尤其在东北地区的大小兴安岭和长白山地区最为丰富（朴一龙和赵兰花，2012）。我国从20世纪60年代开始进行软枣猕猴桃的选育工作，21世纪初开始逐步推广软枣猕猴桃的种植，目前发展迅速，已成为我国极具有发展潜力的新兴经济树种之一。目前，栽培和研究历史较短，培育的新品种较少，栽培品种主要有魁绿、丰绿、佳绿、长江3号等品种。尽管软枣猕猴桃的抗寒性较强，但是对软枣猕猴桃进行露地栽培时发现，离开原生地自然环境的保护，东北地区的软枣猕猴桃极易遭受冬季冻害、风害、早春寒伤害及冬季干旱伤害等（李叶云等，

2014）。因此，研究软枣猕猴桃的抗寒机理对品种抗寒性鉴定、引种栽培及推广利用都具有重要意义（张昭，2019）。

张昭（2019）以3个不同品种软枣猕猴桃为试验材料，分析了冬季不同取样时间的软枣猕猴桃的生物学特性、形态结构及生理生化指标方面的差异，并对3个品种的抗寒性进行了综合评价。首先观察了各样品的受伤害程度，分析结果可知，96-6的萌芽期和展叶期较早，落叶期较晚；魁绿和丰绿的物候期基本一致；魁绿和96-6的需冷量均高于丰绿，自然休眠结束期也早于丰绿；抗寒性等级从高到低依次为魁绿>96-6>丰绿；抗寒性强的魁绿木质部与皮层所占比例较大；3个品种软枣猕猴桃枝条的相对电导率和MDA含量均呈先升高后降低的变化趋势，且魁绿的相对电导率和MDA含量均低于同一时期下的96-6和丰绿，说明魁绿的细胞膜受损伤程度较轻，抗寒性最强；随着自然温度的降低，3个品种软枣猕猴桃枝条的束缚水/自由水比值、可溶性糖、可溶性蛋白、脯氨酸含量及抗氧化酶SOD和POD活性均呈逐渐升高的趋势，3个品种软枣猕猴桃的组织含水量和CAT活性却呈现相反的变化趋势。综合分析可以看出，魁绿的抗寒性最强，丰绿的抗寒性最弱，而96-6则处于两者之间（张昭，2019）。曹健冉（2019）以46份软枣猕猴桃种质为试材，利用TTC染色图像可视化评估法鉴定了软枣猕猴桃种质抗寒性的最适条件，软枣猕猴桃种质间抗寒性存在差异，46个种质可分为4个等级，且抗寒性差异与其收集地区的地理分布及种质杂交状况有关；软枣猕猴桃枝条越冬锻炼过程中其抗寒性随着气温的降低抗寒性逐渐增强，并且在越冬过程中枝条内的束缚水/自由水比值和渗透调节物质（可溶性糖、可溶性蛋白、游离脯氨酸）含量逐渐升高；不同抗寒性的软枣猕猴桃其束缚水/自由水比值和渗透调节物质含量存在明显差异，强抗寒性种质佳绿的束缚水和渗透调节物质含量以及束缚水与自由水比值始终高于弱抗寒种质香绿。此外，张庆田等（2019）成功克隆到软枣猕猴桃抗寒转录因子并命名为AaICE1，但缺乏其抗寒功能的详细研究。

目前有关果树的抗寒机理方面已被广泛地研究并取得了很大的进展，但少有关于软枣猕猴桃抗寒性方面的研究，多是围绕软枣猕猴桃预防冬季冻害的栽培管理方法方面的研究。而有关冬季低温对软枣猕猴桃造成的伤害机理及其与生理代谢、环境因素、枝条的解剖结构方面的关系更是缺乏深入研究。集中探讨越冬期间不同品种软枣猕猴桃对低温的适应能力及其内在的机理，前景广阔，也可为今后的软枣猕猴桃生产栽培、资源利用、品种选育和抗寒性鉴定等提供理论参考。

第六节　展　望

近年来果树的抗寒性仍是人们的研究热点，并取得一定成果，并为以后的研究提供依据，目的是为了引种、驯化、适应生长环境最终获得一定的价值，但仍存在很多问题与不足。

一是对野生资源及其近缘属种的优异抗寒性基因挖掘不够。果树的野生及其近缘属种因其生长环境的不同，往往蕴含着丰富且珍贵的优异抗性基因，研究者一般都针对栽培品种开展抗寒性相关研究，缺乏对野生资源的利用与挖掘。

二是果树抗寒能力获得的分子生物学基础薄弱。果树多为多年生属种，受限于遗传转化体系较难建立等因素，针对果树的分子生物学开展较缓慢，尤其是针对果树的耐寒性状相关的基因功能研究尚缺乏。未来的研究中可利用CRISPR/CAS9技术和瞬时表达等试验体系完成果树基因功能的研究。

三是应用新型激素以提高果树抗寒性相关研究较少。油菜素内酯是近几年研究较热的激素，大量针对农作物的研究结果已表明，喷施油菜素内酯可以大大提高农作物的抗逆性，因此，可将喷施油菜素内酯应用到果树的低温防御中去。

第四章　蔬菜作物低温耐受性研究

蔬菜作物生长发育期间某个时期温度虽然在0℃以上，但低于适合生长发育的最低温度，由此造成的危害就是低温冷害。在一定时间内，环境温度越接近0℃或持续的时间越长，对蔬菜的危害越大、越严重。低温冷害主要分为湿冷、干冷、早霜和纯低温型4种。秋冬季和早春，无论是露地还是保护地栽培的蔬菜，都有可能遭受冷害，而保温效果不佳的保护地蔬菜则常常发生冷害。由于所处的地理位置，东北地区经常遇到倒春寒及极端低温天气，主要的蔬菜作物如番茄、茄子、黄瓜、辣椒、豇豆等均易受到冷害的影响，从而影响蔬菜的产量和品质。本章针对蔬菜低温冷害进行了系统阐述，同时以东北地区主栽的番茄、茄子、黄瓜等作为分析对象，论述了低温冷害对蔬菜生理生化的影响、蔬菜耐低温分子生物学研究基础以及蔬菜抗冷栽培措施，可为蔬菜低温耐受相关研究提供理论基础和实践参考。

第一节　蔬菜低温冷害研究概述

一、蔬菜低温冷害的类型

根据对蔬菜的危害症状，可将冷害分为以下两种。

（一）延迟性冷害

受此冷害影响，蔬菜光合作用和吸肥、吸水能力明显下降，生长几乎停止，生育期延长，幼苗停发新叶，定植苗缓苗困难，花和果停止生长发育。蔬菜植株受此冷害，有的叶片绿色加深，有的叶片变浅黄色或黄化，有的叶片变成红色，有的植株整株逐渐凋萎。

（二）障碍性冷害

受此冷害影响，蔬菜花器受损伤，开花和结果紊乱，引起落花和落果、化瓜、幼苗无生长点、花畸变、果畸形和早抽薹等，有的叶片出现枯死斑，病斑渐渐融合白化等。实际情况是，两种冷害常常同时发生，加重了危害。

二、低温冷害对蔬菜生理生化指标的影响

低温冷害作为常见的非生物胁迫之一，可使蔬菜的产量和品质受到严重影响，并且是造成蔬菜年生产和供应中淡季出现的根本原因。低温冷害不仅在露地栽培中发生，在保护地栽培中也时有发生，特别是我国北方保护地生产的设施栽培中，气温可达5℃以下，且冬季露地栽培的气温也有时可达5℃以下。近年来，随着厄尔尼诺现象的加剧，全球气温冬季持续不断下降，园艺蔬菜作物的栽培也时刻面临着低温的严重威胁。据统计，园艺作物的露地和保护地栽培中均存在低温冷害现象，而这种低温冷害会导致蔬菜作物在其生长发育的不同阶段遭受低于其需要的环境温度而产生损伤。当周围环境温度低于适宜蔬菜生长发育的温度时，蔬菜的生理活动受到阻碍，生长速度随之下降，严重时会造成其某些组织遭到破坏。低温对植物生长过程造成的各种生理损伤就是冷害发生的直接证据（李娜等，2005）。

因植物的种类及发育过程不同，植物受低温冷害的症状及程度也不同。冷害可使植物形态发生改变，如叶片萎蔫或呈水渍状，而叶片出现水渍状的主要原因是因低温破坏了细胞膜造成细胞质的渗漏（王毅等，1994）。冷害对植物造成的生理损伤主要有细胞失去膨压，在显微镜下观察到细胞器变形等（Yoshida et al，1979）；呼吸作用和光合作用受到抑制，主要表现在光合速率降低，呼吸速率忽高忽低（Martin et al，1981）；水分代谢失调，吸水能力和蒸腾速率下降；细胞膜结构与质膜成分发生改变，大量溶质渗出（Lyons et al，1970）；低温后会积累许多对细胞有毒害的中间产物等（Ingram et al，1996）。

植物细胞膜是低温冷害损伤的首要部位（Steponkus，1984），而膜脂相变是细胞膜低温损伤中最显著的生理生化变化。之前研究发现低温冷害首先引起冷敏感植物细胞膜的膜脂转变，从而影响细胞膜的稳定性和流动性；还有研究表明维持植物细胞膜中高的不饱和脂肪酸（UFAs）水平有助于降低细胞膜脂质的相变温度，增强低温胁迫下细胞膜的流动性和稳定性（Raison et al，1976；Iba，2002），可能是由于不饱和脂肪酸与饱和脂肪酸相比其熔点更低。而高细胞膜不饱和脂肪酸水平是维持低温胁迫下叶绿体耐冷性的主要因素之一（Zhang et al，2009）。因此，细胞膜脂的不饱和程度与植物耐冷性显著相关，可利用植物细胞膜中不饱和脂肪酸的含量来评价植物的

耐冷性（Chen et al，2004）。正常生理条件下，植物细胞膜脂为液晶相，但当环境温度低于相变温度时，细胞膜脂极易转变为凝胶相，致使膜破裂，膜透性增加，这是低温冷害导致植物细胞膜损伤的另一个重要原因。低温胁迫下植物细胞膜透性增加，细胞内溶质外渗增多，致使细胞电解质渗透率增加，电解质渗透率是衡量植物细胞膜透性的重要依据（Ghorbanpour et al，2018）。此外，膜损伤也可能是由活性氧（ROS）引起的膜脂过氧化的结果。丙二醛（MDA）是不饱和脂肪酸脂质过氧化的最终产物之一，能使植物细胞膜中的酶和结构蛋白发生交联和聚合，使其丧失原有的催化功能，亦可作为膜损伤的评估因子（Hodgson et al，1991）。

低温下由于植物对O_2的利用能力降低，多余的在代谢过程中被转化成对植物有毒害作用的活性氧（Active oxygen species，AOS），必须通过植物抗氧化系统及时清除。植物体内的活性氧清除剂有抗氧化酶和抗氧化剂两大类。植物细胞中主要的抗氧化酶有超氧化物歧化酶（SOD）、过氧化物酶（POD）、多酚氧化酶（PPO）、过氧化氢酶（CAT）和抗坏血酸过氧化物酶（APX）等；抗氧化剂有谷胱甘肽（GSH）、抗坏血酸（ASA）、半胱氨酸（Cys）、甘露醇（Mannitol）和β-胡萝卜素（Prasad et al，1997）。当植物处于冷害时，过氧化物清除系统首先受损，有害的活性氧增多。同时过氧化氢累积，严重损坏活性氧清除体系（陈贻竹等，1998）。因此，过氧化氢的清除是对细胞的一种解毒作用。

低温冷害会引起植物内水分的变化，植物的根系和叶片的生长在低温条件下也会受到抑制。根系细胞的透性发生改变，破坏其吸收的能力，影响水分与矿质营养的吸收，使植物生长缓慢。此外，水分及矿物营养的吸收受阻可直接导致植物叶片蒸腾速率显著下调，从而导致植物因缺水而枯萎。细胞外结冰导致细胞间隙水势下降，水分随着细胞间水势的变化，会从胞内高水势转移至胞外的低水势，使细胞间隙的冰晶不断增大。因此，细胞外结冰会造成两个方面的损伤：一是导致细胞损伤的基本原因就是随着胞内的水分不断减少，导致细胞发生严重的脱水，细胞体积急剧变小，造成原生质发生凝胶化和蛋白质变性。二是冰晶体对细胞的直接机械损害也会导致细胞变性。当冰晶融化时，细胞壁吸水复原，由于原生质吸水复原能力较弱，因此很有可能对细胞造成撕裂损伤（蔡霞，2015）。

光合作用是植物受低温冷害影响最明显的生理过程之一（Bilska et al，2010）。研究发现，低温冷害能够影响包括水气交换通道、光合电子传递及碳同化在内的光合作用的主要环节，往往表现为光合机构的损伤，严重影响了光合产物的形成和能量的产生（Liu et al，2012）。低温冷害影响植物光合作用的原因主要包括以下两个方面：一是低温冷害对植物光合作用的直接伤害。主要包括对叶绿体类囊体结构，叶绿素合成，气孔开张，光反应和暗反应的影响等。低温破坏植物叶绿体超微结构，使其长度增加，宽度和面积减少，淀粉粒数量增加，导致类囊体变形甚至解体（Li et al，2018）。叶绿体结构被破坏，致使植物叶绿素合成受阻，光合速率下降。低温冷害还影响植物叶片气孔的开放，低温胁迫下，植物光化学结构损伤，CO_2利用受阻，胞间CO_2浓度显著升高，导致气孔关闭，是非气孔限制影响植物光合作用的主要依据（Allen et al，2001）。低温冷害还会通过影响植物的光化学反应和暗反应，影响植物的光合作用，低温冷害胁迫下植物光系统Ⅱ（PSⅡ）的光合电子传递受阻，ATP合成酶以及卡尔文循环中的酶活性均受到不同程度的影响。二是低温冷害通过影响植物体内其他生理代谢过程而间接影响植物的光合作用。低温胁迫可直接诱导气孔关闭，致使胞间CO_2浓度下降，是气孔限制影响植物光合作用下降的主要原因。另外，低温限制了卡尔文循环下游光合产物的运输，导致光合产物在植物叶片中积累（Peng et al，2015）。低温冷害还可通过影响植物根系对水分的吸收及水分在植物体内的运输，引起植物水分胁迫，从而间接影响其光合作用。

三、蔬菜低温耐受分子生物学基础

由于分子生物技术的研究已经成为一种趋势，在植物抗寒性方面学者们也从分子水平上进行了大量研究。目前关于植物抗寒的基因研究大致可分为稳定性相关基因、抗氧化酶活性基因、抗冻蛋白基因、低温信号转录因子、渗透调节基因等相关基因。稳定性相关基因中包括des系列基因（Ovkova et al，2003）、拟南芥fad8基因和大麦的bIt4基因（Hughes et al，1996；Gibson et al，1994），它们都是在低温刺激下，控制转录从而改变膜脂的饱和度，达到冷调节的效果。低温信号转录因子包括CBFs、ICE1基因、COR基因，这类基因的功能主要是在植物受到低温胁迫的情况下，会产生诱导CBF基因的表达的转录因子（王兴娥，2009）。另一类基因为抗冻蛋白基因如afa3、spa-afa5基因及人工合成afp基因等，此类基因的功能是基因表达能产生抗冰晶化的蛋白，从而防止冷冻对植物的伤害。其中CBF（CRT/DRE Binding Factor）转录因子是一类最初在拟南芥中发现的受低温诱导后产生的反式作用因子。当它与顺式作用元件特异性结合后，会激活启动子中冷诱导和脱水诱导基因的表达，从而增强植物的抗逆性。Hsieh等在番茄内导入带有CBF1基因的表达载体，结果发现T_1及T_2代转基因番茄的抗寒性与野生型植株的抗寒性差异显著，转基因番茄的抗寒性要明显强于野生型对照（Hsieh et al，2002）。赵福宽等（2013）以茄子品系E29903为基础材料，将它的花药放在低温条件下培养，获得抗冷细胞变异体，用RAPD技术证明在DNA水平上抗冷细胞变异体的抗冷性显著高于对照植株，并且抗冷性可以稳定遗传。将甜椒热激蛋白CaHSP8基因转化到番茄中，发现该基因受低温诱导，表达后在一定程度上提高了番茄的耐冷性（郭鹏等，2008）。

四、温室大棚蔬菜的抗寒研究

（一）温室大棚对蔬菜抗寒的作用

秋冬季和早春，辣椒、茄子、番茄、黄瓜、马铃薯、白菜等蔬菜易受低温冷害，其生长、开花、结果和产量等都会受到影响，有的甚至出现植株死亡，受害普遍且严重，菜农朋友应当引起高度重视。每种蔬菜对温度都有一定的要求并有一个适宜的范围，高于或低于适宜温度就会生长不良甚至死亡。因此，温室大棚对秋冬季种植蔬菜具有重要意义。温室栽培技术在我国最早开始起源，在20世纪70年代初期，地膜技术全面引入我国农业生产中，对保温保湿起到了不小的作用。20世纪70—80年代，相继出现了塑料大棚和日光温室。而日光温室又称为日光温室节能，是我国北方地区一种独有的温室管理类型。日光温室作为我国设施农业生产产业中的主体，其在长期的发展中为农业种植中效益的提升实现了促进作用，成功解决了长期困扰我国北方地区由于冬季作物难以生长的状况，帮助北方地区实现冬季蔬菜的供应。

（二）蔬菜温室大棚抗寒措施

在冬季及早春的蔬菜栽培中，低温的障碍影响及保温防冻是必须引起重视的问题。如果大棚内长期低温，会对蔬菜生长造成障碍影响。深冬季节，遇到较强寒流时，温室蔬菜易遭受冷害或冻害。受冷害的蔬菜生长点及幼嫩叶片失绿，变为浅黄色或白色，受冻害的蔬菜往往叶片凋萎焦枯，严重时茎秆枯死（刘海英，2016）。只有合适的温度和湿度，农作物方可适宜生长。创造良好的温室大棚内部环境，避免温差影响，注意地温的变化，保障植株处于适宜的环境下生长。喜温性作物10cm地温保持在20℃左右，凌晨最低温度也要维持13℃，而耐寒性作物适宜在15℃左右，最低不低于10℃即可。蔬菜温室大棚抗寒措施具体如下。

（1）大棚的设置。建大棚要选择地势开阔，但又背风向阳的地方，避免建在遮阴及风口处。北方高纬度地区，为了充分利用太阳能，多为坐北朝南。在南方低纬度地区冬春日照充足，对大棚方位要求没有北方严格，主要考虑地形及风向。棚室面积越大，缓冲性能及保温效果越好，一般中棚以200~300m²为佳。

（2）配制热性土层。采用鸡粪等热性有机肥料、牛粪等透气性肥料配制成热性土使用，即当其腐熟后各取20%，拌干细土60%，这样的营养土吸热和生热性能好，使蔬菜幼苗生长环境好，根系生长数目多而长，吸收功能强，生长的蔬菜健壮，自然抗寒力强。有机肥在腐熟过程中会产生大量热量，提高棚内地温，还可增加二氧化碳，有利于光合作用的进行（范中子等，2017）。

（3）用储水池储热。在大棚内按每隔一定距离，挖一个储水池，在池底铺设一层塑料薄膜，然后灌满清水，再在池子的上部盖上一层透明薄膜，以防池内水分蒸发，增大棚内的湿度。由于水的比热较大，中午高温时吸收的热量，可以在夜间释放出来。

（4）盖地膜和架设拱棚。大棚内采用高垄栽培，定植时于垄上覆膜，可提高地温2～3℃。采用平厢栽培的，可架设小拱棚来提高棚内温度。

（5）加盖草苫。要依据天气的原因和棚温度，适当地铺盖草帘子，及时铺盖及时清洁积雪，才能准确地保证棚温，保证室内温度的适宜度，另外，要特别地掌握好揭盖帘子的时间点，注重时间段的选择，特别是要注重揭开帘子30min后的棚温，坚持观察棚内温度，从揭开后30min棚温为棚内温度的标准，适当地揭盖帘子，这样才能保证光照条件。阴雪天气的晚上再在草苫外覆盖一层防寒的塑料薄膜，可使棚内温度增加2～3℃。如果在棚室内育苗，还应在苗厢上再搭上一个小拱棚，效果更好（刘志忠，2018）。

（6）棚外挖防寒沟。在大棚外挖深40～60cm、宽40～50cm的防寒沟，填入锯木、杂草、秸秆、牛粪等，踏实后盖土封沟。寒潮来时，夜间在大棚四周加盖草苫，可提高棚温2～3℃。

（7）培土围根。土壤封冻前结合中耕，用细土培土围根，可使土壤疏松，提高棚室土壤温度，又能直接保护根部，深度以5～10cm为宜。

（8）叶面喷施肥液。气温低、光照弱时，棚室蔬菜作物吸收养分的能力大为减弱，特别是遭受冻害后叶面萎缩，光合作用制造养分的能力更差。这时，应尽量少用或不用生长类激素，而应改用叶面喷施肥液的方法，促长的效果比较好。例如喷施浓度为100～300倍的米醋、白糖和过磷酸钙混合液，可补充棚菜作物营养不足，增加叶肉硬度及含糖量，对提高抗寒性和缓解冻害程度效果好。

（9）临时加温。遇到寒流、霜冻、阴天等不良天气时，可在棚内临时设置2～3个功率为1 600～2 500W的暖风机，暖风机的出口不要直接对作物，可斜对北墙，每10～15min移动一次。也可采用烟熏方法，具体措施是：在棚内远离作物，点燃秸秆或锯末等熏烟或烧蜂窝煤炉，可有效提高棚内温度，但应及时排出有毒有害气体，防止一氧化碳中毒。有条件的可在地面铺设电阻丝提高棚内地温。

（10）张挂反光幕防冻。在棚内用镀铝聚酯膜张挂在大棚内侧进行反光，弥补背光处光温的不足。张挂时要防止强光高温影响作物生长发育，在靠近反光幕处注意补浇水，防止烧苗。

（11）补充碳素。冬季棚室中栽培的蔬菜，在太阳出来后1h就可将夜晚植株呼吸和土壤微生物分解所产生的二氧化碳吸收，而后便处于碳饥饿状态。因此，气温高时可将棚膜开开合合，放进外界的二氧化碳，以提高蔬菜的抗寒性和产量；气温低时闭棚，人为地补充二氧化碳，可增强蔬菜的抗寒力，大幅度提高棚室蔬菜的产量（邓国强等，2016）。

五、露地蔬菜的抗寒研究

（一）露地蔬菜的种类

每种蔬菜对温度都有不同的要求，有的喜热，有的喜寒；它们的生长期也有长有短，这些因素决定了它们的栽种时间。例如，大白菜是喜寒的蔬菜，它可以在初春播种，也可以在初秋播种。但大白菜需要3个月的时间才能成熟，成熟后，低温的天气还能够增进它的风味。而在南方，春季气温上升比较快，播种后，天气很快变热，使大白菜提前开花结籽。所以在南方，春季种的大白菜不好吃。因此，要了解蔬菜对温度的要求，成熟需要的时间，还要了解当地的气候特征和种植制度等，才能选择合适的栽种品种（张迎春，2019）。根据经验，可以将蔬菜分成3类。一是喜热型（不经霜打），如番茄、茄子、青椒、甘薯、花生、四季豆、毛豆、各种菜豆、西瓜、南瓜、黄瓜、葫芦、苦瓜、丝瓜、甜瓜、苋菜、空心菜、玉米、芋头、芝麻、向日葵等。二是喜寒型（不耐热），幼苗时需要凉爽的天气，成熟时霜寒可以增进风味。如大白菜、白萝卜、芥菜、甘蓝、卷心菜、花菜、花椰菜、芜菁、马铃薯、生菜、莴苣、胡萝卜、芹菜、甜菜、菠菜、香菜、小白菜、上海青、洋葱、葱、韭菜等。三是耐寒型（可以在地里过冬），如蚕豆、豌豆、油菜、芦笋、荠菜。

总的来说，喜热型蔬菜，要在春季解霜，天气转暖，气温稳定后栽种。长得比较慢的喜热型蔬菜，要早一些栽种，有的可能要不等解霜先在温室里育苗，以保证能有足够长的时间成熟。至于长得快的喜热型蔬菜，如空心菜、苋菜等，则可以从春季一直种到夏末初秋。喜寒型的蔬菜，在没有霜的地区，秋季和冬季都可以种；有霜的地区，要在夏末初秋种，以保证在降霜前成熟。在寒冷的地区，春季也可以栽种，不过需要先在温室里育苗，再移栽到户外。成熟快的喜寒型蔬菜，如樱桃小萝卜、小白菜、上海青、生菜，不管是南方北方，春季都可以栽种。耐寒型的蔬菜，幼苗期间非常耐寒，但需要温暖的天气才能长大成熟。所以一般在初霜前一些时候栽种，使其长出幼苗来过冬。在寒冷的冬天，幼苗并不会冻死，但几乎停止生长，等翌年开春天气转暖后，继续生长。

（二）露地蔬菜抗寒措施

露地蔬菜幼苗受冻会出现枯萎现象，造成了不同程度的伤害及减产，严重时会导致植株死亡，地势低洼处的田地受害更为严重。当地面温度低于0℃时，在作物体上会直接凝结成冰晶，通过冰晶对生物原生质膜产生损伤。因此，植物耐冻、避冻的主要机制就是要提高近地层空气温度、减缓气温下降，避免细胞内结冰（罗玉鸿，2013）。可采取如下措施：

（1）控氮。苗期适当减少氮肥用量。追肥要早，以促使菜苗老健。低温前，不用速效氮肥，追施一次磷钾肥。

（2）堆施。有机肥用猪牛粪或土杂肥等暖性农家肥，圈培在菜棵根茎处，可提高根部土温2~3℃。施肥宜趁晴天进行，每亩1 000~1 500kg。

（3）浇粪。霜冻前每亩泼浇稀薄粪水400~500kg，使土壤不易结冻。

（4）培土。在种植方式上宜采取低沟密植，适当深栽。冬季一般多吹西北风，可在畦上开东西向或东北西南向、深度10~15cm的浅沟，将菜栽种于沟内，有避风保暖的效果（钟齐，2014）。

（5）覆盖。在霜冻来临前下午，用秸秆、稻草等覆盖在菜畦和蔬菜上，每亩用稻草100kg，稀疏散放。

（6）撒灰。一是在低温冻害来临前在蔬菜上撒一薄层谷壳灰或草木灰；二是在行间撒草木灰。

（7）熏烟。在低温冻害发生前1~2h在菜地周围偏东方向燃烧各种有机燃料或无毒生烟的化学药剂，使大量烟雾在低空弥漫，形成烟幕，可增加大气逆辐射，阻止冷空气下沉聚积，提高气温，减少凝霜产生。需要注意的是，开展熏烟作业时连片菜地同时进行才有效果，而且不可燃放明火，尽量使燃料只冒烟不冒火，否则会降低熏烟效果（宋继昌，2014）。

（8）风障。在菜畦北边用作物秸秆等做成1~1.5m高的防风障，每隔3~4畦设一道防风障。

（9）冬灌。冻前灌水时间以日平均气温下降至2~5℃为宜；冻后灌水在寒流后，最高气温升至2~3℃，土壤和菜棵已解冻时进行。冬灌要浇足浇透，以畦面不积水为度，浇后及时中耕松土。

（10）沥水。冻害来临前，开好"三沟"，保证沟沟畅通，以便及时排除冻水（敖礼林，2016）。

第二节　番茄耐低温相关研究

番茄（*Solanum lycopersicum*）是茄科作物，属于喜温蔬菜，不耐低温，对冷害敏感。整个生育期的最适温度为 18～25℃，气温低于 14℃时，植株不能正常开花结果；气温 10℃以下时，生物量降低，绝大多数品种会受冷害；温度低于 6℃时间过长，植株就会死亡，即使短期低温，植株生长也会受到影响。冷害使蔬菜作物生理活动受到抑制，冷害发生时的平均温度一般为 0～10℃。冷害对植物造成的伤害程度，除取决于低温外，还取决于低温维持时间的长短。在东北地区番茄生产经常遭受低温冷害，尤其是近年来，日光温室的发展，使得低温冷害问题变得日益突出，严重影响番茄反季节生产。

一、低温对番茄形态的影响

番茄遭受低温冷害时，叶片呈水渍状、叶片边缘受冻、暗绿色、破皮流胶、脱落等；根系停止生长，不能增生新根，部分老根发黄，逐渐死亡，造成沤根。当温度骤然上升时，植株萎蔫或生长速度减慢。花、果实受冷害后，影响授粉效果，或不能受精，造成大量落花落果或畸形果。低温胁迫下，蔬菜作物细胞膜容易受损，同时对光合作用产生一定的抑制作用。朱世东等研究发现，低温处理番茄和辣椒幼苗后，2 种植物的细胞膜透性增大，电解质泄漏增多。

二、低温对番茄生理生化的影响

为防止活性氧伤害，植物形成对逆境胁迫的适应性生理生化反应机制，主要包括以下几个方面。一是细胞膜本身的结构和组成成分，尤其是不饱和脂肪酸含量及其所占的比例大小。不饱和脂肪酸含量及所占比例，即脂肪酸不饱和酸指数（IUFA）越高，质膜相变温度越低，则抗冷性越强。二是膜系统的保护酶体系，主要指超氧化物歧化酶（SOD）、过氧化物酶（POD）和过氧化氢酶（CAT），SOD 可催化 O_2 歧化为 H_2O_2，POD、CAT 再将其还原成 H_2O，对于清除氧自由基有较大作用。三是非酶促防御系统，如 VC、VE、VA 和辅酶 Q 等。维生素 C（ASA）是非酶促系统的重要抗氧化剂，能将 O_2、羟自由基（·OH）和单线态氧（$^1O_2$）歧化为 H_2O_2，对于清除氧自由基有较大作用。四是细胞内含物质，如产生的脯氨酸（Pro）可保持原生质与外环境的渗透平衡，保持膜结构的完整性，提高蔬菜的抗逆性。这些物质的含量变化可反映细胞对低温的抗性强弱，是细胞抗冷的保护反应。

低温胁迫植物会产生大量ROS，这会引起植物氧化损伤进而影响正常代谢，细胞膜脂过氧化，从而导致蛋白质降解。低温16/6℃处理下LA2006和Heinzl706的SOD都显著增高，且随着处理时间延长均呈逐渐增高趋势，在6d有略微降低。在整个处理区间内LA2006都显著高于Heinzl706，增幅也更高。低温处理LA2006的CAT活性极显著高于Heinzl706，整个处理时间都较显著，这表明LA2006抗氧化酶活性高，更耐低温。低温条件使两品种叶片中保护酶含量都有所升高，LA2006的POD活性与Heinzl706差异不显著，POD对逆境的反应在该试验中没有其他保护酶敏感。低温处理1~3d，番茄幼苗叶片中的POD、SOD活性均上升，随低温处理时间延长POD活性持续增强，而SOD活性下降，MDA含量增高，细胞膜脂过氧化程度加强（任华中等，2002），在辣椒和黄瓜等作物幼苗是一致的。两个耐低温能力不同的番茄品种中，耐低温能力强的品种LA2006其保护酶活性要高于Heinzl706，较高的酶活性有利于减轻活性氧对细胞的损伤，使细胞进行正常代谢。逆境条件下，植物体内会产生大量自由基、氧和H_2O_2对细胞膜毒害最严重，植物产生氧化应激反应（Sonia et al，2014），最终产生MDA，MDA与细胞膜上蛋白质结合，引发蛋白质变性。植物细胞内积累大量的MDA会造成细胞膜破坏，功能紊乱甚至细胞死亡（Hu et al，2016）。低温16/6℃处理下LA2006的H_2O_2含量均高于Heinzl706，在2d和8d达到显著水平。LA2006和Heinzl706MDA都显著增高，且随着处理时间增长均呈增高趋势。在整个处理区间内Heinzl706的MDA都高于LA2006，增幅也更高，这表明16/6℃低温处理对LA2006细胞膜破坏较小，细胞质外渗较小。植物细胞在受到低温胁迫或者机械损伤时，细胞膜会出现破裂现象。低温敏感性植物遭受低温胁迫时细胞膜破裂，膜从液晶相转为凝胶相，细胞膜皱缩，此时细胞膜会出现裂缝或产生通道，细胞内容物外渗导致胞内电解质改变。

三、番茄耐冷分子生物学研究

对番茄植株进行抗寒锻炼过程中发现，植株体内游离ABA含量明显增加，而通过进一步的试验发现，ABA的增加是由低温引发的水分胁迫造成的。1991年，美国DNA植物工艺公司将从北冰洋比目鱼中分离的抗冻蛋白导入番茄中而培育出抗寒番茄品系。黄永芬等（2013）将美洲拟蝶抗冻蛋白基因（afp）导入番茄中，研究发现可诱导afp基因产生可溶性抗冻蛋白，减少了对植物组织的伤害，达到了抗低温作用。Imai等（2014）将番茄的LEA25基因（胚胎后期富集蛋白）转入酵母中使其大量表达，显著地提高了酵母细胞的抗寒和抗盐性。孙艳（2011）通过对组成型表达线粒体小分子热激蛋白基因对番茄抗冷性的影响的研究来实现其耐冷性的提高。试验分析结果表明，转基因番茄呈现耐低温性更强的表型，说明组成型表达线粒体小分子热激蛋白基因能提高番茄的抗冷性。低温胁迫下，过表达*SlCOR413IM1*基因减轻了番茄幼苗以及成苗的生长抑制，而降低*SlCOR413IM1*基因的表达，加重了番茄幼苗以及成苗的生长抑制。Feng等（2012）从番茄叶片中克隆到一个新的*ICE1*基因，过表达番茄ICE1和CBF转录因子都能够提高转基因植物的耐低温能力，因此位于番茄CBF下游的调控网络中的基因可能是导致番茄对低温敏感的决定性因素。刘辉（2010）从番茄LA1777中克隆了一个NAC转录因子，命名为ShNAC，低温、干旱和高盐胁迫均能诱导该基因的表达。超量表达ShNAC转基因植株较野生型对低温和干旱更敏感。ShNAC可能是植物生长发育及非生物逆境应答的一个负调节因子。Ma等（2014）从番茄叶片中克隆到一个NAC转录因子SlNAC1，发现过表达该基因提高了番茄植株的耐冷性。多项试验表明，SlNAC1可能通过上调*CBF1*的表达激活了下游的冷响应基因，提高了番茄植株的低温抗性。从耐低温多毛番茄中克隆了2个不同类型的抗寒相关基因，分别是脱水素基因和牻牛儿基牻牛儿基还原酶基因。根据芯片分析结果发现，超量表达*shDHN*可以提高植株的抗寒和抗旱性，促进了番茄植株的生长发育；超量表达*shCHLP*提高了番茄植株叶片叶绿素含量。促分裂素原活化蛋白激酶MAPK级联反应是真核生物信号传递网络中的重要途径之一，在植物抗逆过程中发挥着重要作用。通过对干旱、盐和低温逆境胁迫下番茄*SpMPK1/SlMPK1*、*SpMPK2/SlMPK2*、*SpMPK3/SlMPK3*基因表达模式的研究发现，干旱、盐、低温逆境胁迫均能诱导*SpMPK1/SlMPK1*、*SpMPK2/SlMPK2*、*SpMPK3/SlMPK3*基因的表达。

四、番茄耐冷性鉴定方法

抗冷性鉴定是番茄抗冷育种的重要环节，可进行抗冷鉴定的方法有多种，目前被认为可操作性和可靠性较好的主要有3种。

（一）种子低温发芽试验

同一品种在10～25℃范围内种子发芽率随着温度降低而下降，不同品种发芽率之间存在明显差异；由于不同番茄品种的胚根对低温的敏感度存在较大差异，因而也可用种子发芽期低温对胚根生长的抑制度来评价抗冷性，方法是置种子于室温下发芽，当胚根长度约5mm时放入3℃冰箱内低温处理3d，然后测量胚根长度，并与未经低温处理的胚根长度相比较，计算出胚根生长抑制度。抑制度越小说明品种抗冷性越强。

（二）幼苗抗冷性指数的评价

将4～5叶龄番茄幼苗在2℃冰箱中处理48h后，对受害程度进行分级和抗冷指数统计，评价不同品种的抗冷性。研究表明，抗冷性不同的品种抗冷指数存在较大差异，经低温处理后抗冷品种仅少数植株发生冻害，而冷敏感品种多数植株发生冻害。郑东虎等提出了冷敏感度的概念，并认为冷敏感度是评价番茄苗期耐冷性的可靠指标之一。

（三）低温条件下生理生化指标的测定

Geme等（2015）研究发现低温锻炼后番茄体内游离脂肪酸上升，而且秘鲁番茄和多毛番茄游离脂肪酸和不饱和脂肪酸的含量较普通番茄高；王孝宣等（2014）研究表明随着温度降低番茄体内ABA和可溶性糖含量增加，且8～12℃低温条件下ABA和可溶性糖含量与品种抗冷性之间存在显著正相关；Feuner等（2013）发现抗低温特性较强与种子内ABA含量较高有关；Bloom等（2011）发现在5℃低温下处理2h后冷敏感番茄根系对铵离子的吸收受到明显抑制，而抗冷性番茄所受的影响较小；王可玢等研究发现低温处理后，冷敏感品种和抗冷品种叶片的叶绿素a荧光诱导动力学曲线的改变明显不同。

五、番茄耐冷栽培措施

（一）选育耐低温的优良品种

通过对种质资源的收集研究和抗寒性鉴定，筛选出抗寒力强的原始材料，再通过各种育种手段和方法培育出抗寒性强的优良品种。在日本，一些耐高温和耐低温品种对夜温适应性的差距可达5℃，品种间杂交可增强耐低温性，目前已育成适于保护地栽培的耐低温番茄品种。再者，通过生物工程方法将抗寒性强的基因直接转移到现有的栽培番茄品种中，并使其高效表达，以提高品种的抗寒性，目前已经分离出与耐低温相关的基因并得到应用，但对获得的转基因植株的追踪研究报道仍然较少。

（二）采取栽培措施

采取栽培措施，如扣棚、设置多层覆盖、加反光幕等方法来提高地温和气温，以满足作物生长发育的需要，但此种方法需要大量的人力和物力，使生产成本增加，造成相对经济效益下降。

（三）低温锻炼与交叉适应

将植物置于非致死的低温下锻炼，可提高其耐低温胁迫的忍耐能力。机械擦伤可提高番茄叶片耐冷性。Wheaton等（2013）报道，番茄幼苗经12.5℃48h锻炼后，在冷害温度下的受害程度远小于未锻炼的幼苗。因为交叉现象的存在，有研究发现盐胁迫可提高马铃薯和菠菜幼苗耐冷性，外辐射（UV-B）可增强黄瓜的耐冷性，盐、冷和热预处理也可不同程度地提高水稻幼苗耐低温的能力。

（四）施用外源物质

施用水杨酸、Ca^{2+}、油菜素内酯等植物生长调节剂能提高蔬菜的耐寒性。多效唑（PP333）能增加植物膜脂不饱和指数和油酸含量，降低肉豆蔻酸、棕榈酸含量，提高番茄的耐低温能力。李芸瑛等研究发现根施甜菜碱可以缓解低温胁迫下黄瓜幼苗叶片中叶绿素含量的下降速度，保持相对较高的净光合速率和抗氧化酶活性，减少丙二醛的积累，保持细胞膜的相对完整性，提高幼苗存活率。

（五）嫁接提高蔬菜抗冷性

生产上常用的番茄砧木有兴津101号、LS-89、耐病新交1号、斯库拉姆、安克特、夏威夷、托鲁巴姆、阿拉姆、果砧一号等。通过低温下番茄幼苗冷害指数及生理生化的变化可以看出，嫁接可以提高番茄抗冷性。大量试验证明，适宜的砧木能明显提高黄瓜对低温的抗性。Ahn等研究表明，以黑籽南瓜为砧木嫁接的黄瓜，在低温下根系吸收养分与水分能力较常温下明显增强。研究表明，用黑籽南瓜嫁接的黄瓜与自根黄瓜相比，在矿质吸收、激素代谢、膜保护酶系活性、糖和蛋白质含量等方面均发生了利于抗冷性提高的明显变化。对于嫁接提高蔬菜抗冷性的机理，以及嫁接苗的抗冷性介于砧木和接穗之间的机理目前还有待研究。

六、番茄耐冷转录组学研究

目前，随着高速发展的基因组时代的到来，也将转录组技术带领到一个前所未有的发展高度。转录组技术在番茄中的应用此玉米、大豆、水稻等大田作物较少。但随着转录组技术的兴起，其在番茄的抗病、抗逆及番茄遗传育种和进化分析等研究中都得到了普遍应用，同时通过基因工程的方法导入所需的目的基因，也逐渐成为番茄研究的热点。Liu等（2016）以多毛番茄LA1777、栽培番茄LA4024和两者的渐渗系群体为研究材料，通过TOM2芯片技术对番茄苗期的抗寒性进行差异表达分析。根据芯片分析结果，多毛番茄中克隆出了3个抗寒的相关基因并对其进行了克隆和功能验证，同时揭示了番茄抗寒的分子机制。根据番茄抗寒材料和普通番茄的转录组技术的差异表达分析，发现一些与逆境应答、激素传导、信号转导等相关过程中的基因在冷敏感材料中受到了抑制。Chen等（2018）利用转录组测序的方法以栽培番茄、多毛番茄、类番茄为研究材料，对耐低温分子机制进行差异表达分析，结果表明在低温胁迫下，1h和12h后，这3种材料的基因的表达模式都发生了改变，同时利用了DAVID平台对多毛番茄和栽培番茄低温调控基因进行了功能聚类分析，发现冷耐受型番茄和冷敏感型番茄在低温应答的分子机制上存在较大差别。通过对低温条件下番茄品系LA2006和Heinzl706萌发种子进行深度测序，转录组数据KEGG分析表明，这些差异基因主要参与了碳代谢、次生代谢的生物合成、能量代谢以及信号转导等过程。发现差异较大的途径有信号转导途径和翻译过程。信号转导途径包括植物激素信号转导、MAPK信号途径以及磷脂酰肌醇，主要对植物激素信号转导途径进行了分析。植物激素信号转导途径中IAA、ETH、GA以及MYB与WRKY转录因子低温下参与调控LA2006种子萌发。

第三节　黄瓜耐低温相关研究

一、低温对黄瓜形态学的影响

经过多年研究发现，黄瓜种子的发芽适温是27～29℃，根系是20～30℃，生长适温是25～30℃，低于此温度就会造成伤害。种子萌发期遭受低温表现为不发芽或延迟发芽，苗期遭遇冷害，黄瓜生长缓慢，节间短，干物质少。在花期受冷害会导致其授粉受精作用不良，进而影响产量。在结瓜期冷害首先表现在植物的生长点处，使黄瓜生长点异常，表现为封顶，生长点萎缩，借助解剖镜观察，可看到生长点顶端已分化出许多花原基和叶原基，将生长点覆盖。有些品种此时可生长出侧蔓，且生长速度较快，叶和瓜也受影响，叶片变小、增厚，颜色加深，雌花数量增加，化瓜率增高。黄瓜收获后在果实贮运期间受冷害，瓜条出现水浸状，表面凹陷，容易腐烂。黄瓜花粉的形状、大小及萌发孔与抗寒性无相关性，但花粉粒表面纹饰（亦即雕纹）有两点区别：其一为覆盖层的类型不同。耐低温性强的品种为半覆盖层类型，其表面纹饰为开放的大网状式纹饰，耐低温性弱的品种为覆盖层—穿孔型，其表面纹饰为穴状。中间型品种介于二者之间，即为半覆盖层型与覆盖层—穿孔型之中间类型，也为穴状纹饰，只是其穴眼较大。其二为花粉表面的平滑度不同。耐低温性弱的品种皆为流云块状，起伏不平，相反，耐低温性强的品种则比较平坦，没有隆起和凹陷状。

二、低温对黄瓜生理生化指标的影响

（一）低温对黄瓜细胞膜的影响

低温不仅直接削弱活性氧的酶促和非酶促系统的防御能力，使活性氧含量增加，诱发脂质过氧化作用，引起膜损伤，而且所积累的过量活性氧本身及诱发的脂质过氧化产物反过来对植物的防御系统亦会起破坏作用，从而加剧膜脂过氧化作用。低温胁迫条件下膜脂过氧化的终产物丙二醛（MDA）是衡量黄瓜耐低温性的一个重要指标（周双等，2015）。MDA可与蛋白质或核酸大分子之间发生交联、聚合，导致酶失活，对细胞起毒害作用（Rihan et al，2017）。MDA含量与低温胁迫程度呈负相关，不同低温处理黄瓜幼苗，处理温度越低，膜脂过氧化程度越重，MDA含量越高，抗寒性越差；黄瓜幼苗的耐冷性越强，MDA含量越低。

（二）低温对黄瓜保护酶系统的影响

植物体内含有许多参与生化反应的酶，这些酶受低温直接或间接的影响而发生活性变化。有学者认为，黄瓜在低温下体内的POD、SOD、CAT活性增强。有学者有不同的意见，曾韶西发现经低温（5℃）光照处理后，POD活性在开始24h内亦有下降趋势，随后POD活性显著增加。刘鸿先报道低温使SOD活性降低，CAT活性随低温处理时间的延长而显著下降。赵全海报道，低温下黄瓜淀粉酶活性下降。研究表明，常温和低温下生长的黄瓜，耐低温能力强的品种POD活性都低，同工酶酶带也少。POD活性及同工酶酶带数与黄瓜的耐低温性表现为负相关。但是刘鸿先的结果表明，不论常温还是低温下，一般抗冷性强的POD同工酶比抗冷性弱的多1～3条区带。沈文云发现经3℃低温处理72h后，CAT活性下降，低温处理前后，耐低温品种的CAT活性均低于不耐低温的品种。另外，ATP酶活性稳定，凡是ATP酶活性不受低温影响的植物较抗寒，耐低温强的材料质膜ATP酶在低温反应中产生高活性反应，耐低温弱的材料质膜则丧失ATP酶活性。

（三）低温对黄瓜渗透调节物质的影响

渗透调节物质能够维持细胞膨压和气孔开放，保证生理生化过程和光合作用正常进行。渗透调节物质主要包括无机物质（K⁺、Ca²⁺等）和有机物质（脯氨酸、可溶性糖等）。渗透调节物质与低温胁迫具有明显相关性。刘洁等（2015）研究表明黄瓜的耐低温性与叶片中K的质量分数呈正相关。脯氨酸含量是评价植物耐寒性的一个重要指标（Kishor et al，2005）。田雲等（2017）研究表明低温胁迫下黄瓜中脯氨酸的积累量明显上升，且不同品种间有明显差异。可溶性糖（蔗糖、果糖、棉籽糖、水苏糖等）可以提高细胞液浓度，降低细胞水势和冰点，增强细胞持水能力和渗透调节能力，防止细胞脱水过度，提高细胞耐冷性，降低低温对细胞的伤害。苏正楠（2017）研究表明，可溶性糖的含量与黄瓜的抗寒指数呈正相关。黄瓜中转录因子ICE1过量表达可诱导冷胁迫基因的表达，促进可溶性糖和游离脯氨酸的积累，抑制丙二醛（MDA）的积累，从而提高黄瓜的耐冷性（Liu et al，2010）。耐寒品种体内的还原糖特别是葡萄糖含量比不耐寒品种高，经过低温锻炼的植株体内可溶性糖的含量较未经低温锻炼的高，冷冻可使果聚糖转变为果糖和蔗糖，沉积在细胞间隙中，增强植株的抗寒性。叶片类囊体中不饱和脂肪酸含量在冷胁迫初期，耐低温弱的品种迅速增加，而耐低温强的品种变化不大。同时，单半乳糖甘油二酸酯（MGDG）和双半乳糖二酸酯（DGDG）的脱酰化程度，耐低温弱的黄瓜比耐低温强的大。

（四）低温对黄瓜叶绿素的影响

学者们在研究温度对叶绿素含量的影响时，多把光照与温度结合起来研究。李美茹发现，经暗低温处理的黄瓜子叶其外观与对照无区别，而低温正常光照处理的子叶则出现光漂白的伤害症状，特别是5℃处理48h后，光漂白症状更加明显。曾韶西发现，对黄瓜幼苗子叶在弱光或黑暗下低温处理时，叶绿素含量下降。这是由于光氧化作用引起了叶绿体膜系统的降解。马德华指出，在弱光光强下，叶绿素含量的降低可能包括两个过程：非酶促光氧化过程和POD-H₂O₂酶促过程（至少是部分地），两者都与活性氧有关。

三、黄瓜耐低温遗传规律和基因定位研究

重要农艺性状的基因定位是进行基因克隆和作物遗传改良的基础。作物的耐低温能力很大程度上取决于遗传因素。目前，很多作物中已经定位及克隆了耐寒基因，比如拟南芥的cor78、大麦的pT59和pAO86、水稻的qLTG3-1、玉米的GRMZM2G325653等。有关黄瓜耐低温的遗传学研究表明，控制低温下黄瓜发芽能力（相对发芽势、相对发芽指数、相对胚根长度）的遗传符合加性—显性模型，以显性效应为主。目前对黄瓜芽期的耐低温基因定位已有研究，Song等以65G（芽期低温敏感型）和02245

（芽期耐低温型）为亲本构建重组自交系，通过两次的遗传分析表明芽期耐低温符合数量遗传，以127对SSR分子标记对RIL群体构建遗传连锁图谱，检测到3个与低温相关的主效QTL位点：与低温下发芽能力相关的位点qLTG1.1和qLTG2.1，与低温下胚根伸长相关的位点qLTG4.1。对黄瓜苗期的耐低温基因定位也有报道，李恒松等以0839（黄瓜耐冷型品系）和B52（低温敏感型品系）为亲本，构建6世代群体，遗传分析表明幼苗耐冷基因受显性单基因控制，通过对F_2群体集群分离分析（BSA），将黄瓜幼苗耐冷性主效基因定位于黄瓜遗传图谱第6连锁群上，与分子标记SSR07248的遗传距离为32.6cM。王红飞以QT193（苗期低温敏感型）和JD32（苗期耐低温型）为亲本，构建F_2遗传群体，遗传分析表明苗期耐冷基因符合数量性状遗传，以75对分子标记构建连锁遗传图谱，共检测到4个与苗期耐低温相关的位点，其中3个与冷害指数相关的位点（qCT-3-1、qCT-3-2、qCT-3-3）位于3号染色体，1个与恢复指数相关的位点（qCT-7-1）位于7号染色体。

四、黄瓜耐低温相关基因及功能

目前在研究中发现多个基因的表达与黄瓜耐冷性密切相关。陈珊等发现*CsHSF7*和*CsHSF11*基因的表达水平与黄瓜果实耐冷性密切相关，且*CsHSF11*在酵母中具有转录激活活性；董洪霞等发现黄瓜中参与转录调控的*Csa5M608380*基因后期过量表达可能会提高黄瓜的耐冷性。将甘氨酸丰富RNA结合基因*CsGR-RBP3*或G蛋白Gγ亚基的同源基因*CsGG3.2*过表达，活性氧清除系统加强，CAT和SOD活性提高，黄瓜幼苗的低温伤害指数降低，黄瓜的耐寒性增强。黄瓜中不同基因的表达水平对黄瓜低温适应起重要作用，低温诱导下黄瓜叶片中水苏糖合成酶基因（*STS*Ⅰ、*STS*Ⅱ）、α-半乳糖苷酶基因（*AGA2*、*AGA3*）、根系FADs基因（*CsFAD3*、*CsFAD7*）表达量上升；但根系的*CsFAB2.1*、*CsFAB2.2*、*CsFAD5*表达量下降。康国斌等（2001）以黄瓜耐低温性弱的品种进行低温锻炼处理，采用mRNA差异显示银染技术克隆得到特异表达基因*ccr18*，低温处理12h、24h、48h和72h，*ccr18*在黄瓜幼苗中均表达，该基因可能与黄瓜低温锻炼相关。Liu等（2012）研究发现，在低温处理后再用NO处理，黄瓜谷胱甘肽还原酶（Glutathione reductase，GR）基因上调表达，推测经NO处理后可以调节冷胁迫对GR基因诱导表达。黄瓜中与低温相关的转录因子主要有AP2和WRKY家族。黄瓜AP2家族中有162个*CBF*基因。ABA的积累可以激活黄瓜幼叶中冷诱导基因*CBF1*的表达，提高黄瓜的耐冷性（Talanova et al，2008）。黄瓜中有55个*WRKY*基因（*CsWRKY*），通过RT-PCR技术显示*CsWRKY21*、*CsWRK23*、*CsWRKY32*、*CsWRKY33*、*CsWRKY42*、*CsWRKY46*和*CsWRKY53* 7个基因与黄瓜低温胁迫有关，其中*CsWRKY21*、*CsWRKY23*在低温条件下表达量上升。低温胁迫下，黄瓜细胞核中的*CsWRKY46*基因响应低温信号并过量表达，引起ABA含量的变化，*CsWRKY46*和ABA可能共同调节*ABI5*基因的表达，进而调节冷调控基因*COR47*、*RD29A*和*KIN1*表达，提高黄瓜的耐寒性。宁宇等（2013）的研究表明，黄瓜*CBF3*基因（*CsCBF3*）的表达可被低温诱导，且表达量在迅速达到峰值后又降低，其可以快速响应胁迫信号，在黄瓜耐冷过程中起着重要的作用。

五、黄瓜耐冷性鉴定方法

（一）田间自然环境鉴定法

把鉴定材料放在自然条件下，如南方的早春和北方低温环境等，就黄瓜的生长状况及产量来评价其抗冷性。此法简便易行，无须太多仪器设备，因作物的抗冷性特点最终也要体现在其产量上，此方法又能直接得到产量构成因素。缺点在于易受自然环境影响，年际间温度差异是一个重要制约因素，每年鉴定结果很难得到重复，且田间测试还受到水分、光照强度等综合因素的影响。

（二）大棚可控条件鉴定法

在人工可控环境下，根据需要模拟当地低温环境来鉴定抗冷性。大棚鉴定法是指在低温棚或人工小气候室内，设置所需水分、湿度、温度及光照强度，低温胁迫下测定黄瓜不同生长阶段的各项生理指标或产量构成因素来讨论其抗冷性。此法不受外界年际间环境不同的影响，可实现多年鉴定，具有重复操作性且可靠性较好，适宜对珍稀试验材料的深入研究。但低温棚鉴定因试验硬件设备的限制，不能进行大批量的鉴定试验。

（三）实验室间接鉴定法

1. 种子活力综合指标

不同作物品种种子在低温下萌发能力有显著差异，基因型很大程度上决定着种子发芽过程中的抗冷性。黄瓜低温发芽能力及苗期低温耐受性与品种抗冷性有极显著关系，可以作为抗冷性鉴定指标。国内外已有许多关于通过低温发芽并根据发芽率、根和芽的生长速度来评价种子萌发期抗冷性的介绍，例如我国科学家于拴仓等用相对发芽率、发芽指数、活力指数构建出综合指标，来评价种子活力及生活力大小，为黄瓜萌发期耐低温鉴定提供了相对精准的方法。关于种子抗冷性活力测定的温度也是国内外学者研究的重点，普遍认为在13～17℃。利用低温发芽指数鉴定供试材料的抗冷性，不仅简单、可靠，而且周期性短，可作为黄瓜低温耐受性早期鉴定的指标，进而进行抗冷种质资源的筛选。但是种子成熟度、种子年龄、处理过程、种子生产环境和贮藏条件都影响种子对低温的反应，所以要做好所用材料与常温下的对照试验。

2. 形态学指标

形态学指标一般把苗期作为鉴定时期。形态学特征可以直接反映出幼苗在低温下的生长情况，幼苗在低温条件下株高、茎高、茎粗、叶面积大小等都可以作为形态学指标，可以与常温对照区分鉴别。闫世江等的研究结果表明，黄瓜抗冷指数与株高、茎粗、物质含量等相关性较大。另外，叶面积也是一个有效且实用的鉴定指标，这一指标鉴定的有效性得到了学者们的一致认可。形态学指标的优点在于直观、简便，对仪器要求不高，且可应用于田间大量材料的筛选，但是全株干物重及叶干重等生物含量的测定需毁大批量苗，容易造成珍贵材料的丢失，可能影响其他指标以及后续的研究，对种质资源量较小的材料不太适用。

3. 生理生化指标间接测定

植物体对低温的反应是一种复杂的生理变化过程，是一系列的生理生化反应综合作用的结果。低温对黄瓜的影响是多方面的，形态指标则是最直观的差异特征，但归根结底还是适应冷环境下一系列生理生化过程（光合过程、水与营养的运输途径、呼吸代谢过程等），且不同品种抗冷性反应都有其独特的生理生化基础。研究者在冷环境下对黄瓜生理生化特性做了许多研究，并没有哪位学者具体明确哪种指标最适合抗冷性鉴定，都是利用这些指标与抗冷性相关性去说明抗冷问题，或者建议作为抗冷性鉴定指标。较多的研究结果主要集中在自由水与结合水含量、叶片相对大小、电导率、叶绿素含量、脯氨酸含量、H_2O_2、可溶性蛋白含量、可溶性糖含量、超氧化物歧化酶（SOD）活性、丙二醛（MDA）含量，过氧化物酶（POD）活性等均可用于抗冷性鉴定。

六、黄瓜耐冷栽培措施

（1）选用发芽快、出苗迅速、幼苗生长快的耐低温品种。采用春化法，把泡涨后快发芽的种子置于0℃冷冻24～36h后播种，不仅发芽快，还可增强抗寒力。

（2）黄瓜播种后种子萌动时，即使萌发出苗时间也长达50多天，且多形成弱苗。出苗后白天保持25℃，夜温应高于15℃。同时对幼苗进行低温锻炼，当外界气温达到17℃以上时，应提早揭膜锻炼，黄瓜对低温忍耐力是生理适应过程。生产上要在揭膜前4～5d加强夜间炼苗，只要是晴天，夜间应逐渐把膜揭开，由小到大逐渐撤掉。经过几天锻炼以后叶色变深，叶片变厚，植株含水量降低，束缚水含量提高，过氧化物酶活性提高，原生质胶体黏性、细胞内渗透调节物质的含量增加，可溶性蛋白、可溶性糖和脯氨酸含量提高，抗寒性得到明显提高。

（3）适度蹲苗，尤其是在低温锻炼的同时采用干燥炼苗及蹲苗结合对提高抗寒能力作用更为明显。但蹲苗不宜过度，否则会影响缓苗速度和正常生育。

（4）科学安排播种期和定植期。各地应根据当地历年棚室温度变化规律，低温冷害频率和强度及所能采取的防御措施，确定各地科学的播种期。春季定植时应选择冷空气过后回暖的天气，待下次寒流侵袭时已经缓苗。定植后据天气变化科学控制棚温和地温。在寒流侵袭之前喷植物抗寒剂，每亩100～200mL或10%宝力丰抗冷冻素400倍液，隔5～7d喷1次，共喷2次。

（5）采取有效的保温防冻措施。棚膜应选用无滴膜，盖蒲帘，提倡采用地膜、小棚膜、草袋、大棚膜等多重覆盖，做到前期少通风，中期适时放风，使棚温白天保持25～30℃，地温18～20℃，土壤含水量达到最大持水量的80%，夜间地温应高于15℃。

（6）发生寒流侵袭时，应马上采用加温防冻措施。如简易热风炉、在垄道里点燃秸秆柴禾等，可使棚温提高2～4℃，保持1～2h。此外也可采用地面覆盖或植株上盖报纸、地膜的方法。如气温过低已发生冷害，要采用缓慢升温措施，使黄瓜原生理机能慢慢恢复。

第四节　茄子耐低温相关研究

茄子（*Solanum melongena* L.），又名落苏，属于茄科茄属一年生草本，原产东南亚及印度，于公元4—5世纪引入中国，是喜温蔬菜，对低温非常敏感。茄子的生育适温为22～30℃，17℃以下生育缓慢，10℃以下新陈代谢失调，发生寒害的临界温度为7.2℃。多数茄子品种在温度低于7～8℃时，种子发芽和植株营养生长及开花结果都会受到阻碍，同时低温维持时间的长短也会影响其生长发育，致使其产量和品质降低。在保护地栽培中最大的生产障碍就是在冬春季节遭遇连阴天，保护地内温度偏低，出现低温冷害现象，对产量影响很大，给农业生产带来了巨大损失。低温伤害的原因及防寒措施的研究一直受到农业和生物科学工作者的重视。

一、低温对茄子形态的影响

低温对茄子的生长影响很大，在低温胁迫下茄子发芽率降低，发芽势、发芽指数下降，种子活力指数降低。姚明华等发现茄子种子活力指数随温度的下降而减小，但抗冷性强的品种下降幅度小于抗冷性较弱的品种。低温胁迫下，茄子幼苗胚根、胚芽的长度和全株鲜质量随着温度的降低均呈下降趋势。陈满盈等认为低温和弱光均可使茄子花芽分化延迟，开花节位升高。茄子果实在储存期间，如遇0℃低温，储存15d后，果色变暗，果肉组织超微结构均受到损伤；10℃以下，茄子果实表面也会受到损伤，种子颜色变暗，果肉褐变。

二、低温对茄子生理生化指标的影响

许多试验表明，低温引起细胞膜透性发生变化，是植物低温伤害的一个重要原因。植物受到低温伤害时，细胞质膜透性会发生较大的改变，电解质会有不同程度的外渗，导致电导率的升高。在植物的抗寒生理研究中，蛋白质的代谢是一个重要方面，低温胁迫下，植物体内可溶性蛋白含量升高有利于抗寒性的提高。植物在低温下，体内通常积累大量的脯氨酸，细胞内脯氨酸质量分数与植物抗寒性之间存在极显著正相关。有试验表明，植物经历低温锻炼时，可通过植物细胞内抗寒分子的增加来提高植物的抗冷胁迫能力，如膜的组成和结构、可溶性糖、可溶性蛋白、脯氨酸等；同时，通过增加抗氧化剂的含量，提高抗氧化作用的酶的活性，可以减轻氧化作用，提高植物抗低温能力。

（一）生物膜系统与茄子抗冷性的关系

生物膜是茄子细胞及细胞器与周围环境间的一个界面结构，它对保持植物正常生理生化过程的稳定性具有重要作用。茄子遇到低温时，首先是细胞膜的流动性降低，膜结合蛋白正常的生理功能丧失。胁迫严重时，膜的物理结构由液晶相向凝胶相转变，膜脂相变导致原生质流动停止，引起相分离，破坏膜的完整性，透性增加，细胞质溶液外渗，胞内离子失去平衡、膜结合酶和游离酶活性失调，继而使代谢失调，有毒的中间代谢物积累，使茄子细胞受害。表现在外部形态上是在叶面出现水渍状斑点，温度回升后斑点变得干枯甚至穿孔。

植物在低温胁迫下，细胞膜系统的损伤可能与自由基和活性氧引起的膜脂过氧化和蛋白质破坏有关。植物体内的自由基与活性氧具有很强的氧化能力，对许多生物功能分子有破坏作用。茄子体内也同时存在一些清除自由基和活性氧的酶类和非酶类物质。自由基、活性氧和清除它们的酶类和非酶类物质，在正常条件下维持平衡状态，在一定的低温范围内，保护酶系的含量或活性上升，有利于保持植物体内自由基的产生和清除之间的平衡，不致造成膜脂过氧化；但当温度继续下降或低温持续时间延长，则活性氧、自由基产生就会明显增加，而清除量下降，导致自由基积累。体内积累过量的活性氧，促使膜脂中不饱和脂肪酸过氧化产生丙二醛（MDA）。它能引起膜蛋白的变性与膜脂流动性的降低，茄子膜脂过氧化产物MDA大量积累，会造成膜透性上升，电解质外渗，使电导率值变大，导致细胞膜系统的严重损伤，最终导致茄子受伤害。

（二）膜脂保护酶与茄子抗冷性的关系

低温能增加茄子体内过氧化分子等活性氧含量，降低SOD活性，加强膜脂过氧化作用。低温胁迫程度影响SOD活性，如0～5℃低温胁迫下，茄子叶片中SOD活性上升了5.39%～31.87%。POD和CAT在植物组织中分布很广，参加多种生理生化反应。两者对细胞生理代谢过程中产生的活性氧具有清除作用，减少膜脂过氧化作用。Omran（2016）用黄瓜幼苗研究时，测定黄瓜低温处理期间及处理后POD和CAT活性，发现在5℃处理95h后，POD活性不受影响，而过氧化氢酶活性下降。张泽煌指出，0～5℃低温胁迫下处理4～5d，茄子幼苗CAT活性上升，而POD活性保持相对稳定。从以上可见，提高茄子细胞内保护酶系统SOD、POD、CAT活性，增加保护物质含量，以清除茄子细胞在低温逆境中超氧化物自由基的增加，防止膜脂过氧化，保持膜结构的稳定性，是增强植物抗寒性的关键所在。

（三）脯氨酸与茄子抗冷性的关系

脯氨酸是一种无毒的中性物质，溶解度高，能够维持细胞的膨压；同时脯氨酸还具有极性，对生物多聚体的空间结构有保护作用，增加结构的稳定性。王荣富（2014）认为植物处于低温胁迫时，脯氨酸能维持细胞结构、细胞运输和调节渗透压等，使植物具有一定的抗性和保护作用。姚明华等（2012）对8个茄子品种的脯氨酸含量进行了测定，发现常温25℃下品种间的脯氨酸含量存在差异，且与品种的抗冷性呈极显著正相关；在分别受5℃和15℃低温诱导24h后，这种差异更加明显。由此可见，茄子的脯氨酸含量与抗冷性有很重要的关系。

（四）可溶性蛋白与茄子抗冷性的关系

一般认为茄子的可溶性蛋白和总蛋白与耐冷性存在正相关，随着组织可溶性蛋白含量的增加，茄子耐低温能力也随着增加，用S亮氨酸和C-亮氨酸分别标记一些锻炼过的植物，观察到这些同位素渗入可溶性蛋白中的量有增加的现象。这暗示了在耐冷锻炼中，耐冷性的增加需要有蛋白的重新合成。耐冷锻炼中可溶性蛋白含量的增加，可能是由于合成速度加强或降解速度下降，或者仅仅反映了锻炼中普遍发生的细胞水分含量的下降。对于可溶性蛋白与耐冷性的关系，已有大量的研究。

（五）可溶性糖与茄子抗冷性的关系

可溶性糖作为主要的渗透调节物质，它与茄子抗寒性之间呈正相关。受低温冷害时，尤其低温没有杀死组织的时候，茄子中糖分照常积累，可溶性糖增加，可提高细胞液渗透压，防止水分大量外渗及降低冰晶数量。植物在此方面有个共同的特性，刘明池（2014）研究认为，可溶性糖的积累可提高黄瓜幼苗的耐冷性。王孝宣等（2010）以耐寒性不同的番茄品种为材料研究，结果表明，随处理温度的降低，可溶性糖的含量逐渐增加。低温下（8℃和12℃）可溶性糖的含量与品种的耐寒性呈显著或极显著正相关，且苗期与开花期表现一致。陈权龙等（2012）研究认为，水稻低温期间可溶性糖的积累是对低温的一种适应，但也有少数例外，可溶性糖与耐冷性呈负相关。

三、茄子耐冷分子生物学研究

随着分子生物技术的快速发展，人们从分子水平上对植物抗冷性进行了大量研究。由于植物抗冷性并不是由单基因决定的，而是由一系列相关的直接或间接作用的基因形成一个复杂的调控网络，寒冷信号会诱导特定基因表达，提高植物的抗寒能力。通过基因工程方法将抗寒相关基因导入植物中能提高植物的抗寒性。

姜涛等（2013）利用白菜*CBF*基因序列搜索茄子基因组DNA序列和茄子EST序列，然后参考这些序列设计开放型阅读框两端的特异引物，以茄子叶片cDNA为模板克隆获得了该基因的cDNA序列。经生物信息学分析证实该序列是*CBF*基因，命名为*SmCBF*。该基因编码211个氨基酸，包含AP2功能域和DNA结合位点，属于*AP2*超基因家族。用PlantCARE分析*SmCBF*基因启动子序列的顺式作用元件，发现了1个MYC识别位点和1个MYB结合位点，说明该基因受到MYC和MYB的调控。采用RT-PCR技术研究了*SmCBF*基因在低温诱导茄子中的表达情况，结果显示该基因随着低温处理时间延长表达量逐渐升高，在6h达到最高值，说明低温诱导该基因表达。

蔡霞（2011）通过成功获得*AtCBF3*基因茄子植株的基础上，对通过套袋自交获得的转基因T₂代茄子种子进行种植并进行抗寒性研究，目的就是探讨外源基因

*AtCBF3*在T_2代茄子转基因植株后代中是否表达和在抗寒特性上的差异，为转基因茄子抗寒新品种的发育和研究提供理论依据。

四、茄子耐低温措施

（一）选育耐低温品种

选用耐低温弱光品种是生产上解决冬春季节设施栽培低温弱光问题的最有力措施。欧美国家在黄瓜、番茄、甜椒和茄子等作物的温室栽培上使用专用的耐低温弱光品种。目前我国在茄子耐低温弱光品种选育方面也进行了研究，首先需要对茄子耐低温性进行鉴定，查丁石等（2006）认为幼苗干重、茎粗、叶绿素相对含量净光合速率可作为茄子耐低温、耐弱光性能的鉴定指标。易金鑫等（2014）研究表明，冷害指数与生理指标存在较强的相关性，可较好地区分不同品种的耐低温性。

（二）施用外源物质

通过喷施水杨酸、多胺、ABA、钙盐等外源植物生长调节剂提高植物抗寒性，在黄瓜、香蕉、葡萄等作物上已报道。有学者报道不同浓度的$CaCl_2$处理、钙调素拮抗剂与Ca^{2+}浸种处理能使茄子品种体内的SOD、POD和CAT活性升高，可溶性蛋白质含量增加，显著降低了低温胁迫下茄子叶片电解质渗透率和MDA含量，提高茄子耐低温能力。柏素花等（2014）报道VA菌根菌株对不同的茄子品种都有较高的侵染率，并能显著增强不同品种茄子的抗冷性，是一种效果明显的抗冷性菌株。高志奎等（2012）报道聚乙烯醇渗调处理能显著提高茄子种子活力，尤其是低温下的渗调效应比适温下更显著，并显著降低细胞膜透性。

（三）嫁接

通过嫁接提高植株抗寒力早已在生产上得到广泛应用。茄子通过嫁接也可提高耐寒力，为茄子的越冬、长季节栽培提供了可靠的技术保障。

参考文献

安昕. 2015. 山羊草物种ICE-CBF-COR抗寒途径相关基因分离与鉴定[D]. 沈阳：沈阳农业大学.

敖礼林. 2016. 蔬菜的低温冷害及其综合防护[J]. 科学种养（12）：34.

白建军. 2008. 外源物质对大扁杏花器抗寒性的影响[J]. 西北林学院学报，1（23）：82-86.

蔡霞. 2015. 转*CBF3*基因茄子后代植株抗寒性与分子检测研究[D]. 重庆：西南大学.

曹建东，陈佰鸿，王利军，等. 2010. 葡萄抗寒性生理指标筛选及其评价[J]. 西北植物学报（11）：2 232-2 239.

曹健冉. 2019. 软枣猕猴桃种质资源抗寒性评价及其抗寒性机理机制研究[D]. 长春：中国农业科学院.

陈梅，唐运来. 2012. 低温胁迫对玉米幼苗叶片叶绿素荧光参数的影响[J]. 内蒙古农业大学学报，33（3）：20-40.

陈大洲，陈泰林，邹宏海，等. 2002. 东乡野生稻的研究与利用[J]. 江西农业学报（4）：51-58.

陈娜，郭尚敬，孟庆伟. 2005. 膜脂组成与植物抗冷性的关系及其分子生物学研究进展[J]. 生物技术通讯（2）：6-9.

陈阳松. 2017. 玉米苗期耐盐性全基因组关联分析[D]. 北京：中国农业科学院.

陈贻竹，B.帕特森. 1998. 低温对植物叶片中超氧化物歧化酶、过氧化氢酶和过氧化氢水平的影响[J]. 植物生理和分子生物学学报，14（4）：323-328.

陈钰，郭爱华，姚延梼. 2007. 自然降温条件下杏品种蛋白质、脯氨酸含量与抗寒性的关系[J]. 山西农业科学（6）：53-55.

成明昊，李恩生，李喜森，等.1982. 苹果抗寒力的鉴定——枝条电阻法的探讨[J]. 园艺学报，9（4）：11-18.

程军勇，郑京津，窦坦祥，等. 2017. 植物抗寒生理特性综述[J]. 湖北林业科技，46（5）：16-20.

程群科，罗庆熙，李利兰，等. 2012. 番茄抗冷性的研究进展[J]. 长江蔬菜（8）：14-16.

丛日征，张吉利，王思瑶，等. 2020. 植物抗寒性鉴定及其生理生态机制研究进展[J]. 温带林业研究，3（1）：27-33

崔翠，李君可，王静，等. 2012. 烤烟幼苗根系在低温胁迫后的形态及生理生态响应[J]. 农机化研究，4（4）：130-135.

邓国强，曹涤环. 2016. 大棚蔬菜低温影响与保温措施[J]. 新农村（12）：17-18.

邓久英. 2009. 水稻芽期和苗期耐冷性QTLs鉴定[D]. 长沙：湖南农业大学.

丁红映，王明，谢洁，等. 2019. 植物低温胁迫响应及研究方法进展[J]. 江苏农业科学，47（14）：31-36.

范高韬. 2015. 葡萄*VvCOR27*基因的克隆与抗寒功能研究[D]. 成都：西南交通大学.

范中子, 闫良. 2017. 冬季大棚蔬菜抗寒措施[J]. 西北园艺 (综合) (3): 9-10.

冯勋伟, 才宏伟. 2014. 结缕草*CBF*基因的同源克隆及其转基因拟南芥的抗寒性验证[J]. 作物学报, 40 (9): 1 572-1 578.

高吉寅. 1984. 低温对玉米幼苗线粒体功能与结构的影响[J]. 中国农业科学 (1): 32-36.

高京草, 王慧霞, 李西选. 2010. 可溶性蛋白、丙二醛含量与枣树枝条抗寒性的关系研究[J]. 北方园艺 (23): 18-20.

顾模, 钱致斌, 冯美琦. 1980. 梨种间杂交后代抗寒力遗传规律的研究[J]. 园艺学报, 7 (1): 1-7.

关军峰. 1999. Ca^{2+}对苹果果实细胞膜透性、保护酶活性和保护物质含量的影响[J]. 植物学通报, 16 (1): 72-74.

关士鑫. 2017. 杂草稻与栽培稻耐冷性状转录组比较及耐冷基因注释[D]. 沈阳: 沈阳农业大学.

郭慧, 李树杏, 孙平勇, 等. 2020. 水稻苗期耐冷性差异的转录组分析[J]. 分子植物育种 (6): 1 731-1 739.

郭鹏, 隋娜, 于超. 2008. 转入甜椒热激蛋白基因*CaHSP18*提高番茄的耐冷性[J]. 植物生理学通讯 (44): 409-412.

郭修武, 傅望衡, 王光洁. 1989. 葡萄根系抗寒性的研究[J]. 园艺学报, 1 (16): 17-22.

郭映智. 1980. 梨不同亲本子代抗寒力遗传倾向的研究[J]. 青海农林科技 (4): 7-13.

郭志富. 2020. 北方粳稻抗低温强化栽培技术规程: DB21/T 3319—2020[S].

郭志富, 李晓林, 赵明辉, 等. 2014. 水稻叶片气孔性状QTL的初步定位[J]. 华北农学报, 29 (3): 1-5.

郭志富, 颜泽洪, 魏育明, 等. 2005. 类大麦属高分子量谷蛋白*Kx*基因的序列测定及表达[J]. 生物工程学报, 21 (3): 375-379.

郭志富, 衣莹, 龙翔宇, 等. 2008. 东北春小麦及部分外引小麦高分子量谷蛋白亚基组成分析[J]. 华北农学报, 23 (2): 72-76.

郭志富, 张丽, 徐正进, 等. 2007. RAPD-PCR系统优化用于对水稻穗型性状的分析[J]. 分子植物育种, 5 (6): 875-878.

郭志富. 2008. 类大麦属物种种子贮藏蛋白基因的分子克隆[D]. 成都: 四川农业大学.

何若韫. 1995. 植物低温逆境生理[M]. 北京: 中国农业出版社.

和红云, 田丽萍, 薛琳. 2007. 植物抗寒性生理生化研究进展[J]. 天津农业科学, 2 (13): 10-13.

侯锋, 沈文云, 吕淑珍. 1995. 黄瓜幼苗耐寒性鉴定方法研究[A]//李树德. 中国主要蔬菜抗病育种进展[M]. 北京: 科学出版社.

胡潇婕, 毛东海. 2019. 基于RNA-Seq技术分析植物激素信号途径在水稻幼苗中对低温胁迫的应答规律[J]. 农业现代化研究, 40 (5): 878-890.

黄翔. 2008. 复合外源活性物质对几种作物抗寒性的影响及其机理研究[D]. 武汉: 华中农业大学.

黄义江, 王宗清. 1982. 苹果属果树抗寒性的细胞学鉴定[J]. 园艺学报, 3 (9): 23-30.

黄永芬, 汪清胤, 付桂荣, 等. 1997. 美洲拟鲽抗冻蛋白基因 (*afp*) 导入番茄的研究[J]. 生物化学杂志 (4): 50-54.

纪素兰, 江玲, 王益华, 等. 2008. 水稻种子耐低温发芽力的QTL定位及上位性分析[J]. 作物学报 (4): 551-556.

贾立邦. 1983. 秋子梨抗寒力在梨种间杂交子代遗传倾向的研究[J]. 吉林农业科学 (2): 92-96.

简水溶, 万勇, 罗向东, 等. 2011. 东乡野生稻苗期耐冷性的遗传分析[J]. 植物学报, 46 (1): 21-27.

姜辉. 2016. 苗期低温胁迫对玉米根系生长的影响[J]. 黑龙江农业科学（2）：15-16.

姜丽娜，马建辉，樊婷婷，等. 2014. 孕穗期低温对小麦生理抗寒性的影响[J]. 麦类作物学报，34（10）：1 373-1 382.

姜涛. 2017. 福建省茄子生产调查与耐低温资源筛选及生理响应研究[D]. 福州：福建农林大学.

姜秀娟. 2017. 利用东乡野生稻进行超级稻低温萌发力改良及QTL定位[D]. 沈阳：沈阳农业大学.

姜亦巍，王光洁. 1996. Ca^{2+}、BR对玉米呼吸器官耐冷性的影响[J]. 华北农学报，11（3）：73-76.

姜跃. 2013. 强冬性小麦重结晶抑制蛋白基因启动子的分离与鉴定[D]. 沈阳：沈阳农业大学.

金万梅. 2007. 冷诱导转录因子CBF1转化草莓及其抗寒性鉴定[J]. 西北植物学报，27（2）：223-227.

靳宏沛. 2018. 11个水稻冷响应相关基因的筛选与突变体鉴定[D]. 武汉：华中农业大学.

靳亚楠. 2016. 小麦重结晶抑制蛋白IRI基因功能及小麦族IRI基因家族的分子进化[D]. 沈阳：沈阳农业大学.

靳亚楠. 2019. 玉米苗期耐冷性评价及禾本科COLD1蛋白功能与进化分析[D]. 沈阳：沈阳农业大学.

荆豪争. 2014. 云南水稻地方品种昆明小白谷重组近交系孕穗期耐冷性QTL定位[D]. 武汉：华中农业大学.

康国章，徐玉英，陶均，等. 2002. 过氧化氢和氯化钙对香蕉幼苗抗寒性的影响[J]. 亚热带植物科学，31（1）：1-4.

李茜，毛凯，熊曦. 2001. 暖季型草坪草抗寒性研究进展[J]. 草业科学（4）：53-58.

李北齐，张玉胡，王贵强. 2011. 不同生态型玉米品种低温下出苗机理研究[J]. 中国农学通报（27）：120-125.

李彩霞，董邵云，薄凯亮，等. 2019. 黄瓜响应低温胁迫的生理及分子机制研究进展[J]. 中国蔬菜（5）：17-24.

李彩霞，林碧英，申宝营，等. 2018. 低温对茄子幼苗生理特性的影响及耐冷性指标的筛选[J]. 福建农业学报，33（9）：930-936.

李春牛，董凤祥，张日清，等. 2010. 果树抽条研究进展[J]. 中国农学通报，3（26）：138-141.

李合生. 2002. 现代植物生理学[M]. 北京：高等教育出版社.

李凯. 2015. 7个鲜食葡萄品种抗寒性评价[D]. 石河子：石河子大学.

李猛，吕亭辉，邢巧娟，等. 2018. 瓜类蔬菜耐低温性评价与调控研究进展[J]. 园艺学报，45（9）：1 761-1 777.

李荣富，王雪丽，梁艳荣，等. 1997. 葡萄抗寒性研究进展[J]. 内蒙古农业科技（6）：24-26.

李莎莎. 2017. 基于转录组测序的小麦（*T. aestivum*）抗寒性及穗部性状基因的挖掘分析[D]. 太古：山西农业大学.

李婷. 2014. 小麦抗寒相关转录因子CBFs的克隆及表达分析[D]. 郑州：河南农业大学.

李文明，辛建攀，魏驰宇，等. 2017. 植物抗寒性研究进展[J]. 江苏农业科学，45（12）：6-11.

李晓阳. 2018. 玉米气生根木质部导管数量的全基因组关联分析[D]. 沈阳：沈阳农业大学.

李叶云，舒锡婷，周月琴，等. 2014. 自然越冬过程中3个茶树品种的生理特性变化及抗寒性评价[J]. 植物资源与环境学报（3）：52-58.

李月梅，马莹莹，杨英良，等. 1991. 低温对玉米光合和呼吸作用的影响及与冷害关系的研究[J]. 黑龙江农业科学（6）：12-16.

李志英，侯丽霞，宋燕，等. 1997. 南果梨F$_1$的遗传倾向分析[J]. 果树科学，14（4）：230-234.

梁锁兴，孟庆仙，石美娟，等. 2015. 平欧榛枝条可溶性蛋白及可溶性糖含量与抗寒性关系的研究[J]. 中国农学通报（13）：14-18.

林定波，刘祖祺，张石城. 1994. 多胺对柑桔抗寒力的效应[J]. 园艺学报（3）：222-226.

林静，朱文银，张亚东，等. 2010. 利用染色体片段置换系定位水稻芽期耐冷性QTL[J]. 中国水稻科学，24（3）：233-236.

林茂，闫海霞. 2008. 植物CBF转录因子及其在基因工程中的应用[J]. 广西农业科学，20（1）：21-25.

刘贝贝，陈利娜，李好先，等. 2017. 果树响应低温胁迫的分子机制及抗寒性鉴定方法研究进展[J]. 北方园艺（15）：174-179.

刘德兵，魏军亚，李绍鹏，等. 2008. 油菜素内酯提高香蕉幼苗抗冷性的效应[J]. 植物研究，28（2）：195-198.

刘方方. 2016. 小麦抗寒相关基因克隆及分子标记开发[D]. 合肥：安徽农业大学.

刘海英. 2016. 冬季温室蔬菜防寒保温技术[J]. 中国园艺文摘，32（7）：180，214.

刘鸿先. 1981. 植物抗寒性与酶系统多态性的关系[J]. 植物生理学通讯（6）：6-11.

刘健伟，罗庆熙. 2010. 茄子抗冷性的研究进展[J]. 现代园艺（1）：4-5.

刘明池. 1985. 黄瓜幼苗在低温下相对电导率、SOD及可溶蛋白含量的变化[J]. 华北农学报（7）：118-119.

刘强，张贵友，陈受宜. 2000. 植物转录因子的结构与调控作用[J]. 科学通报，45（14）：1 465-1 474.

刘树岐. 2016. 植物生长调节剂在果树上的应用[J]. 农业开发与装备（12）：134.

刘素波，任希武. 2013. 水稻综合抗冷栽培技术浅析[J]. 吉林农业（2）：149.

刘威生，张加延，唐士勇，等. 1999. 李属种质资源的抗寒性鉴定[J]. 北方果树（2）：6-8.

刘星辉，佘文琴，张惠斌. 1996. 龙眼、荔枝叶片膜脂肪酸与耐寒性的研究[J]. 福建农业大学学报，3（25）：297-301.

刘秀春. 2004. 落叶果树的钙素营养[J]. 北方果树（2）：4-5.

刘志忠. 2018. 日光温室蔬菜生产低温期管理注意问题[J]. 吉林蔬菜（5）：24.

鲁金星，姜寒玉，李唯. 2016. 低温胁迫对砧木及酿酒葡萄枝条抗寒性的影响[J]. 果树学报（6）：1 040-1 046.

路运才，王宝宝，史俊鹏，等. 2015. 结合连锁和关联分析发掘玉米低温出苗优异等位基因[C]. 全国玉米生物学学术研讨会.

罗淑平，王振镒，郭述贤，等. 1991. 玉米超弱发光与抗旱性关系初探[J]. 干旱地区农业研究（增刊）：9-14.

罗尧幸，郭荣荣，李雪雪，等. 2018. 基于隶属函数法评价7个鲜食葡萄品种的抗寒性[J]. 贵州农业科学，46（6）：38-44.

罗玉鸿. 2013. 植物抗逆性研究进展[J]. 现代农业科技（7）：226-227.

罗正荣. 1989. 植物激素与抗寒力的关系[J]. 植物生理学通讯（3）：1-5.

吕家龙. 2008. 蔬菜栽培学各论（南方本）[M]. 北京：中国农业大学出版社.

吕凯. 2012. 果树抗寒防冻研究[J]. 农业灾害研究（8）：36-38.

马凤新，杨建民. 1997. 果树霜害及防治研究概况[J]. 河北林果研究，2（12）：153-156.

马立娜，惠竹梅，霍珊珊，等. 2012. 油菜素内酯和脱落酸调控葡萄果实花色苷合成的研究[J]. 果树学报，5（29）：830-836.

马明南. 2014. 小麦属材料重结晶抑制蛋白IRI基因的分子克隆及基因家族鉴定[D]. 沈阳：沈阳农业大学.

马晓翠. 2017. 番茄冷调控蛋白SlCOR413IM1的功能分析[D]. 泰安：山东农业大学.

马媛. 2012. 新疆间作果园微气候特征及果树抗寒性研究[D]. 乌鲁木齐：新疆农业大学.

孟庆瑞. 2002. 杏树抗寒性研究[D]. 保定：河北农业大学.

孟雪娇，邸昆，丁国华. 2010. 水杨酸在植物体内的生理作用研究进展[J]. 中国农学通报，26（15）：207-214.

米宝琴，毛娟，申鹏，等. 2015. 山葡萄'通化-3'抗寒相关基因SSH文库的构建及分析[J]. 果树学报，32（4）：546-554.

欧欢，林敏娟. 2016. 果树抗寒性的研究现状[C]. 中国园艺学会会议论文集. 199-203.

欧欢，王振磊，王新建，等. 2018. 不同品种扁桃花蕾抗寒性评价[J]. 干旱区资源与环境，32（9）：169-174.

潘瑞炽等. 1984. 植物生理学（上册）[M]. 第二版. 北京：高等教育出版社.

庞金安，沈文云，马德华. 1998. 黄瓜幼苗耐低温指标研究初报[J]. 天津农业科学，4（2）：53-56.

庞金安. 1996. 黄瓜耐低温弱光生理生化机制及其鉴定指标的研究[D]. 泰安：山东农业大学.

庞胜群，王祯丽，刘慧英. 2006. 番茄抗冷研究进展与新疆加工番茄的抗冷育种[J]. 北方园艺（6）：41-42.

彭学可，卢殿君，张伟，等. 2015. 春季冷害导致的小麦旗叶卷曲现象调研初报[J]. 中国农学通报，31（30）：28-32.

彭艳华，刘成运，卢大炎，等. 1992. 低温胁迫下凤眼莲叶片的适应——脱落酸和可溶性蛋白质含量升高[J]. 武汉植物学研究，2（10）：123-127.

蒲富慎. 1979. 梨的一些性状的遗传[J]. 遗传（1）：25-28.

朴一龙，赵兰花. 2012. 韩国软枣猕猴桃开发利用概况[J]. 中国果树（4）：75-76.

秦德明，陶俊. 2015. 春季低温冻害对新疆伊犁河谷逆温带经济林果树的影响及预防补救措施探析[J]. 北京农业（26）：159-161.

屈婷婷，陈立艳，章志宏，等. 2003. 水稻籼粳交DH群体苗期耐冷性基因的分子标记定位[J]. 武汉植物学研究（5）：385-389.

曲柏宏，李玉梅. 2006. 延边地区梨品种抗寒性研究[J]. 湖北农业科学，45（5）：615-618.

曲凌慧，林志强，车永梅，等. 2009. 三个葡萄品种叶片中激素变化与抗寒性关系的研究[J]. 北方园艺（6）：1-5.

却志群，於紫蕾，沈春修. 2019. 水稻膜联蛋白基因OsAnn8干旱和低温条件下表达模式以及CRISPR/Cas9定点编辑[J]. 华北农学报，34（1）：54-60.

沙广利，郭长城，睢薇，等. 1996. 梨抗寒性遗传的研究[J]. 果树科学，13（3）：167-170.

山川邦夫，张文庆. 1984. 日本茄科果菜育种[J]. 北京农业科学（11）：33-42.

尚湘莲. 2002. 蔬菜低温胁迫与抗冷性研究进展[J]. 长江蔬菜（学术专刊）：18-20.

佘文琴，刘星辉. 1995. 荔枝叶片膜透性和束缚水/自由水与抗寒性的关系[J]. 福建农业大学学报，1（24）：14-18.

申玉霞，郭利建，马猛，等. 2019. 小麦TaWIN1基因的克隆和表达分析[J]. 麦类作物学报，39（2）：127-132.

沈洪波，陈学森，张艳敏. 2002. 果树抗寒性的遗传与育种研究进展[J]. 果树学报，5（19）：292-297.

沈明晨，薛超，乔中英，等. 2019. CRISPR/Cas9系统在水稻中的发展和利用[J]. 江苏农业科学，47（10）：5-10.

史娜溶. 2019. 小麦低温敏感型紫叶色突变体pur1的转录组及其生理生化分析[D]. 西安：西北农林科技大学.

束怀瑞. 2012. 中国果树产业可持续发展战略研究[J]. 落叶果树，1（44）：1-4.

宋春华. 2019. 冬小麦TaPRK响应低温胁迫的生理分子机制[D]. 哈尔滨：东北农业大学.

宋洪伟，林凤起. 1998. 苹果种质资源抗寒性鉴定评价[J]. 吉林农业科学（3）：86-89.

宋继昌. 2014. 低温冷害对露地蔬菜生产的影响及补救措施[J]. 黑龙江农业科学（2）：155-156.

孙凡，左冰意，徐志朝，等. 1991. 低温胁迫对玉米幼苗的损伤与过氧化作用关系的研究[J]. 生物学杂志（1）：13-17.

孙斌. 2018. 不同灌溉方式耦合氮肥运筹下寒地粳稻产量形成机理的研究[D]. 哈尔滨：东北农业大学.

孙立众，王立军. 2019. 春季预防果树低温冻害和晚霜冻害管理措施探究[J]. 绿色植保（9）：133-134.

孙世航. 2018. 猕猴桃抗寒性评价体系的建立与应用[D]. 北京：中国农业科学院.

孙艳，蔺经，周存田. 1997. 黄瓜耐冷性与超弱发光关系的初步研究[J]. 河北农业技术师范学院学报，11（3）：50-53.

孙艳. 2004. 组成型表达线粒体小分子热激蛋白基因对番茄抗冷性的影响[D]. 济南：山东师范大学.

谭振波，刘昕. 2002. 玉米抗寒性的研究进展[J]. 玉米科学，10（2）：56-60.

唐慧锋，赵世华，刘定斌，等. 2004. 灌水可预防苹果花期冻害[J]. 北方果树（2）：29-30.

唐江红. 2019. 利用重组自交系检测水稻芽期和孕穗开花期耐冷性QTL[D]. 重庆：重庆师范大学.

唐尧. 2018. 拟南芥转录因子AtOFP8在干旱胁迫下的功能分析[D]. 哈尔滨：东北农业大学.

田宇. 2019. 冬小麦TaG6PDH和Ta6PGDH响应低温胁迫的生理分子机制[D]. 哈尔滨：东北农业大学.

王道平，徐江，牟永莹，等. 2018. 表油菜素内酯影响水稻幼苗响应低温胁迫的蛋白质组学分析[J]. 作物学报，44（6）：897-908.

王德荣. 2017. 长雄蕊野生稻遗传图谱的构建及主要农艺性状QTLs定位[D]. 扬州：扬州大学.

王东霞. 2017. 低温寡照天气对温室大棚蔬菜的危害及应对措施[J]. 现代农村科技（8）：20.

王芳，李永生，彭云玲，等. 2017. 外源一氧化氮对玉米幼苗抗低温胁迫的影响[J]. 干旱地区农业研究，35（4）：270-275.

王芳，王淇，赵曦阳. 2019. 低温胁迫下植物的表型及生理响应机制研究进展[J]. 分子植物育种，17（15）：5 144-5 153.

王国盟. 2008. 果树越冬抽条的原因及综合防治[J]. 新疆林业（2）：39.

王国启，王白石，齐静芝. 2014. 关于小麦抗寒性研究探讨[J]. 科技与企业（11）：348.

王合理. 1999. 黄瓜低温冷害及耐冷性研究进展[J]. 塔里木农垦大学学报，11（4）：58-60.

王洪刚，李丹，李杨. 2008. 温度对玉米种子发芽及苗期生长的影响[J]. 黑龙江农业科学（1）：37-39.

王华，王飞，陈登文，等. 2000. 低温胁迫对杏花SOD活性和膜脂过氧化的影响[J]. 果树科学，3（17）：197-201.

王进超. 2008. 低温对果树的危害及预防[J]. 陕西农业科学（2）：129-131.

王丽. 2005. 外源氯化钙、水杨酸对不同葡萄品种抗寒性的影响[D]. 乌鲁木齐：新疆农业大学.

王连敏，王立志. 1999. 苗期低温对玉米体内脯氨酸、电导率及光合作用的影响[J]. 中国农业气象，20（2）：28-31.

王连荣，刘铁铮. 2010. 树抗寒生理与防寒措施的研究进展[J]. 安徽农业科学，38（18）：

9 483-9 484.

王荣富. 1987. 植物抗寒指标的种类及其应用[J]. 植物生理学通讯（3）：49-55.

王若男，任伟，李叶蓓. 2016. 灌浆期低温对夏玉米光合性能及产量的影响[J]. 中国农业大学学报（21）：1-8

王善广，张华云，郭郢，等. 2000. 生物膜与果树抗寒性[J]. 天津农业科学，1（6）：37-40.

王尚明，贺浩华，肖叶青，等. 2008. 水稻东野1号苗期耐冷性遗传分析[J]. 湖北农业科学，47（1）：1-4.

王淑杰，王连君，王家民，等. 2000. 抗寒性不同的葡萄品种叶片中氧化酶活性及变化规律[J]. 中外葡萄与葡萄酒（3）：29-30.

王腾飞，裴玉贺，郭新梅，等. 2017. 3个玉米品种苗期耐寒性鉴定[J]. 核农学报，31（4）：803-808.

王玮，李红旭，赵明新，等. 2015. 7个梨品种的低温半致死温度及耐寒性评价[J]. 果树学报，32（5）：860-865.

王位泰，张天峰，蒲金涌，等. 2011. 黄土高原中部冬小麦生长对气候变暖和春季晚霜冻变化的响应[J]. 中国农业气象，32（1）：6-11.

王文举，张亚红，牛锦凤，等. 2007. 电导法测定鲜食葡萄的抗寒性[J]. 果树学报，1（24）：34-37.

王晓祥，任爱华，韩继龙. 2018. 黑龙江省梨抗寒种质资源的评价及利用[J]. 中国南方果树（47）：32-38.

王兴. 2015. 冬小麦东农冬麦1号抗寒拌种剂的研制与应用[D]. 哈尔滨：东北农业大学.

王兴娥. 2009. 冷诱导基因CBF4在辣椒中的遗传转化及抗寒性分析[D]. 杨凌：西北农林科技大学.

王毅，杨宏福，李树德. 1994. 园艺植物冷害和抗冷性的研究——文献综述[J]. 园艺学报，21（3）：239-244.

王羽晗，李子豪，李世彪，等. 2018. 植物抗冻蛋白研究进展[J]. 生物技术通报，34（12）：10-20.

王玉建. 2017. 小麦栽培冷害发生原因及应对技术探讨[J]. 农业与技术，37（1）：109-110.

王允祥. 2017. 黑龙江省水稻骨干亲本对衍生品种的遗传贡献及孕穗期耐冷性的关联分析[D]. 哈尔滨：东北农业大学.

魏安智，杨途熙，张睿，等. 2008. 外源ABA对仁用杏花期抗寒力及相关生理指标的影响[J]. 西北农林科技大学学报，36（5）：79-84.

温吉华，高坤金. 2004. 果树晚霜冻害的特点及预防措施[J]. 山西果树（1）：45-46.

吴爱婷. 2018. 沈农265苗期耐冷性及产量相关性状QTL定位[D]. 沈阳：沈阳农业大学.

吴经柔，张之菱. 1990. 应用过氧化物酶同工酶谱测定苹果的抗寒性[J]. 果树科学，1（7）：41-44.

吴杏春，王茵，林文雄. 2008. 水稻苗期耐冷性状的QTL分析[J]. 中国生态农业学报（4）：1 067-1 069.

吴雪霞，杨晓春，查丁石，等. 2013. 茄子幼苗耐低温性生理机制的研究[J]. 上海农业学报，29（5）：45-49.

邢卉阳. 2019. 基于高密度遗传图谱构建的葡萄抗寒性QTL定位及候选基因筛选研究[D]. 沈阳：沈阳农业大学.

邢潇悦. 2017. 不同小麦品种冻害差异及分子、生理机制的研究[D]. 扬州：扬州大学.

徐锦华，羊杏平，刘广，等. 2010. 西瓜耐冷性研究进展[J]. 江苏农业科学（5）：208-210.

徐澜，高志强，安伟，等. 2015. 冬麦春播小麦穗分化阶段对低温胁迫的响应及耐寒性[J]. 应用生态学报，26（6）：1 679-1 686.

徐田军，黄志强，兰宏亮，等. 2012. 低温胁迫下聚糠萘合剂对玉米幼苗光合作用和抗氧化酶活性的影响[J]. 作物学报，38（2）：352-359.

许绍惠，韩忠环，何若韫. 1991. 油菜素内酯对白皮松幼苗抗寒性的生理效应[J]. 沈阳农业大学学报，2（22）：123-127.

闫鹏. 2019. 晚冬早春温度调控对冬小麦旗叶生理生化特性及蛋白质组效应研究[D]. 保定：河北农业大学.

闫世江，张继宁，刘洁. 2011. 黄瓜耐低温机理的研究进展[J]. 蔬菜（1）：47-50.

严智强，张旭良. 1979. 人体体表发光的初步探讨[J]. 生物化学与生物物理进展（2）：48-52.

杨川航，王玉平，涂斌，等. 2012. 利用籼粳交RIL群体对水稻耐寒性及再生力的QTL分析[J]. 中国水稻科学，26（6）：741-745.

杨春祥，李宪利，高东升，等. 2005. 低温胁迫对油桃花器官膜脂过氧化和保护酶活性的影响[J]. 果树学报，1（22）：69-71.

杨广东，郭瑜敏. 1998. 低温胁迫对青椒苗期和花期脱落酸含量的影响[J]. 山西农业科学，26（2）：45-4.

杨辉. 2012. LeERF2调控水稻苗期低温耐性的差异蛋白质组学研究[D]. 长沙：湖南农业大学.

杨杰，仲维功，王军，等. 2009. 水稻芽期耐冷性的QTL分析[J]. 基因组学与应用生物学，28（1）：46-50.

杨玲. 2001. 不同低温处理对黄瓜子叶极性脂组成的影响[J]. 园艺学报，28（1）：36-40.

杨洛森，王敬国，刘化龙，等. 2014. 寒地粳稻发芽和芽期的耐冷性QTL定位[J]. 作物杂志（6）：44-51.

杨平. 2019. 大棚日光温室蔬菜病虫害发生原因及防治措施[J]. 农业与技术，39（2）：24-25.

杨梯丰. 2016. 基于SSSL的水稻耐冷QTL的定位和聚合效应[D]. 广州：华南农业大学.

杨文莉，周伟权，赵世荣，等. 2018. 外源ABA对轮台白杏枝条内源激素含量及抗寒性的影响[J]. 经济林研究（1）：43-48.

杨向娜，魏安智，杨途熙，等. 2006. 仁用杏3个生理指标与抗寒性的关系研究[J]. 西北林学院学报，3（21）：30-33.

杨小红，严建兵，郑燕萍. 2007. 植物数量性状关联分析研究进展[J]. 作物学报，33（4）：523-530.

杨志涛. 2017. 多样性国际稻种低温、缺氧发芽力全基因组关联分析[D]. 长沙：湖南农业大学.

姚胜蕊，曾骧，简令成. 1991. 桃花芽越冬过程中的多糖积累和质壁分离动态与品种抗寒性的关系[J]. 果树科学，1（8）：13-18.

衣莹，郭志富，张玉龙，等. 2013. 冬小麦抗冻性研究现状与展望[J]. 湖北农业科学，52（12）：2 729-2 732，2 756.

于龙凤，安福全. 2011. 低温胁迫对玉米幼苗生理生化特性的影响[J]. 农业科技通讯（2）：47-49.

于拴仓，崔鸿文，孟焕文. 2000. 黄瓜发芽期耐低温性鉴定方法与指标的研究[J]. 西北农业大学学报，28（3）：1-6.

于泽源，张英臣. 1999. 色价法鉴定苹果抗寒力[J]. 北方园艺（6）：54-55.

余海洋. 2019. 脂质组学解析小麦适应低温的分子机制[C]. 第十届全国小麦基因组学及分子育种大会摘要集. 240.

袁红燕. 2013. 转化山葡萄ICE基因培育抗寒葡萄新种质的研究[D]. 南京：南京农业大学.

臧建磊，刘庆中，李亚东，等. 2011. 植物CBF转录因子及其在植物抗寒中的作用[J]. 安徽农业科学，39（41）：6 329-6 331.

张斌. 2018. 水稻苗期耐冷性状的全基因组关联分析及主效QTL的精细定位与应用[D]. 北京：中国农业科学院.

张成良，姜伟，肖叶青，等. 2006. 东乡野生稻耐寒性研究现状与展望[J]. 种子，25（10）：44-47.

张德荣. 1993. 玉米低温冷害试验报告[J]. 中国农业气象（14）：32-34.

张钢，肖建忠，陈段芬. 2005. 测定植物抗寒性的电阻抗图谱法[J]. 植物生理与分子生物学学报，1（31）：19-26.

张海旺. 2014. 基于电阻抗图谱测定桃树抗寒性的研究[D]. 保定：河北农业大学.

张红颖，向春阳，曹高燚，等. 2015. 玉米杂交种芽苗期耐寒性的鉴定[J]. 天津农学院学报，22（1）15-18.

张军，赵慧娟，张钢，等. 2009. 电阻抗图谱法在刺槐种质资源抗寒性测定中的应用[J]. 植物遗传资源学报（3）：419-425.

张敏，蔡瑞国，贾秀领，等. 2016. 小麦抗寒机制的研究进展[J]. 东北农业科学，41（4）：37-42.

张娜，曾红霞，任俭，等. 2012. 低温胁迫下西瓜生理生化指标研究进展[J]. 长江蔬菜（6）：11-13.

张融雪，张治礼，张执金，等. 2009. 植物低温信号的感知、转导与转录调控[J]. 中国农业科技导报，11（3）：5-11.

张喜生，王金梅. 2017. 小麦栽培冷害发生原因及应对技术探讨[J]. 农技服务，34（17）：13.

张亚琳. 2013. 小麦野生近缘属种抗寒生理及重结晶抑制蛋白IRI基因的分离[D]. 沈阳：沈阳农业大学.

张毅，戴俊英，苏正淑. 1995. 灌浆期低温对玉米籽粒的伤害作用[J]. 作物学报（21）：71-75.

张迎春. 2019. 北方高原地区露地蔬菜有机栽培技术初探[J]. 农业开发与装备（11）：217.

张永和，高庆玉，周恩. 1988. 幼龄苹果树抗寒力早期鉴定方法——膜脂脂肪酸分析法[J]. 中国果树，1（34）：45-47.

张昭. 2019. 软枣猕猴桃抗寒性研究[D]. 哈尔滨：东北农业大学.

赵德英，程存刚，张少瑜，等. 2010. 果树对低温的响应及抗寒评价体系研究进展[J]. 中国林副特产（6）：81-84.

赵福宽，高遐虹，程继鸿等. 2003. 茄子抗冷细胞变异体的RAPD分析及自交一代株系的抗冷性鉴定[J]. 华北农学报，18（1）：17-20.

赵瑞玲. 2018. 小麦苗期抗寒性方法鉴定及相关性状全基因组关联分析[D]. 保定：河北农业大学.

赵天宏，孙加伟，付宇. 2008. 逆境胁迫下植物活性氧代谢及外源调控机理的研究进展[J]. 作物杂志（3）：10.

郑雷，周羽，曾兴，等. 2016. 玉米株高QTL定位研究进展[J]. 作物杂志（2）：8-13.

郑元. 2007. 仁用杏开花坐果期激素变化与抗寒性研究[D]. 杨凌：西北农林科技大学.

钟齐. 2014. 冬季露地蔬菜防冻栽培[J]. 江西农业（12）：54.

周梦. 2018. 基于转录组学和代谢组学分析小麦冷反应特征[D]. 保定：河北农业大学.

周明琦，吴丽华，沈忧，等. 2010. ABA、MeJA和SA诱导下的荠菜CBF途径冷响应相关基因表达调控研究[J]. 中国农业科技导报，12（6）：75-80.

周棋赢，韩月华，潘娟娟，等. 2019. 植物抗寒机理研究进展[J]. 信阳师范学院学报（自然科学版），32（3）：511-516.

周清元，王倩，叶桑，等. 2019. 苯磺隆胁迫下油菜萌发期相关性状的全基因组关联分析[J]. 中国农业科学，52（3）：399-413.

周双，秦智伟，周秀艳. 2015. 黄瓜种质资源苗期耐低温性评价[J]. 中国蔬菜（10）：22-26.

朱琳，袁梦，高红秀，等. 2018. 水稻苗期低温应答转录组分析[J]. 华北农学报，33（5）：40-51.

朱其杰，高守云，蔡洙湖，等. 1995. 黄瓜耐冷性鉴定及遗传规律的研究[A] //李树德. 中国主要蔬菜抗病育种进展[M]. 北京：科学出版社.

朱志玉. 2002. 沙引发及抗寒剂处理对水稻种子发芽及幼苗抗寒性的影响[D]. 杭州：浙江大学.

宗会，胡文玉. 2000. 钙信使系统在苹果果肉圆片衰老中的作用[J]. 植物生理学通讯，36（4）：305-307.

邹德堂，孙桂玉，王敬国，等. 2015. 寒地粳稻低温发芽力和芽期耐冷性与SSR标记的关联分析[J]. 东北农业大学学报，46（3）：1-8，14.

邹养军，花蕾，聂俊峰，等. 2001. 芸薹素叶面微肥对苹果生长及品质的影响[J]. 西北农林科技大学学报（自然科学版），4（29）：51-54.

Achard P, Gong F, Cheminant S, et al. 2008. The coldinducible CBF1 factordependent signaling pathway modulates the accumulation of the growthrepressing DELLA proteins via its effect on gibberellin metabolism[J]. Plant Cell, 20：2 117-2 129.

Agarwal M, Hao Y, Kapoor A, et al. 2006. A R2R3 type MYB transcription factor is involved in the cold regulation of *CBF* genes and in acquired freezing tolerance[J]. The Journal of Biological Chemistry, 281（49）：37 636-37 645.

Allen D J, Ort D R. 2001. Impacts of chilling temperatures on photosynthesis in warm-climate plants[J]. Trends in Plant Science, 6（1）：36-42.

An D, Ma Q, Wang H, et al. 2017. Cassava Crepeat binding factor 1 gene responds to low temperature and enhances cold tolerance when overexpressed in *Arabidopsis* and cassava[J]. Plant Molecular Biology, 94（1-2）：109-124.

Andaya V C, Mackill D J. 2003. Mapping of QTLs associated with cold tolerance during the vegetative stage in rice[J]. Journal of Experimental Botany, 54（392）：2 579-2 585.

Badawi M, Reddy Y V, Agharbaoui Z, et al. 2008. Structure and functional analysis of wheat *ICE* （inducer of *CBF* expression）genes[J]. Plant & Cell Physiology, 49（8）：1 237-1 249.

Baid V W. 1994. Low temperature and drought regulated gene expression in Bermudagrass[J]. Turfgrass and Environmental Research（Summary）：32-32.

Baker S S, Wilhelm K S, Thomashow M F. 1994. The 5'-region of *Arabidopsis thaliana cor15a* has cis-acting elements that confer cold-, drought-and ABA-regulated gene expression[J]. Plant Molecular Biology, 24（5）：701-713.

Bilska A, Sowinski P. 2010. Closure of plasmodesmata in maize（*Zea mays*）at low temperature：a new mechanism for inhibition of photosynthesis[J]. Annals of Botany, 106（5）：675-686.

Breker M. Schuldiner M. 2014. The emergence of proteome-wide technologies：systematic analysis of proteins comes of age[J]. Nature Reviews Molecular Cell Biology, 15：453-464.

Byun M Y, Cui L H, Lee J, et al. 2018. Identification of Rice Genes Associated With Enhanced Cold Tolerance by Comparative Transcriptome Analysis With Two Transgenic Rice Plants Overexpressing Da CBF4 or Da CBF7, Isolated From Antarctic Flowering Plant Deschampsia antarctica[J]. Frontiers in Plant Science, 9：601.

Chen H Y, Chen X L, Chen D, et al. 2015. A comparison of the low temperature transcriptomes of two tomato genotypes that differ in freezing tolerance: Solanum lycopersicum and Solanum habrochaites[J]. BMC Plant Biology, 15（1）: 132.

Chen L J, Xiang H Z, Miao Y, et al. 2014. An overview of cold resistance in plants[J]. Journal of agronomy and crop science, 200（4）: 237–245.

Drozdov S N. 1980. Methods of evaluating cold resistance in cucumber plants[J]. Fizioiogiya Rastenii, 27（3）: 653–656.

Fryer M J, Andrews J R, Oxborough K. 1998. Relationship between CO_2 assimilation, photosynthetic electron transportand active O_2 metabolism in leaves of maize in the field during periods of low temperature[J]. Plant Physiology, 116: 571–580.

Fracheboud J, Otto S J, Van Dijck J A M M, et al. 2004. Decreased rates of advanced breast cancer due to mammo-graphy screening in the Netherlands[J]. Br. J. Cancer, 91: 861–867.

Hund A, Richner W, Soldati A, et al. 2007. Root morphology and photosynthetic performance of maizeinbred lines at low temperature[J]. European Journal of Agronomy, 27（1）: 52–61.

Fursova O V, Pogorelko G V, Tarasov V A. 2009. Identification of *ICE2*, a gene involved in cold acclimation which determines freezing tolerance in *Arabidopsis thaliana*[J]. Gene, 429: 9–103.

Ghorbanpour A, Salimi A, Ghanbary M A T, et al. 2018. The effect of Trichoderma harzianum in mitigating low temperature stress in tomato（*Solanum lycopersicum* L. ）plants[J]. Scientia Horticulturae, 230: 134–141.

Gibson S. Anmdd V. 1994. Cloning of a temperature regulated gene encoding a chlorplast m-3 desaturase from Arabidopsis thaliana[J]. Plant Physiology, 106: 1 615–1 621.

Gilmour S J, Sebolt A M, Salazar M P, et al. 2000. Thomashow MF. Overexpression of the *Arabidopsis* CBF3 Transcriptional Activator Mimics Multiple Biochemical ChangesAssociated with Cold Acclimation[J]. Plant Physiology, 124: 1 854–1 865.

Greaves J A. 1996. Improving suboptimal temperature tolerance in maize the search for variation[J]. J Exp. Bot., 47: 307–323

Guo Z F, Dong P, Long X Y, et al. 2008. Molecular characterization of LMW prolamines from Crithopsis delileana and the comparative analysis with those from Triticeae [J]. Hereditas, 145: 204–211.

Guo Z F, Li F Z, Ma XG, et al. 2011. Molecular cloning of two novel stearoyl-acyl desaturase genes from winterness wheat[J]. Genes & Genomics, 33: 583–589.

Guo Z F, Zhan L, Zhang Y, et al. 2019. A Review: Molecular Regulation of Stomatal Development Related to Environmental Factors and Hormones in Plants [J]. Applied Ecology and Environmental Research, 17（5）: 12 091–12 109.

Guo Z F, Zhong M, Wei Y M, et al. 2010. Characterization of two Novel γ-gliadin Genes Encoded by K Genome of Crithopsis delileana and Evolution Analysis with Those from Triticeae[J]. Genes & Genomics, 32: 259–265.

Hashimoto M, Komatsu S. 2007. Proteomic analysis of rice seedlings during cold stress[J]. Proteomics, 7（8）: 1 293–1 302.

Hiroyuki S. 2011. Genotypic Variation in Rice Cold Tolerance Responses during Reproductive Growth as a Function of Water Temperature during Vegetative Growth[J]. Crop Science, 51（1）: 290.

Hodgson R A J, Raison J K. 1991. Lipid peroxidation and superoxide dismutase activity in relation to photoinhibition induced by chilling in moderate light[J]. Planta，185（2）：215-219.

Hope H J，White R P，Dwyer L M. 1992. Low temperature emergence potential of short season corn hybrids grown under controlled environment and plot conditions[J]. Can. J. Plant Sci.，72：83-91.

Hu G，Li Z，Lu Y，et al. 2017. Genome-wide association study Identified multiple Genetic Loci on Chilling Resistance During Germination in Maize[J]. Scientific Reports，7（1）：10 840.

Hu Y，Jiang L，Wang F，Yu D. 2013. Jasmonate regulates the inducer of cbf expression-C-repeat binding factor/DRE binding factor1 cascade and freezing tolerance in Arabidopsis[J]. The Plant Cell，25（8）：2 907-2 924.

Huang J，Zhang J，Li W，et al. 2013. Genome - wide association analysis of ten chilling tolerance indices at the germination and seedling stages in maize[J]. Journal of Integrative Plant Biology，55（8）：735-744.

Huang X，Wei X，Sang T. 2010. Genome-wide association studies of 14 agronomic traits in rice landr-aces[J]. Nature Genetics，42（11）：961-967.

Huang Z，He J，Zhong X J，et al. 2016. Molecular cloning and characterization of a novel freezing inducible DREB1/CBF tran scription factor gene in boreal plant iceland poppy（*Papaver nudicaule*）[J]. Genet. Mol. Biol.，39：616-628.

Hughes M A，Dunn M A. 1996. The molecular biology of plant acclimation to low temperature[J]. J. Exp. Bot.，47：291-305.

Iba K. 2002. Acclimative response to temperature stress in higher plants：approaches of gene engineering for temperature tolerance[J]. Annual Review of Plant Biology，53（1）：225-245.

Ingram J，Battels D. 1996. The Molecular Basis of Dehydration Tolerance in Plants[J]. Annu Rev. Plant Physiol. & Plant Mol. Biol.，47：377-403.

Ito Y，Katsura K，Maruyama K，et al. 2006. Functional analysis of rice DREB1/CBFtype transcription factors involved in coldresponsive gene expression in transgenic rice[J]. Plant & Cell Physiology，47：141-153.

Jack E，Staub. 1985. Electrophoretic variation and enzyme storage stability in cucumber[J]. J. Amer. Soc. Hort Sci.，110（3）：426-431.

Jin Y N，Bai L P，Guan S X，et al. 2018. Identification of an ice recrystallisation inhibition gene family in winter-hardy wheat and its evolutionary relationship to other members of the Triticeae [J]. J. Agro. Crop Sci.，204：400-413.

Jin Y N，Zhai S S，Wang W J，et al. 2018. Identification of genes from the ICE-CBF-COR pathway under cold stress in Aegilops-Triticum composite group and the evolution analysis with those from Triticeae[J]. Physiology and Molecular Biology of Plants，24（2）：211-229.

Kato A，Saito K. 1996. Mapping of genes responsible for cold tolerance at the booting stage[J]. International Rice Research Note，21（1）：35-36.

Kim Y S，Lee M，Lee J H，et al. 2015. The unified ICE–CBF pathway provides a ranscriptional feedback control of freezing tolerance during cold acclimation in *Arabidopsis*[J]. Plant Mol. Biol.，89：187-201.

Kim S I，Tai T H. 2011. Evaluation of seedling cold tolerance in rice cultivars：a comparison of visual ratings and quantitative indicators of physiological changes[J]. Euphytica，178（3）：437-447.

Knight H，Zarka D G，Okamoto H，et al. 2004. Abscisic acid induces *CBF* gene transcription and subsequent induction of coldregulated genes via the CRT promoter element[J]. Plant Physiol.，

135: 1 710-1 717.

Li H, Peng Z, Yang X, et al. 2013. Genome-wide association study dissects the genetic architecture of oil biosynthesis in maize kernels[J]. Nat. Genet., 45: 43-50.

Li S L, Li Z G, Yang L T, et al. 2018. Differential effects of cold stress on chloroplasts structures and photosynthetic characteristics in cold-sensitive and cold-tolerant cultivars of sugarcane[J]. Sugar Tech., 20（1）: 11-20.

Li Z L, Liang S, Wang Z C, et al. 2014. Expression of Smac induced by the Egr1 promoter enhances the radiosensitivity of breast cancer cells[J]. Cancer Gene Therapy, 21（4）: 142-149.

Lim C W, Han S W, Hwang I S, et al. 2015. The Pepper Lipoxygenase *CaLOX1* Plays a Role in Osmotic, Drought and High Salinity Stress Response[J]. Plant & Cell Physiology, 56（5）: 930-942.

Lin J, Zhu W Y, Zhang Y D, et al. 2011. Detection of QTL for Cold Tolerance at Bud Bursting Stage Using Chromosome Segment Substitution Lines in Rice（*Oryza sativa*）[J]. Rice Science, 18（1）: 71-74.

Liu F X, Sun C Q, Tan L B, et al. 2003. Identification and mapping of quantitative trait loci controlling cold-tolerance of Chinese common wild rice（*O. rufipogon* Griff.）at booting to flowering stages[J]. Chinese Sci. Bull., 48（19）: 2 068-2 071.

Liu Y F, Qi M F, Li T L. 2012. Photosynthesis, photoinhibition, and antioxidant system in tomato leaves stressed by low night temperature and their subsequent recovery[J]. Plant Science, 196: 8-17.

Lou Q, Chen L, Sun Z, et al. 2007. A major QTL associated with cold tolerance at seedling stage in rice（*Oryza sativa* L.）[J]. Euphytica, 158（1-2）: 87-94.

Lv Y. et al. 2016. New insights into the genetic basis of natural chilling and cold shock tolerance in rice by genome-wide association analysis[J]. Plant Cell & Environment, 39（3）: 556-570.

Lyons J M, Rasion J K. 1970. Oxidative Activity of Mitochondria Isolated from Plant Tissues Sensitive and Resistant to Chilling Injury[J]. Plant Physical, 45: 386-389.

Mao D H, Yu L, Chen D Z, et al. 2015. Multiple Cold resistance loci confer the high Cold tolerance adaptation of Dongxiang wild rice（*Oryza rufipogon*）to its high-latitude habitat[J]. Theor. Appl. Genet., 128: 1 359-1 371.

Martin B, Ort D R, Boyer J S. 1981. Impairment of Photosynthesis by Chilling-Temperatures in Tomato[J]. Plant Physiol., 68: 329-334.

Miura K, Jing B J, Lee J, et al. 2007. SIZ1-mediated sumoylation of ICE1 controls CBF3/DREB1A expression and freezing tolerance in *Arabidopsis*[J]. Plant Cell, 19: 1 403-1 414.

Nakamura J, Yuasa T, Huong T T, et al. 2011. Rice homologs of inducer of CBF expression（*OsICE*）are involved in cold acclimation[J]. Plant Biotechnology, 28: 303-309.

Navarro-Retamal C, Bremer A, Ingólfsson H I, et al. 2018. Folding and Lipid Composition Determine Membrane Interaction of the Disordered Protein COR15A[J]. Biophysical Journal, 115（6）: 968-980.

Neilson K A, Mariani M, Haynes P A. 2011. Quantitative proteomic analysis of cold-responsive proteins in rice[J]. Proteomics, 11: 1 696-1 706.

Omran R G. 1980. Peroxide levels and the activties of catalase, peroxidase and indoleacetic acid oxidase during and after chilling cucumber seedlings[J]. Plant Physiol., 69（2）: 407-408.

Ovkova I V, Serebriiskaya T S, Popov V. 2003. Transformation of tobacco with a gene for the thermophilic acyl-lipid desaturase enhances the chilling tolerance of plants[J]. Plant and Cell Physiol., 44: 447-450.

Pan Y. 2015. Genetic analysis of cold tolerance at the germination and booting stages in rice by association mapping[J]. Plos One, 10（3）: e0120590.

Peng X, Teng L, Yan X, et al. 2015. The cold responsive mechanism of the paper mulberry: decreased photosynthesis capacity and increased starch accumulation[J]. BMC genomics, 16（1）: 898.

Prasad T K. 1997. Role of catalase in including chilling tolerance in pre-emer-gentmaize seedings[J]. Plant Physiol., 114: 1 369-1 376.

Primak A P, Kaoinina L M. 1987. Effect of cold-resistant cucumber forms and the adoption of energy consetvation cultivation technologies[J]. Vestnik Sel' skokhozyaistvennoi Nauki1, 8（3）: 51-55.

Raison J K, Chapman E A. 1976. Membrane phase changes in chilling-sensitive Vigna radiata and their significance to growth[J]. Functional Plant Biology, 3（3）: 291-299.

Revilla P, Rodríguez V M, Ordás A, et al. 2016. Association mapping for cold tolerance in two large maize inbred panels [J]. BMC Plant Biology, 16（1）: 127.

Rodríguez V M, Butrón A, Rady M O A, et al. 2014. Identification of quantitative trait loci involved in the response to cold stress in maize (*Zea mays* L.) [J]. Molecular Breeding, 33（2）: 363-371.

Saczynska V. 1993. Chilling Suscep tibility of cucum is sativus species[J]. Phytochemistry, 33（1）: 61-67.

Sato Y. 2011. Enhanced chilling tolerance at the booting stage in rice by transgenic overexpression of the ascorbate peroxidase gene, Os APXa[J]. Plant Cell Reports, 30（3）: 399-406.

Shakiba E. 2017. Genetic architecture of cold tolerance in rice (*Oryza sativa*) determined through high resolution genome-wide analysis[J]. Plos One, 12（3）: e0172133.

Shen C, Ding L, He R, et al. 2014. Comparative transcriptome analysis of RNA-seq data forcold-tolerant and cold-sensitive rice genotypes under cold stress[J]. Journal of Plant Biology, 57（6）: 337-348.

Shirasawa S. 2012. Delimitation of a QTL region controlling cold tolerance at booting stage of a cultivar, 'Lijiangxintuanheigu', in rice, *Oryza sativa* L[J]. Theoretical & Applied Genetics, 124（5）: 937-946.

Sobkowiak A, Jończyk M, Jarochowska E, et al. 2014. Genome-wide transcriptomic analysis of response to low temperature reveals candidate genes determining divergent cold-sensitivity of maize inbred lines [J]. Plant Molecular Biology, 85（3）: 317-331.

Sperotto R A, Junior A T D A, Adamski J M, et al. 2018. Deep RNAseq indicates protective mechanisms of cold-tolerant indica rice plants during early vegetative stage[J]. Plant Cell Reports, 37（2）: 347-375.

Stapm P. 1984. Chilling tolerance of young plants demonstrated on the example of maize[J]. Journal of Agronomy and Crop Science, 7: 1-83.

Steponkus P L. 1984. Role of the plasma membrane in freezing injury and cold acclimation[J]. Annual Review of Plant Physiology, 35（1）: 543-584.

Sthapit B R, Witcombe J R. 1998. Inheritance of Tolerance to Chilling Stress in Rice during

Germination and Plumule Greening[J]. Crop Science, 38（3）: 660–665.

Strigens A, Freitag N M, Gilbert X, et al. 2013. Association mapping for chilling tolerance in elite flint and dent maize inbred lines evaluated in growth chamber and field experiments[J]. Plant Cell and Environment, 36（10）: 1 871–1 887.

Suh J P. 2010. Identification and analysis of QTLs controlling cold tolerance at the reproductive stage and validation of effective QTLs in cold-tolerant genotypes of rice（*Oryza sativa* L.）[J]. Theoretical & Applied Genetics, 120（5）: 985–995.

Thomashow M F. 2001. So what's new in the field of plant cold acclimation? Lots! [J]. Plant Physiol., 125: 89–93.

Tian F, Bradbury P J, Brown P J, et al. 2011. Genome-wide association study of leaf architecture in the maize nested association mapping population[J]. Nat. Genet., 43: 159–62.

Tian Y. 2011. Overexpression of ethylene response factor TERF2 confers cold tolerance in rice seedlings[J]. Transgenic Research, 20（4）: 857–866.

Vasil V, Castillo A M, Fromm M E, et al. 1992. Herbicide resistant fertile transgenic wheat plants obtained by microprojectile bombardment of regenerable embryogenic callus[J]. Nature Biotechnology, 10（6）: 667–674.

Wang Y, Jiang Q, Liu J, et al. 2017. Comparative transcriptome profiling of chilling tolerant rice chromosome segment substitution line in response to early chilling stress[J]. Genes & Genomics, 39（2）: 127–141

Wang D. 2016. Genome-wide Association Mapping of Cold Tolerance Genes at the Seedling Stage in Rice[J]. Rice, 9（61）: 1–10.

Wei W H. 2014. Detecting epistasis in human complex traits[J]. Nature Reviews Genetics, 15（11）: 722–733.

Xie G. 2012. Biochemical identification of the Os MKK6-Os MPK3 signalling pathway for chilling stress tolerance in rice[J]. Biochemical Journal, 443（1）: 95–102.

Yan J, Wu Y, Li W, et al. 2017. Genetic mapping with test crossing associations and $F_{2:3}$ populations reveals the importance of heterosis in chilling tolerance at maize seedling stage[J]. Scientific Reports, 7（1）: 3232.

Yoshida S, Tagawa F. 1979. Alteration of die respiratory function in chill-sensitive callus due to low temperature stress: Involvement of the alternate pathway[J]. Plant and Cell Physiology, 20（7）: 1 243–1 250.

Zhang Y, Zhao Z, Zhang M, et al. 2009. Seasonal acclimation of superoxide anion production, antioxidants, IUFA, and electron transport rates in chloroplasts of two Sabina species[J]. Plant Science, 176（5）: 696–701.

Zhang M. 2018. Genome-wide association study of cold tolerance of Chinese indica rice varieties at the bud burst stage[J]. Plant Cell Reports, 37（3）: 1–11.

Zhao J, Qin J, Song Q, et al. 2016. Combining QTL mapping and expression profile analysis to identify candidate genes of cold tolerance from Dongxiang common wild rice（*Oryza rufipogon Griff.*）[J]. Journal of Integrative Agriculture, 15（9）: 1933–1943.

Zhou L, Zeng Y, Zheng W, et al. 2010. Fine mapping a QTLqCTB7for cold tolerance at the booting stage on rice chromosome 7 using a near-isogenic line[J]. Tag. theoretical & Applied Genetics. theoretische and Angewandte Genetik, 121（5）: 895–905.

Zhou M, Chen H, Wei D, et al. 2017. *Arabidopsis* CBF3 and DELLAs positively regulate each other in response to low temperature[J]. Sci. Rep., 7: 39 819.

Zhu J, Dong C H, Zhu J K. 2007. Interplay between cold-responsive gene regulation, metabolism and RNA processing during plant cold acclimation[J]. Curr. Opin. Plant Biol., 10 (3): 290–295.

Zhu Y. 2015. Identification and Fine Mapping of a Stably Expressed QTL for Cold Tolerance at the Booting Stage Using an Interconnected Breeding Population in Rice[J]. Plos One, 10 (12): e0145704.

Zhuang L, Yuan X, Chen Y, et al. 2015. *PpCBF3* from coldtolerant krtucky bluegrass involved in freezing tolerance associated with up regulation of coldrelated genes in transgenic *Arabidopsis thaliana*[J]. PLos One, 10: e0132928.

后　记

　　本著作撰写单位分别是位于辽宁的沈阳农业大学、吉林的吉林省农业科学院、黑龙江的黑龙江省农业科学院和内蒙古东部地区城市通辽的内蒙古民族大学，撰写人员所在单位涵盖了东北地区所包含的省份和地区。经过多轮次调研和讨论，充分论证各自地域易受低温灾害影响的农作物种类，为本著作的系统性、全面性、合理性以及适用性提供了较好的基础。沈阳农业大学郭志富副教授和吉林省农业科学院玉米研究所刘俊博士主要负责整体策划和所有章节的统筹工作以及第一章和第二章内容的撰写工作（撰写字数各约6万字）；内蒙古民族大学靳亚楠博士主要负责第三章的撰写工作（撰写字数约6万字）；沈阳农业大学赵明辉教授和白丽萍博士重点参与了第一章和第四章的撰写工作（撰写字数各约3万字），黑龙江省农业科学院扈光辉研究员重点参与了第二章和第四章的撰写工作（撰写字数约3万字）。在整个撰写过程中，吉林省农业科学院尹晓红老师，黑龙江省农业科学院姜树坤研究员、张喜娟副研究员以及内蒙古民族大学张瑞富教授、李建波博士均为本著作提出了很多宝贵的修改建议并参与具体撰写工作。另外，沈阳农业大学生物科学技术学院的博士和硕士研究生程一珊、张开心、詹璐、张野、李佳俊、马克、宋仕文、郭思琦均参与了本著作的格式修改以及参考文献整理等工作，在此对以上人员表示衷心的感谢。本著作的撰写工作获得了辽宁省优秀自然科学学术著作出版资助项目的经费资助，同时得到了国家重点研发计划"粮食丰产增效科技创新"重点专项课题"辽中北半湿润区灌溉粳稻规模机械化丰产增效技术集成与示范"及其子课题"辽中北粳稻抗低温强化栽培技术创新集成与示范"（课题编号：2018YFD0300305-03）的支持，再此一并表示感谢。

　　由于相关技术与研究发展速度快，加之时间仓促等问题，在撰写和编辑过程中难免存在一些不足和错误，衷心希望广大读者批评指正。